职业院校智能制造专业"十四五"系列教材

PLC 技术及应用
（三菱 FX3U 系列）

主　编　蔡方方　隋丽梅
副主编　公茂金　赵向阳　颜廷皓
参　编　王建成　刘　诚　井常坤
　　　　刘　静　陈　晖　王　鹏
　　　　么学静

本书采用任务驱动一体化教学模式，将理论讲解、实践操作与技能训练有机结合，通过工作任务环节让学生了解每个任务的具体内容，带着任务有针对性地去学习。本书主要内容包括PLC基础知识、基本控制指令的应用、顺序控制指令的应用、功能指令的应用、世赛相关项目及模拟比赛。

本书配有电子课件、教学计划、教学大纲和课程标准，凡使用本书作为教材的教师可登录机械工业出版社教育服务网 http://www.cmpedu.com 注册后下载。

本书可作为职业院校、技工院校机电一体化技术、机电设备安装与维修等专业的教材，也可作为相关专业技术人员的参考用书。

图书在版编目（CIP）数据

PLC技术及应用：三菱FX3U系列 / 蔡方方，隋丽梅主编. -- 北京：机械工业出版社，2025.7. --（职业院校智能制造专业"十四五"系列教材）. -- ISBN 978-7-111-78941-3

Ⅰ. TM571.61

中国国家版本馆CIP数据核字第2025538SB7号

机械工业出版社（北京市百万庄大街22号　邮政编码100037）
策划编辑：王振国　　　　　　　　　责任编辑：王振国　章承林
责任校对：张勤思　张雨霏　景　飞　封面设计：张　静
责任印制：任维东
三河市航远印刷有限公司印刷
2025年8月第1版第1次印刷
184mm×260mm · 14印张 · 329千字
标准书号：ISBN 978-7-111-78941-3
定价：49.80元

电话服务　　　　　　　　　网络服务
客服电话：010-88361066　　机　工　官　网：www.cmpbook.com
　　　　　010-88379833　　机　工　官　博：weibo.com/cmp1952
　　　　　010-68326294　　金　　书　　网：www.golden-book.com
封底无防伪标均为盗版　机工教育服务网：www.cmpedu.com

前　言

党的二十大报告提出，教育、科技、人才是全面建设社会主义现代化国家的基础性、战略性支撑。本书的编写旨在贯彻落实国家科教兴国战略，践行职业院校和技工院校培养新时代大国工匠的历史使命。

"PLC技术及应用（三菱FX3U系列）"是机电一体化及电气工程等相关专业的重要核心课程。随着工业自动化技术的迅猛发展和智能制造时代的到来，可编程序控制器（PLC）作为工业自动化领域的核心控制设备，其应用已经渗透到智能制造、过程控制、楼宇自动化等多个领域。掌握PLC的编程、调试与应用技能，已成为工控领域技术人员不可缺少的专业要求。审视当前技工院校的相关教材，发现其中存在着理论与实践脱节、内容陈旧、缺乏针对性与实用性等问题，难以满足当前行业对PLC技术人才的高标准要求。为了积极响应技工教育一体化教学改革的号召，结合三菱FX3U系列PLC的最新技术特点，我们组织相关教师精心编写了本书。

本书具有以下几个显著特点：

一、紧密结合技工院校实际，注重实用性与针对性

针对技工院校学生的学习特点和行业需求，合理控制教材的难度，删繁就简，摒弃了冗长复杂的理论知识，重点突出PLC的实际应用与操作技能。通过引入三菱FX3U系列PLC的实际案例，结合大量编程软件和模拟仿真软件截图，学习过程变得更加直观易懂，激发学生的学习兴趣和实践能力。

二、融合先进教学理念，深化一体化教学改革

本书采用任务引领的一体化教学模式，既保留了必要的PLC基础理论介绍，又强化了实践操作环节，通过项目式、任务式学习，让学生在完成具体任务的过程中掌握PLC的编程、调试与维护技能。每个项目均设有详细的评价标准和反馈机制，确保学生能够及时检验学习成果，实现"学中做，做中学"的良性循环。

三、紧跟科技发展前沿，内容新颖实用

本书紧跟PLC技术的最新发展动态，淘汰了过时的教学内容，全面融入了三菱FX3U系列PLC的最新功能特性和应用案例。同时，以国家职业技能标准为指引，构建了科学合理的知识体系，确保学生所学知识技能与行业需求紧密对接。

本书由蔡方方、隋丽梅任主编，公茂金、赵向阳、颜廷皓任副主编，参加编写的人员还有王建成、刘诚、井常坤、刘静、陈晖、王鹏和么学静等。本书在编写过程中还得到了部分兄弟院校的大力协助，在此一并表示感谢。

限于编者水平和时间仓促，书中难免存在疏漏和不足之处，恳请广大读者批评指正。

编　者

目　录

前言

项目 1　PLC 基础知识 ·· 1
　　任务 1　认识 PLC ··· 1
　　任务 2　PLC 硬件安装与接线 ······································· 12
　　任务 3　GX Works2 的安装与使用 ··································· 21

项目 2　基本控制指令的应用 ·· 37
　　任务 1　电梯自动起停 PLC 控制 ···································· 40
　　任务 2　钻台自动升降 PLC 控制 ···································· 60
　　任务 3　供茶器自动供茶 PLC 控制 ·································· 76

项目 3　顺序控制指令的应用 ·· 92
　　任务 1　运料小车自动往返 PLC 控制 ································ 92
　　任务 2　自动门 PLC 控制 ··· 111
　　任务 3　交通灯昼夜交替工作 PLC 控制 ······························ 131

项目 4　功能指令的应用 ··· 143
　　任务 1　流水灯 PLC 控制 ··· 143
　　任务 2　密码锁 PLC 控制 ··· 157
　　任务 3　简易定时报时器 PLC 控制 ································· 173
　　任务 4　自动售货机 PLC 控制 ····································· 186

项目 5　世赛相关项目及模拟比赛 ······································· 204
　　任务 1　认识世界技能大赛 ·· 204
　　任务 2　机电一体化项目模拟比赛 ·································· 212

参考文献 ·· 220

项目 1　PLC 基础知识

PLC 是一种专用于工业控制的计算机，它是以微处理器为基础，综合计算机技术、自动控制技术和通信技术而发展起来的一种新型工业控制装置，它将传统的继电器控制和现代计算机信息处理技术两者的优点结合起来，成为工业控制领域中最重要、应用最多的控制设备，并已跃居工业生产自动化三大支柱首位。PLC 以其通用性、扩展性、可靠性等方面的优势，被广泛应用于汽车、化学、制药、金属、矿山、制浆和造纸等各行业的自动设备控制。本项目主要通过认识 PLC、PLC 硬件的安装与接线和 GX Works2 的安装与使用 3 个任务的学习，来初步认识与了解 PLC 的特点、性能、应用领域等基本知识，以及掌握 PLC 的硬件接线、软件安装等基本技能，为后续任务的学习做好铺垫。

任务 1　认识 PLC

学习目标

知识目标：
1. 了解 PLC 的发展过程及应用。
2. 了解 PLC 的类型及应用场合。
3. 掌握 PLC 的特点及性能指标。

能力目标：
1. 能区分 PLC 各品牌并描述其性能、特点。
2. 能区分继电器—接触器控制系统和 PLC 控制系统，并描述两者的区别。

素质目标：
1. 培养与时俱进的工业发展意识。
2. 保持对中国智能制造发展的关注。

工作任务

PLC 是在传统的继电器—接触器控制系统基础上发展起来的，具有编程简单、通用性强、可靠性高、体积小、维护方便等优点，广泛应用于自动控制的各个领域。通过本任务初步认识 PLC，了解各品牌 PLC 的性能特点，直观认识 PLC 的控制形式。

任务分析

本任务主要是初步认识与了解 PLC 的发展过程、性能、特点及应用。通过观察 PLC 实物，初步认识各品牌的 PLC，查阅相关资料，了解各品牌 PLC 的性能与特点。通过观察电动机正转的继电器—接触控制电路和 PLC 控制电路的安装、配线过程演示，直观地认识 PLC 控制系统，了解继电器—接触器控制系统和 PLC 控制系统的区别。

相关知识

一、PLC 的诞生与发展

1. PLC 的诞生

20 世纪 60 年代的工业控制主要是采用

继电器—接触器控制系统,该控制系统存在着设备体积大、调试维护工作量大、通用性、灵活性差,系统可靠性低等缺点,并且不具有现代工业控制所需要的数据通信、运动控制及网络控制等功能。

20世纪60年代,汽车生产流水线的自动控制系统就是继电器—接触器控制系统的典型代表,当时汽车的每一次改型都直接导致继电器—接触器控制系统的重新设计和安装,十分费时、费工、费料,从而导致汽车型号的更新时间较长,跟不上生产的发展。为了改变这一现状,1968年美国通用汽车公司公开招标,要求设计一种新型的工业控制器,以解决继电器—接触器控制系统的缺点。另外,该公司还提出一种设想,把计算机的完备功能、灵活及通用等优点和继电器—接触器控制系统的简单易懂、操作方便和价格便宜等优点结合起来,制成一种适合工业环境的通用控制装置,并把计算机的编程方法和程序输入方式加以简化,使不熟悉计算机的人也能方便使用。

1969年,美国数字设备公司(DEC)研制出第一台PLC,在美国通用汽车自动装配线上试用,并获得了成功。这种新型的工业控制装置首次将程序化的手段应用于电气控制,它以其简单易懂、操作方便、可靠性高、通用灵活、体积小、使用寿命长等优点,迅速地在美国其他工业领域推广应用。到1971年,它已成功地应用于食品、饮料、冶金、造纸等工业领域。

2. PLC的定义及名称演变

PLC即可编程序控制器(Programmable Logic Controller),是指以计算机技术为基础的工业控制装置。在1987年国际电工委员会(International Electrical Committee,IEC)颁布的PLC标准中对PLC做了如下定义:"可编程序控制器是一种数字运算操作的电子系统,专为在工业环境下应用而设计。它采用一类可编程的存储器,用于其内部存储程序,执行逻辑运算、顺序运算、定时、计数与算术操作等面向用户的指令,并通过数字或模拟式输入/输出控制各种类型的机械或生产过程。可编程序控制器及其有关外部设备,都是按易于与工业控制系统形成一个整体,易于扩充其功能的设计原则设计的"。

可编程序控制器的早期名称为Programmable Logic Controller(可编程序逻辑控制器),简称PLC。早期的PLC主要用来替代传统的继电器—接触器控制系统,随着科技的不断发展,可编程序逻辑控制器的功能不断增加,已远远超出了逻辑控制功能,因而可编程序逻辑控制器(PLC)已不能描述其多功能的特点,后来,人们用可编程序控制器(Programmable Controller,PC)代替PLC。然而PC这一简称在国内早已成为个人计算机(Personal Computer)的代名词,为了与个人计算机相区别,故仍将可编程序控制器简称为PLC。

3. PLC的发展过程

自从1969年第一台可编程序控制器面世以来,PLC以其通用性强、使用方便、

适应面广、可靠性高、抗干扰能力强等优点,得到迅速推广,该项技术迅速发展,并推动世界各国对可编程序控制器的研制和应用。日本、德国也相继研制出自己的可编程序控制器。PLC的发展过程大致可以分为以下几个阶段:

第1阶段,1970—1980年,为PLC的结构定型阶段。在这一阶段,由于PLC刚诞生,各种类型的控制器不断出现,又迅速被淘汰。最终以微处理器为核心的现有PLC结构形成,取得了市场认可,得以迅速发展推广。PLC的原理、结构、软件、硬件趋向统一与成熟,PLC的应用领域由最初的小范围、有选择使用,逐渐向机床、生产线扩展。

第2阶段,1981—1990年,为PLC的普及阶段。在这一阶段,PLC的生产规模日益扩大,价格不断下降,PLC迅速普及。

PLC开始系列化，并且形成了I/O点型、基本单元加扩展模块型和模块化结构型三种基本结构模型，PLC的应用范围开始向顺序控制的领域扩展。

第3阶段，1991—2000年，为PLC的高性能和小型化阶段。在这一阶段，随着微电子技术的发展，PLC的各项功能也日益增强，PLC的运算速度大幅度上升，运算位数不断增加，用于各种特殊控制的模块不断被开发出来。PLC的应用范围由单一的顺序控制向现场控制拓展。同时，PLC的体积也大幅度缩小，出现了各类微型化PLC。

第4阶段，2001年至今，PLC的高性能与网络化阶段。在这一阶段，PLC的各项功能不断增强，运算速度、运算位数不断提高，开发出了适用于过程控制、运动控制的特殊功能模块，PLC的应用领域逐渐进入工业自动化的领域。同时，PLC的网络与通信功能得到迅速发展，PLC不仅可以直接连接传统的编程与I/O设备，还可以通过各种总线构成网络，为工厂自动化奠定了基础。

目前，为了适应大、中、小型企业的不同需要，扩大PLC在工业自动化领域的应用范围，PLC正朝着以下两个方向发展：

1）低档PLC向小型化、简易廉价方向发展，使其能更广泛地取代继电器—接触器控制。

2）中高档PLC向大型、高速、多功能方向发展，使之能取代工业控制器的部分功能，对复杂系统进行综合性自动控制。

二、PLC的分类及应用

1. PLC的分类

目前，PLC产品的种类繁多，不同厂家或同一厂家不同产品的规格和性能也各不相同，功能各有侧重。根据不同的角度可将PLC分为不同的类型。

（1）按结构形式分类　PLC按结构形式可分为整体式结构和模块式结构两大类。

1）整体式结构。整体式结构的PLC是将电源、CPU、输入/输出、存储器、通信接口和外部设备接口等集成为一个整体，构成一个独立的复合模块，称为PLC主机或基本单元。这种类型的PLC结构紧凑、体积小、价格低、安装调试方便，多为小型PLC。例如西门子S7—200、三菱FX2N、三菱FX3U等都是整体式结构。

2）模块式结构。模块式结构的PLC是将PLC的各部分按功能分为电源模块、CPU模块、输入/输出模块、通信模块和专用功能模块等，根据需要搭建模块，通过总线连接，安装在机架或导轨上。模块式结构的PLC配置灵活、装配维护方便，多为大、中型PLC。例如西门子S7—300、S7—400、S7—1200、三菱A系列、三菱Q系列等PLC都是采用模块式结构。

（2）按控制规模分类　PLC按控制规模可分为微型、小型、中型和大型。

1）微型PLC。微型PLC的I/O点数一般在64点以下，其特点是体积小、结构紧凑、重量轻和以开关量控制为主。

2）小型PLC。小型PLC的I/O点数一般在256点以下，采用单CPU、8位或16位处理器，用户程序存储容量在4KB以下。小型PLC除开关量I/O外，还有模拟量控制功能和高速控制功能。有的产品还有多种特殊功能模块和智能模块，有较强的通信能力。目前，常见的小型PLC有美国通用电气公司的GE-Ⅰ，日本三菱电气公司的F1型、F2型，以及德国西门子公司的S7—200等。

3）中型PLC。中型PLC的I/O点数一般在256～2048点，采用双CPU，用户程序存储容量在2～8KB。中型PLC一般都有可供选择的系列化特殊功能模板，有较强的通信能力。目前，常见的中型PLC有美国通用电气公司的GE-Ⅲ、德国西门子公司的S7—300、日本欧姆龙公司的C500等。

4）大型PLC。大型PLC的I/O点数在

2048 点以上，采用多 CPU、16 位或 32 位处理器，用户程序存储容量 8～16KB。大型 PLC 软、硬件功能极强，运算和控制功能丰富，具有多种自诊断功能，一般都有多种网络功能。目前，常见的大型 PLC 有美国通用电气公司的 GE-Ⅳ、德国西门子公司的 S7—400、日本欧姆龙公司的 C2000 等。

（3）按功能分类　PLC 按功能可分为低档机、中档机和高档机。

1）低档机。低档机具有逻辑运算、定时、计数、移位、自诊断、监控等基本功能，有的还具有模拟量输入/输出、数据传送、运算、通信等功能。主要用于逻辑控制、顺序控制或少量模拟量控制的单机控制系统。低档机的工作速度比较低，能带的输入和输出模块数量比较少，输入和输出模块的种类也比较少。

2）中档机。中档机除了具有低档机的功能外，还具有较强的模拟量输入/输出、算术运算、数据传送和比较、数制转换、远程 I/O、子程序、通信联网等功能。有些还具有中断控制、PID（比例积分微分）控制等功能。中档机工作速度较快，可完成既有开关量又有模拟量控制的任务，适用于复杂控制系统。

3）高档机。高档机除了具有中档机的功能外，还有较强的数据处理能力、模拟量调节、函数运算、监控、制表及表格传送、智能控制等功能，其通信联网功能也更加强大。高档机能进行远程控制、构成分布式控制系统，建立整个工厂的自动化网络体系。

2. PLC 的应用领域

PLC 的应用非常广泛。目前，PLC 在国内外广泛应用于钢铁、石油、化工、电力、建材、机械制造、交通运输等各个行业。其应用情况大致可归纳为以下几类。

（1）开关量逻辑控制　开关量的逻辑控制是 PLC 最基本、最广泛的应用领域，它通过"与""或""非"等逻辑控制指令来实现触点和电路的串、并联，取代传统的继电器—接触器控制电路，实现逻辑控制、顺序控制，既可用于单台设备的控制，又可用于多机群控制及自动化流水线，如印刷机、组合机床、磨床、包装生产线和电镀流水线等。

（2）模拟量控制　在工业生产过程中，有许多连续变化的量，如温度、流量、速度等，称为模拟量。为了使 PLC 能够进行模拟量的处理，必须实现模拟量和数字量之间的转换，从而使 PLC 适用于模拟量控制。目前，各 PLC 厂家都提供了配套的 A/D 和 D/A 转换模块。

（3）运动控制　PLC 可以用于圆周运动和直线运动的位置、速度和加速度的控制。目前，各主要 PLC 厂家的产品几乎都有运动控制模块，从而使 PLC 广泛适用于各种机械、机床、机器人、电梯等场合。

（4）过程控制　过程控制是指对温度、速度、流量等模拟量的闭环控制。作为工业控制用的计算机，PLC 可以编制各种各样的控制算法程序，完成闭环控制。PID 调节是一般闭环控制系统中用得较多的调节方法，大中型的 PLC 都有 PID 模块。过程控制在冶金、化工、热处理、锅炉控制等场合应用较多。

（5）数据处理　现代的 PLC 具有数字运算、数据传送、数据转换、排序、查表等功能，可以完成数据采集、处理及分析。采集的数据可以与存储在存储器中的参考值进行比较，完成一定控制操作，还可以利用通信功能传送到其他的智能装置或将它们打印制表。数据处理一般用于大型控制系统，也可用于过程控制。

（6）通信及联网　PLC 可以实现 PLC 与 PLC、PLC 与外设、PLC 与其他工业控制设备、PLC 与上位机、PLC 与工业网络设备之间的通信，实现远程的 I/O 控制。

三、PLC 的特点及性能指标

1. PLC 的特点

PLC 具有通用性强、使用方便、适应面广、可靠性高、抗干扰能力强、编程简单等特点，这些特点使其在工业自动化控制（特别是顺序控制）领域拥有无法取代的地位。

（1）可靠性高，抗干扰能力强　高可靠性是 PLC 突出的特点之一。PLC 用软件代替继电器—接触器控制系统中大量的中间继电器和时间继电器，大大减少了硬件之间的连接，大大减少了因触点接触不良造成的故障。同时，PLC 在设计时还采用隔离、滤波、屏蔽等抗干扰技术，并采用先进的电源技术、故障诊断技术、冗余技术和良好的制造工艺，从而使 PLC 的平均无故障时间达到 3 万～5 万 h。

（2）功能完善，通用性强　PLC 既可实现定时、计数、步进等控制功能，完成对各种开关量的控制，又可通过模/数、数/模转换，完成对模拟量的控制；既可以控制一台生产机械、一条生产线，也可以控制一个生产过程。其通信联网的功能，使 PLC 能与上位机构成分布式控制系统，已实现全工厂的自动控制。

各 PLC 厂家均有各种系列化、模块化、标准化的 PLC 产品，用户可以根据生产规模和控制要求灵活选用，以满足各种控制系统的要求。当控制系统的要求发生变化时只需修改用户程序就可满足新的要求。

（3）编程直观简单，容易掌握　PLC 中最常使用的编程语言是与继电器—接触器电路图类似的梯形图语言，这种编程语言形象直观，容易掌握，使用者不需要专门的计算机知识和语言，可在短时间内掌握。当生产流程发生改变时，可使用编程器在线或离线修改程序，使用灵活方便。对于大型复杂的控制系统，还有各种图形编程语言供设计者使用，设计者只需熟悉工艺流程即可编制程序。

（4）体积小、重量轻、功耗低　PLC 采用微电子技术制造，内部使用半导体集成电路，与传统控制系统相比，其结构紧凑、体积小、重量轻、功耗低。

（5）系统的设计、安装及调试周期短　由于 PLC 采用软件来取代继电器—接触器控制系统中大量的中间继电器、时间继电器等器件，控制柜的设计、安装和接线工作量大大减少。同时，PLC 的用户程序可以使用仿真软件进行调试，使现场调试工作变得更加容易。因此，与传统控制系统的设计、安装和调试相比，大大缩短了控制系统的组建周期。

2. PLC 的性能指标

（1）输入/输出点数（I/O 点数）　输入/输出点数是指 PLC 外部输入/输出端子的个数，通常用输入点数和输出点数的总和来表示，是衡量 PLC 性能的重要指标之一。PLC 有开关量和模拟量两种输入和输出。对开关量 I/O 总数，通常用最大 I/O 点数来表示；对模拟量 I/O 总数，通常用最大 I/O 通道数来表示。通常，小型机有几十个 I/O 点数，中型机有几百个 I/O 点数，大型机超过千点。

（2）存储容量　存储容量是指用户程序存储器的容量，不包括系统程序存储器。存储容量决定了 PLC 可以容纳的用户程序的长度，以字节（B）为单位来计算。一般来说，小型 PLC 的用户存储器容量为几千字，而大型机的用户存储器容量为几万字。

（3）扫描速度　扫描速度是指 PLC 执行用户程序的速度，是衡量 PLC 性能的重要指标。扫描速度可以用执行 1KB 用户程序所用的时间衡量，也可以用执行一条布尔指令所用的时间来衡量。PLC 用户手册一般给出执行各条指令所用的时间，可以通过比较各种 PLC 执行相同的操作所用的时间来衡量扫描速度的快慢。

（4）指令的功能与数量　指令功能的强弱、数量的多少也是衡量 PLC 性能的重要指标。编程指令的功能越强、条数越多，PLC 的处理能力和控制能力也越强，用户编程也越简单和方便，越容易完成复杂的控制任务。

（5）软元件的种类和数量　在编制PLC程序时，需要用到大量的软元件来存放变量、中间结果、保持数据、定时、计数、模块设置和各种标志位等信息。这些软元件的种类与数量越多，表示PLC存储和处理各种信息的能力越强。常用的软元件有输入继电器、输出继电器、辅助继电器、定时器、计数器、数据寄存器和状态寄存器等。

（6）功能模块的种类　要完成复杂的控制任务，除了主机外，还需要配接各种功能模块，不同型号的PLC所配置的功能模块的种类是完全不同的，功能模块种类的多少与功能的强弱是衡量PLC产品的重要指标。近年来，各PLC厂家都非常重视各功能模块的开发，功能模块的种类日益增多，功能越来越强，使得PLC的控制功能日益增大。

（7）可扩展能力　PLC的扩展能力取决于主机CPU的寻址能力和电源容量，其可扩展能力包括I/O点数的扩展、存储容量的扩展、联网功能的扩展、各种功能模块的扩展等。在选择PLC时经常需要考虑其可扩展能力。

四、PLC与继电器—接触器控制系统及单片机、计算机的区别

1. PLC与继电器—接触器控制系统的区别

（1）组成器件不同　继电器—接触器控制系统由各种硬件继电器和接触器组成，系统中采用了大量的机械触点，因其物理性能疲劳、尘埃的隔离性及电弧的影响，系统可靠性大大降低。PLC控制系统由各种软继电器构成，无机械触点，其使用寿命和可靠性高。

（2）触点数量不同　继电器和接触器的触点数量较少，一般有4~8对。PLC中的软继电器由存储单元构成，其存储器的读/写次数不受限制，可供编程用的触点无限使用。

（3）控制方式不同　继电器—接触器控制系统采用硬接线的方式，通过各继电器、接触器机械触点串联、并联组成控制电路，实现相应控制，该控制系统接线多而复杂，体积大，功耗大，故障率高，灵活性和扩展性差。PLC采用存储逻辑，其逻辑控制程序都是存储在内存中，要改变控制逻辑，只需改变程序即可，其灵活性和扩展性较好。

（4）工作方式不同　继电器—接触器控制系统采用并行工作方式，当电源接通时，控制电路中各继电器均处于受控状态。而PLC采用串行工作方式，当PLC运行时，PLC对内部器件进行周期性循环扫描，各逻辑、数值输出的结果都是按照在程序中的前后顺序计算得出的，通过输出的结果来控制线圈的动作。

（5）设计和施工周期不同　继电器—接触器控制系统的设计、施工、调试必须依次进行，其周期长且修改困难。PLC控制系统在设计完成后，现场施工和控制逻辑的设计可以同时进行，周期短，且调试和修改方便。

（6）控制速度不同　继电器—接触器控制系统依靠触点的机械动作实现控制，工作速度低，且机械触点还会出现抖动问题。PLC控制系统通过程序指令控制半导体电路来实现控制，属于无触点控制，速度极快，且不会出现抖动。

2. PLC与单片机、计算机的区别

单片机是一种集成电路，它是将一个计算机系统集成到一个芯片上，单片机必须与其他元器件及软件构成系统才能应用。PLC就是应用单片机构成的比较成熟的控制系统，是已经调试成熟稳定的单片机应用系统的产品。从本质上说，PLC其实就是一套已经做好的单片机系统。PLC有较强的通用性，而单片机可以构成各种各样的应用系统，适用

项目1 PLC基础知识

范围更广。从工程的使用来看，对单项工程或重复数量极少的项目，采用PLC快捷方便，成功率高，可靠性好，但成本较高。对于量大的配套项目，采用单片机系统具有成本低、效益高的优点，但由于稳定性和抗电磁干扰能力比较差，需要有相当的研发力量和行业经验才能使系统稳定。

计算机和PLC的基本结构和程序执行原理相同，但计算机的编程语言为汇编语言或高级语言，其门槛要高于梯形图等编程语言。同时，PLC是专为工业应用而设计的，而计算机系统的工作环境要求较高，为满足工业级的可靠性要求要进行很多特殊的设计，因此大大提高了其应用成本。

五、三菱FX系列PLC简介

1. 三菱FX系列PLC的型号意义

FX系列PLC型号命名的基本格式如图1-1所示。

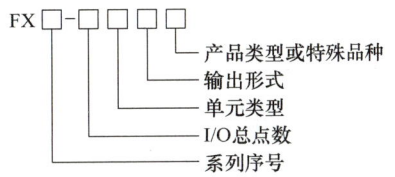

图1-1 FX系列PLC型号命名的基本格式

FX系列PLC型号含义见表1-1。

表1-1 FX系列PLC型号含义

系列序号	1N、2N、1S、3U、3G等
I/O总点数	10～256
单元类型	M—基本单元；E—输入/输出混合扩展单元及扩展模块 EX—输入专用扩展模块；EY—输出专用扩展模块
输出形式	R—继电器输出；T—晶体管输出；S—晶闸管输出
产品类型或特殊品种	001—标准产品；ES/UL—欧洲标准产品；D—DC电源，DC输入；A—AC电源，AC输入；H—大电流输出扩展模块（1A/1点）；V—立式端子排的扩展模块；C—接插口输入输出方式；F—输入滤波器1ms的扩展模块；L—TTL输入扩展模块；S—独立端子（无公共端）扩展模块

若特殊品种一项无符号，则通常表示AC电源、DC输入、横排端子排；继电器输出：2A/点；晶体管输出：0.5A/点；晶闸管输出：0.3A/点。

例如：型号"FX3U—48MR"表示该PLC为FX3U系列，AC电源、DC输入的基本单元，I/O总点数为48点，继电器输出。

2. 三菱FX3U系列PLC的简介

三菱FX3U系列PLC是第三代微型可编程序控制器，是PLC家族中较先进的系列。其采用一类可编程的存储器，用于其内部程序存储，执行逻辑运算、顺序控制、定时、计数与算术操作等面向用户的指令，并通过数字和模拟式输入/输出控制各类机械或生产过程。

FX3U系列PLC内置高达64KB大容量的RAM（随机存储器）；有业界最高水平的高速处理：0.065μs/基本指令；控制规模为16～384点；其内置独立3轴100kHz定位功能（晶体管输出）；基本单元左侧均可连接功能强大、简便易用的适配器。

3. 三菱FX系列PLC的扩展模块

PLC扩展模块用于增加I/O点数及改变I/O比例，其内部无电源，需要由基本单元及扩展单元供电，必须与基本单元一起使用。三菱FX系列PLC的扩展模块主要有输入扩展模块、输出扩展模块和输入/输出混合模块。

例如：FX2N-8EX扩展单元——带8点继电器输入（图1-2a）

FX2N-8EYR 扩展单元——带 8 点继电器输出（图 1-2b）

FX2N-32ET 扩展单元——带 16 点输入/16 点晶体管输出（图 1-2c）

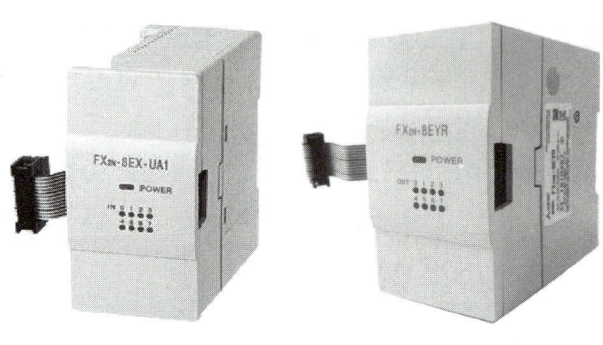 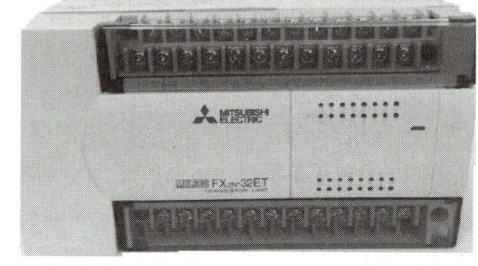

a) FX2N-8EX 扩展单元　　b) FX2N-8EYR 扩展单元　　c) FX2N-32ET 扩展单元

图 1-2　三菱 FX 系列 PLC 的扩展模块

4. FX 系列 PLC 特殊功能模块

特殊功能模块是用于实现 CPU 无法实现的特定功能的单元，其功能的实现独立于 CPU。三菱 FX 系列的特殊功能模块有：模拟量输入/输出模块、温度调节模块、定位控制模块、数据通信模块和高速计数模块。

🌥 任务实施

一、认识常用品牌 PLC

观察常用品牌 PLC 实物，如图 1-3 所示，记录 PLC 品牌名称、型号及参数，并查阅相关资料，了解 PLC 的主要技术指标及特点，并填写表 1-2。

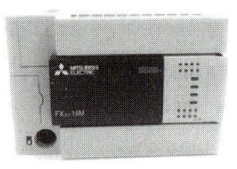 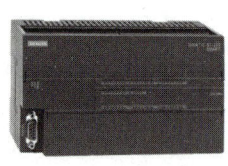  

图 1-3　各品牌 PLC 实物图

表 1-2　常用品牌 PLC 记录

序号	品牌	型号	参数	性能指标	特点
1					
2					
3					
4					

项目1 PLC 基础知识

二、电动机正转继电器控制与PLC控制方式对比演示

1. 电动机正转控制电路

（1）继电器控制方式

1）根据图1-4，演示继电器控制电动机正转电路的安装及配线。

2）对控制电路进行检测，经检测无误后通电试运行，并将电动机实际运行结果填入表1-3中。

（2）PLC 控制方式

1）根据图1-5，演示三菱 FX3U PLC 控制电动机正转电路的安装及配线，配线完成后对控制电路进行检测。

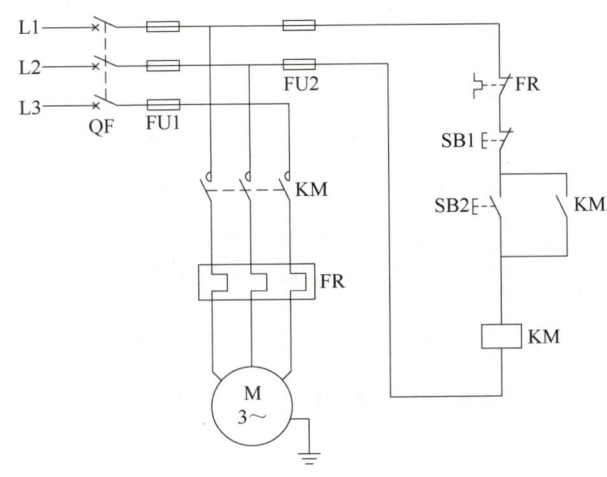

图1-4 电动机正转控制电路

表1-3 电动机正转控制电路运行记录

控制方式	操作内容	观察内容	观察结果
继电器控制	按下 SB2	KM 的动作，电动机的运行情况	
	按下 SB1		
PLC 控制	按下 SB2	PLC 变化情况，电动机运行情况	
	按下 SB1		

2）演示图1-6所示梯形图的输入、调试、下载过程。

3）通电试运行，观察电动机及 PLC 的运行情况并将电动机实际运行结果填入表1-3中。

2. 带延时要求的电动机正转控制

（1）继电器控制方式

1）根据图1-7，演示继电器控制带延时要求的电动机正转电路的安装及配线。

2）对控制电路进行检测，经检测无误后通电试运行，并将电动机实际运行结果填入表1-4中。

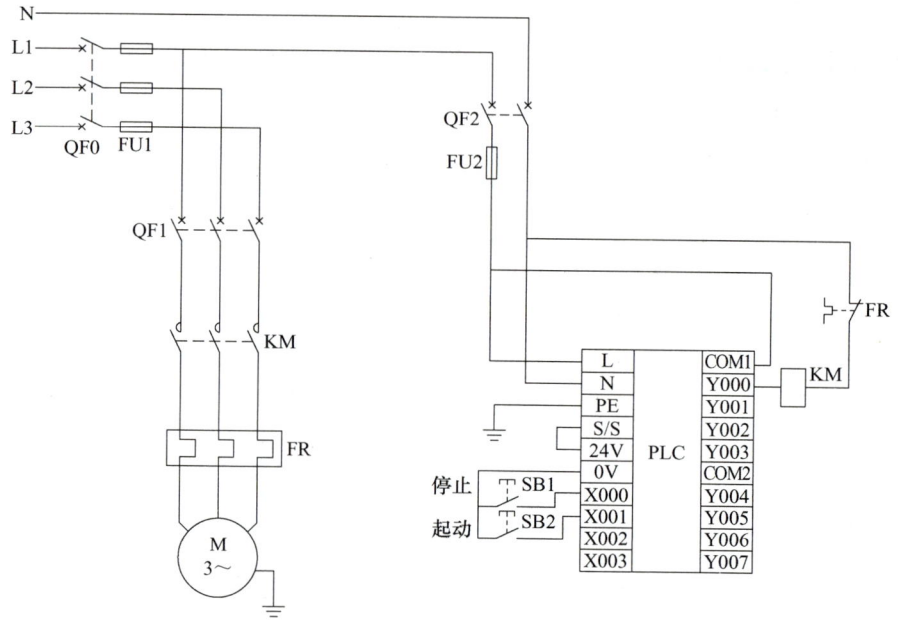

图 1-5 PLC 控制电动机正转 I/O 接线

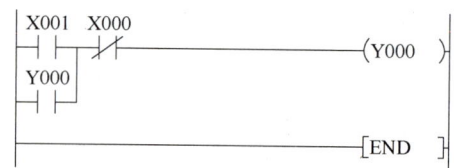

图 1-6 电动机正转控制梯形图

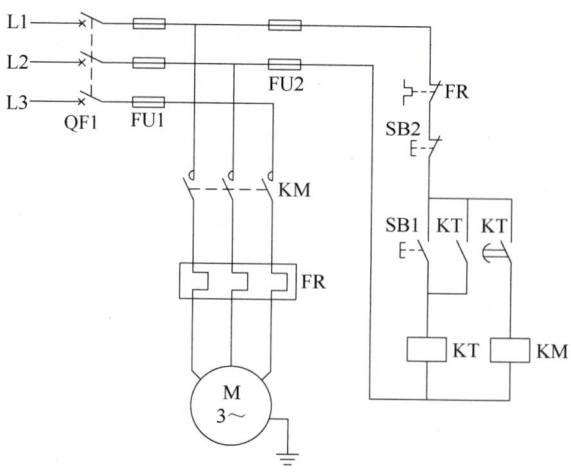

图 1-7 带延时要求的电动机正转控制电路

项目 1　PLC 基础知识

表 1-4　带延时要求的电动机正转控制电路运行记录

控制方式	操作内容	观察内容	观察结果
继电器控制	按下 SB2	KM、KT 的动作，电动机的运行情况	
	按下 SB1		
PLC 控制	按下 SB2	PLC 变化情况，电动机运行情况	
	按下 SB1		

（2）PLC 控制方式

1）电路的安装及配线与图 1-5 相同，无须更改。

2）在图 1-6 的基础上对程序进行修改，重新调试、下载。修改后的梯形图如图 1-8 所示。

3. 继电器控制方式和 PLC 控制方式比较

观看电动机正转继电器控制方式和 PLC 控制方式的安装与运行演示后，对两种控制方式进行分析和比较，并将比较结果填写在表 1-5 中。

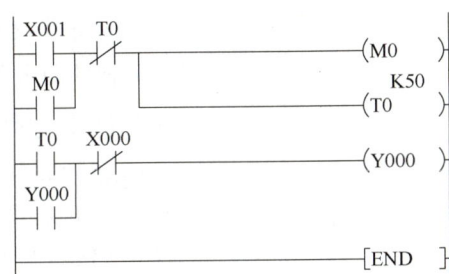

图 1-8　带延时要求的电动机正转控制梯形图

表 1-5　继电器控制方式和 PLC 控制方式比较

控制方式	相同点	不同点	优点	缺点
继电器控制				
PLC 控制				

任务测评

任务测评见表 1-6。

表 1-6　任务测评

评价内容		分值	评价标准	小组评价	教师评价
观察 PLC 实物		30	1. 正确记录 PLC 的品牌、型号及参数 2. 正确描述 PLC 的特点及技术指标		
观看现场演示	填写表 1-3	20	认真观察，正确填写运行记录		
	填写表 1-4	20	认真观察，正确填写运行记录		
	填写表 1-5	30	认真分析两种控制方式，正确填写运行记录		

任务 2　PLC 硬件安装与接线

学习目标

知识目标：
1. 掌握 PLC 的硬件及软件组成。
2. 了解 PLC 的工作原理。

能力目标：
能正确进行 PLC 输入、输出端的接线。

素质目标：
1. 养成对科技发展不断探索的意识。
2. 形成不断学习、持续进步的习惯。

工作任务

各生产厂家生产的 PLC 虽性能各异，但其硬件组成及工作原理基本相同。在本任务中了解 PLC 组成及工作原理，认识 FX3U 系列 PLC 的结构及输入/输出接线的方法。

任务分析

本任务的主要目的是通过对 PLC 结构及工作原理的了解，初步认识 FX3U 系列 PLC 的硬件结构，能够正确掌握 FX3U 系列 PLC 的接线方法。

相关知识

一、PLC 的组成

PLC 的基本组成和计算机类似，都是由硬件和软件两大部分组成的。

1. PLC 的硬件组成

PLC 的硬件主要由中央处理器（CPU）、存储器、输入单元、输出单元、通信接口、扩展 I/O 接口及电源组成，如图 1-9 所示。

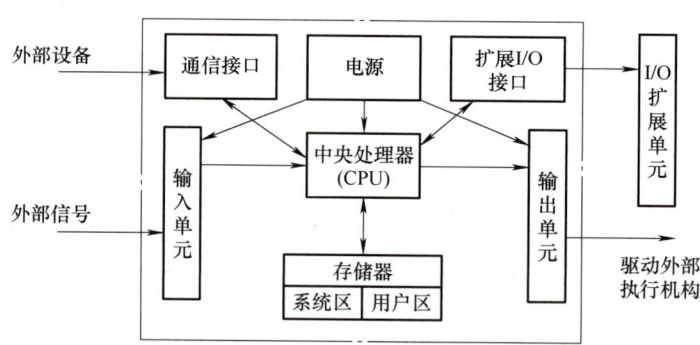

图 1-9　PLC 硬件结构

（1）中央处理器（CPU）　CPU 是 PLC 的核心部件，主要由运算器、控制器、寄存器及实现它们之间联系的地址总线、数据总线和控制总线构成，它可以进行各种数据的运算与处理。

CPU 的功能主要包括以下几方面：

1）接收从编程器或计算机输入的程序和数据，并送入用户程序存储器中进行存储。

2）监视电源、PLC 内部各单元电路的工作状态。

3）诊断编程过程中的语法错误，对用户程序进行编译。

4）在 PLC 进入运行状态后，从用户程序存储器中逐条读取指令，并分析、执行该指令。

5）根据运算结果更新有关标志位的状态、输出状态或数据寄存器的内容。

项目1 PLC基础知识

6）根据输出状态或数据寄存器的内容，将结果送到输出接口。

7）响应中断或各种外部设备的任务处理请求。

（2）存储器 PLC的内部存储器主要用来存放系统程序、用户程序及工作数据，可分为系统程序存储器和用户程序存储器两类。系统程序存储器用于存放系统工作程序、调用管理程序以及各种系统参数，它是由PLC生产厂家设计并固化在只读存储器中，用户不能更改。用户程序存储器主要用于存放用户编制的应用程序及各种暂存数据和中间结果，用户可对程序进行修改。

PLC常用的存储器如下：

1）随机存储器（RAM）。RAM又叫作读/写存储器，用户既可读出RAM中的程序，又可将用户程序写入RAM，它是易失性的存储器，电源中断后存储的信息将会丢失。在关断外部电源后，可用锂电池保存RAM中的用户程序和数据。RAM一般用来存放PLC的用户程序。

2）只读存储器（ROM）。ROM的内容只能读出，不能写入。它是非易失性的，它在电源中断后仍能保存储存的内容。ROM一般用来存放PLC的系统程序。

3）电擦除可编程只读存储器（EEPROM）。EEPROM为非易失性存储器，它兼有ROM的非易失性和RAM的随机存取等优点，但将信息写入EEPROM的时间要比RAM长。EEPROM用来存放用户程序及需要长期保存的重要数据。

（3）输入/输出单元 输入/输出单元又称为输入/输出模块（I/O模块）、输入/输出接口，它是PLC与工业生产现场之间的连接部件。PLC通过输入接口把开关、按钮和传感器等外部设备的状态或信息输入CPU，通过用户程序的运算与操作，把结果通过输出接口传递给继电器、接触器和电磁阀等执行机构，并通过执行机构完成工业现场的各种控制。由于PLC在工业现场工作，工作环境复杂，其输入/输出接口一般都具有光电隔离和滤波功能，以提高PLC的抗干扰能力。

1）输入接口。输入接口用来接收生产过程的各种参数，其结构主要包括光电耦合器、输入状态寄存器、输入数据寄存器，输入接口接收各种开关量信号或连续变化的模拟量信号，各种信号经光电耦合器转换成PLC能够接收的电平信号，输入到输入状态寄存器或数据寄存器中。PLC的输入接口电路有直流输入、交流输入和交直流输入三种。输入接口的电源可由外部提供，也可由PLC内部提供。

2）输出接口。PLC输出接口将经过CPU处理的信号通过光电隔离和功率放大等处理，转换成外部设备所需要的驱动信号，以驱动这种执行机构。PLC输出接口的结构包括输出状态寄存器、输出锁存器、光电耦合器和功率放大器等各部分。为适应不同负载的需要，PLC输出接口有继电器输出、晶体管输出和晶闸管输出三种形式。PLC输出接口本身不带电源，必须由外部提供。

（4）通信接口 PLC的通信接口专用于数据通信。PLC配有多种通信接口，通过这些通信接口可与编程器、打印机以及其他PLC等设备实现通信，也可组成多机系统或连成网络，以实现更大规模的控制。

（5）扩展I/O接口 PLC的扩展接口用于连接输入/输出扩展单元和特殊功能单元，通过扩展接口，可以扩充开关量I/O点数和增加模拟量I/O通道数，也可配接特定的功能模块，使PLC的配置更加灵活，以满足不同控制系统的需要。

（6）电源 PLC配有开关电源，以供内部电路使用。PLC电源的稳定性好，抗干扰能力强，对电网提供的电源稳定度要求不高，一般允许电源电压在额定值±15%的范围内波动，许多PLC还向外提供24V直流稳压电源，对外部传感器供电。

2. PLC 的软件组成

PLC 软件由系统程序和用户程序组成。

（1）系统程序　系统程序是 PLC 赖以工作的基础，是 PLC 制造商采用汇编语言设计编写的，用于控制 PLC 本身运行的程序。系统程序在 PLC 出厂时已固化于 ROM 型系统程序存储器中，用户不能直接读写与更改。系统程序包括监控程序、编译程序及诊断程序。监控程序主要用于管理 PLC 系统，编译程序用来把程序语言翻译成机器语言程序，诊断程序用来诊断 PLC 的故障系统。

（2）用户程序　用户程序是用户根据现场控制的需要，用 PLC 的程序语言编制的应用程序，用于实现现场的各种控制要求。用户程序可根据用户需要进行读/写，用户程序存储在 RAM 中。

二、PLC 的工作原理

PLC 是一种工业控制计算机，故它的工作原理是建立在计算机的工作原理基础上的，是通过执行反映控制要求的用户程序来实现的。PLC 执行用户程序时采用的是循环扫描的工作方式，当 PLC 运行时，CPU 对用户程序按指令步序做周期性循环扫描。即从第一条指令开始，在无中断或跳转的情况下，逐条顺序执行用户程序直至程序结束。然后重新返回第一条指令，开始新一轮的扫描。

PLC 的一个扫描周期分为输入采样、程序执行和输出刷新三个阶段，如图 1-10 所示。

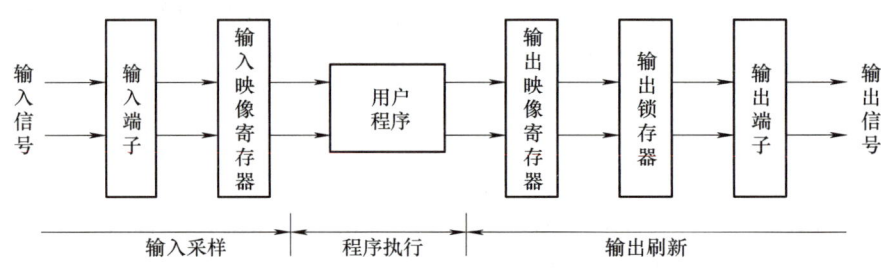

图 1-10　PLC 程序执行过程

1. 输入采样

在输入采样阶段，PLC 以顺序扫描方式将所有输入端的输入信号输入到输入映像寄存器中并加以存储，这一过程称为对输入信号的采样。输入采样完成后，进入程序执行阶段，在程序执行期间，输入状态发生变化，输入映像寄存器的内容也不会发生改变。输入状态的变化，只有在下一个扫描周期的输入采样阶段才会被重新读入。

2. 程序执行

在程序执行阶段，PLC 对程序按顺序扫描，每扫描到一条指令时，需要的输入状态或其他元素的状态分别由输入映像寄存器或元素映像寄存器读出，进行逻辑运算后，将执行结果写入元素映像寄存器中。元素映像寄存器中的存储内容会被后续程序所应用，所以元素映像存储器中的内容随程序的执行而发生变化。

3. 输出刷新

当程序执行完后，进入输出刷新阶段。此时，元素映像寄存器中所有输出继电器的状态转存到输出锁存器中，以驱动用户输出设备。

三、PLC 的编程语言

PLC 的编程语言是用来编制 PLC 用户程序的。PLC 的编程语言包括以下 5 种：梯形图（LD）、指令表（IL）、功能模块图（FBD）、顺序功能图（SFC）及结构化文本（ST）。

项目 1　PLC 基础知识

1. 梯形图

梯形图是 PLC 程序设计中最常用的编程语言。它是与继电器—接触器控制电路类似的一种编程语言。由于电气设计人员对继电器控制较为熟悉，且梯形图与电气操作原理图相对应，具有直观性和对应性，与原有继电器控制相一致，电气设计人员易于掌握，因此，梯形图编程语言得到广泛的欢迎和应用。

梯形图由左右两条母线，以及两母线之间的一些触点和线圈组成，如图 1-11 所示。由触点和线圈组成的行称为逻辑行。

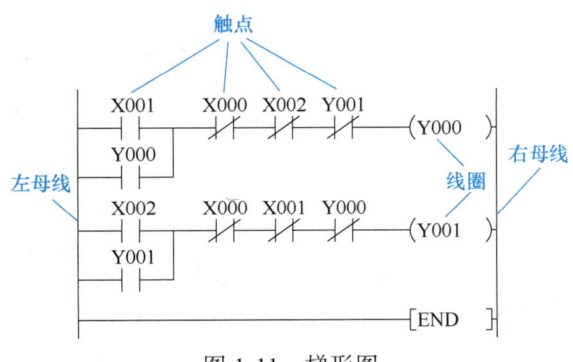

图 1-11　梯形图

应用梯形图进行编程时，只要按梯形图顺序输入计算机，计算机就可自动将梯形图转化成 PLC 能接收的机器语言，存入并执行。

2. 指令表

指令表是与汇编语言类似的一种助记符编程语言，指令表中的指令是由助记符和操作元件组成的，指令表编程语言与梯形图编程语言一一对应，在 PLC 编程软件下可以相互转换。与图 1-11 所示梯形图对应的指令表如下：

助记符	操作元件
LD	X001
OR	Y000
ANI	X000
ANI	X002
ANI	Y001
OUT	Y000
LD	X002
OR	Y001
ANI	X000
ANI	X001
ANI	Y000
OUT	Y001
END	

3. 功能模块图

功能模块图是与数字逻辑电路类似的一种 PLC 编程语言。功能模块图以功能模块为单位，功能模块用图形的形式表达功能，直观性强，对于具有数字逻辑电路基础的设计人员而言，很容易掌握。对规模大、控制逻辑关系复杂的控制系统，由于功能模块图能够清晰地表达功能关系，可大大节省编程调试时间。

4. 顺序功能图

顺序功能图是为了满足顺序逻辑控制而设计的编程语言。编程时将顺序流程动作的过程分成步和转换条件，根据转换条件对控制系统的功能流程顺序进行分配，一步一步地按照顺序动作。每一步代表一个控制功能任务，用矩形框表示。在矩形框内含有用于完成相应控制功能任务的梯形图逻辑。这种编程语言使程序结构清晰，易于阅读及维护，大大减轻了编程的工作量，缩短了编程和调试时间，多用于系统规模较大、程序关系较复杂的场合。顺序功能图如图1-12所示。

5. 结构化文本

结构化文本是用结构化的描述文本来描述程序的一种编程语言。它是类似于高级语言的一种编程语言。在大、中型的PLC系统中，常采用结构化文本来描述控制系统中各个变量的关系，主要用于其他编程语言较难实现的用户程序编制。

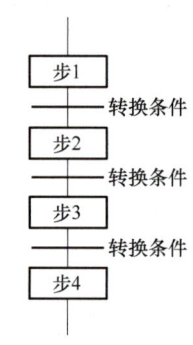

图1-12　顺序功能图

任务实施

一、FX3U系列PLC硬件识别

FX3U系列PLC的基本单元主要由输入/输出端子、输入/输出指示灯、功能扩展板、外设连接接口、状态显示指示灯等部分组成，如图1-13所示。

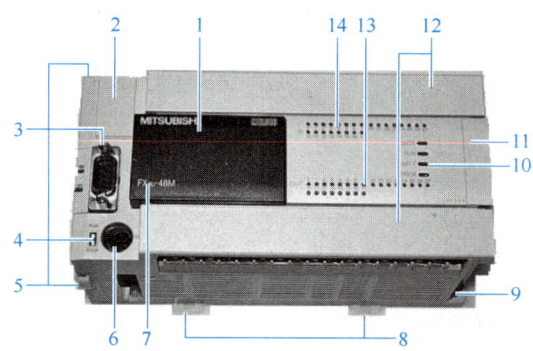

图1-13　FX3U系列PLC的基本单元结构

1—前盖　2—电池盖　3—功能扩展端口部虚拟接口　4—RUN/STOP　5—特殊适配器连接用卡扣（2处）
6—外部设备连接用接口　7—型号显示（简称）　8—DIN导轨安装用挂钩　9—安装孔
10—动作状态显示LED（POWER—电源指示灯，通电时绿灯亮；RUN—运行状态指示灯，PLC处于运行状态时绿灯亮；
BATT—电池电压指示灯，电池电压过低时红灯亮；ERROR—错误指示灯，程序出错时红灯闪烁，CPU出错时红灯亮）
11—扩展设备连接用接口盖　12—端子台盖板　13—输出显示LED（红）　14—输入显示LED（红）

二、FX3U系列PLC的安装

PLC应安装在环境温度范围为0～55℃、相对湿度大于35%、无尘埃、无油烟、无腐蚀性气体及可燃气体的场合中。

FX3U系列PLC的安装方式有两种：一种是利用DIN导轨进行安装；另一种是利用安装孔进行安装。

1. 利用DIN导轨进行安装

通过导轨卡夹可以很方便地将PLC安装到DIN导轨上。首先要将功能扩展板及特殊适配器连接到基本单元上，然后将PLC安装到DIN导轨上，安装步骤如下：

1）安装DIN导轨，将导轨固定到安装面板上。

2）将PLC挂到DIN导轨上方。

项目1 PLC基础知识

3）拉出PLC导轨下方的DIN导轨卡夹，向下转动PLC使其在导轨上就位。

4）推入卡夹，将PLC锁定在导轨上。

利用DIN导轨进行安装的示意图如图1-14所示。

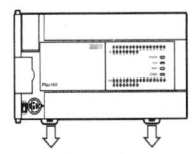 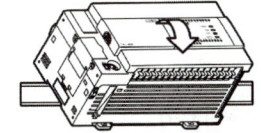 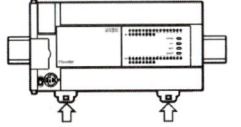

图1-14 PLC导轨安装示意图

2. 利用安装孔进行安装

不同型号的PLC的安装孔螺距及个数有所不同，在利用安装孔进行安装时，需要参考PLC的外形尺寸图进行安装，安装步骤如下：

1）参考PLC的外形尺寸图确定安装孔螺距。

2）根据安装孔螺距在安装面板上利用手电钻对安装孔进行加工。

3）将基本单元上的安装孔与安装面板上的安装孔对准，用螺钉进行固定。

三、FX3U系列PLC的接线

PLC在工作前需正确接入控制系统，PLC的连接主要包括电源接线、输入接线、输出接线及通信接线等。

1. FX3U系列PLC端子排列及端子功能

要正确完成PLC接线，需了解PLC的端子排列及各端子的功能。不同型号PLC的端子排列稍有不同，但相同端子的基本功能相同。图1-15所示为FX3U-48M型PLC端子的排列及各端子功能。

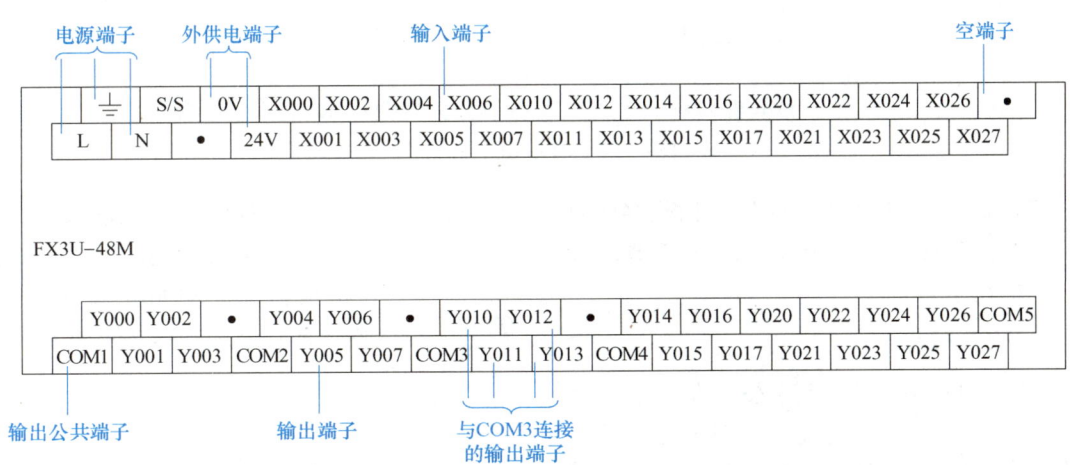

图1-15 FX3U-48M型PLC端子的排列及各端子功能（AC电源）

PLC的供电电源有直流和交流两种，AC型供电电源PLC端子如图1-15所示，DC型供电电源PLC端子如图1-16所示。两种供电方式的PLC端子显示稍有不同，具体如下：

（1）电源显示 AC电源型为L、N；DC电源型为⊕、⊖。

（2）DC 24V供给电源显示 AC电源型为24V、0V；DC电源型为（24V）、（0V）。

（3）输入/输出端子的显示 AC电源型、DC电源型PLC的输入/输出端子的显示相同。

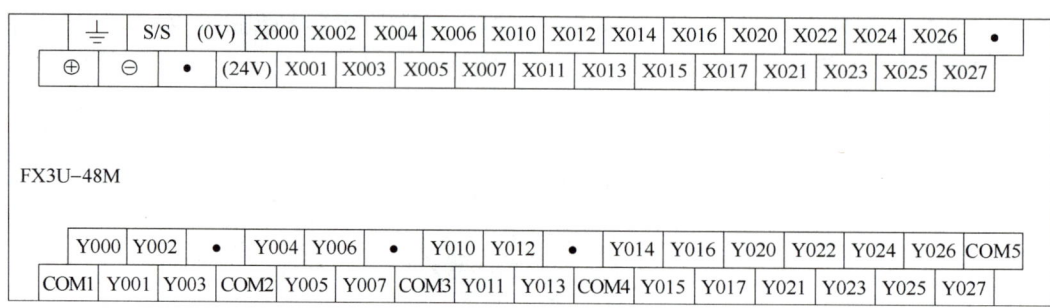

图 1-16　FX3U-48M 型 PLC 端子的排列及各端子功能（DC 电源）

2. 电源接线

PLC 基本单元的供电电源有两种：一种采用工频交流电供电，通过交流输入端子相连接，在 100～250V 电压范围内均可使用，且其内部自带 DC 24V 直流电源，可以向外部提供一个 24V 的直流电源，但这个电压能提供的电流较小，多用于输入继电器和传感器的供电；另一种是采用外部直流电源开关供电，一般配有直流 24V 输入端子。

AC 输入型电源接线时，L 接电源相线，N 接电源中性线，⏚接地，如图 1-17a 所示。

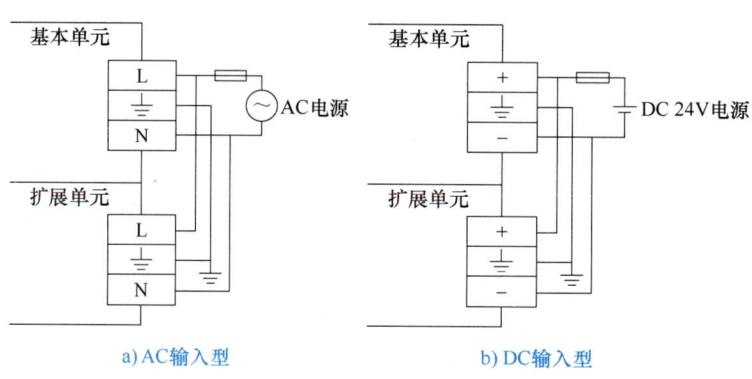

a) AC 输入型　　　　b) DC 输入型

图 1-17　PLC 电源接线图

DC 输入型电源接线时，外配 24V 直流电源正极接 +，负极接 -，⏚接地，如图 1-17b 所示。

3. 输入接线

PLC 的输入端口与输入器件相连，向 PLC 输送输入信号。与输入端口相连的输入器件主要有开关、按钮、传感器等，这类器件都是触点型器件。

FX3U 系列 PLC 信号的输入可采用 PLC 提供的 24V 电源供电，也可采用外部提供的 24V 电源供电。FX3U 系列 PLC 输入公共端为 S/S 端，S/S 端可接 24V 也可接 0V。当 S/S 端接 24V 时，PLC 构成漏型（NPN）输入，此时信号从 S/S 端流入，从输入端（X）流出，其接线如图 1-18a 所示；当 S/S 端接 0V 时，PLC 构成源型（NPN）输入，此时信号从输入端（X）流入，其接线如图 1-18b 所示。

4. 输出接线

PLC 输出接口主要与继电器、接触器、电磁阀等线圈相连，通过它们驱动负载工作。这些器件均采用 PLC 外部专用电源供电。

FX3U 系列 PLC 的输出分为继电器输出、晶体管输出和晶闸管输出三种。而晶体管输出又可分为源型和漏型两种。

项目 1 PLC 基础知识

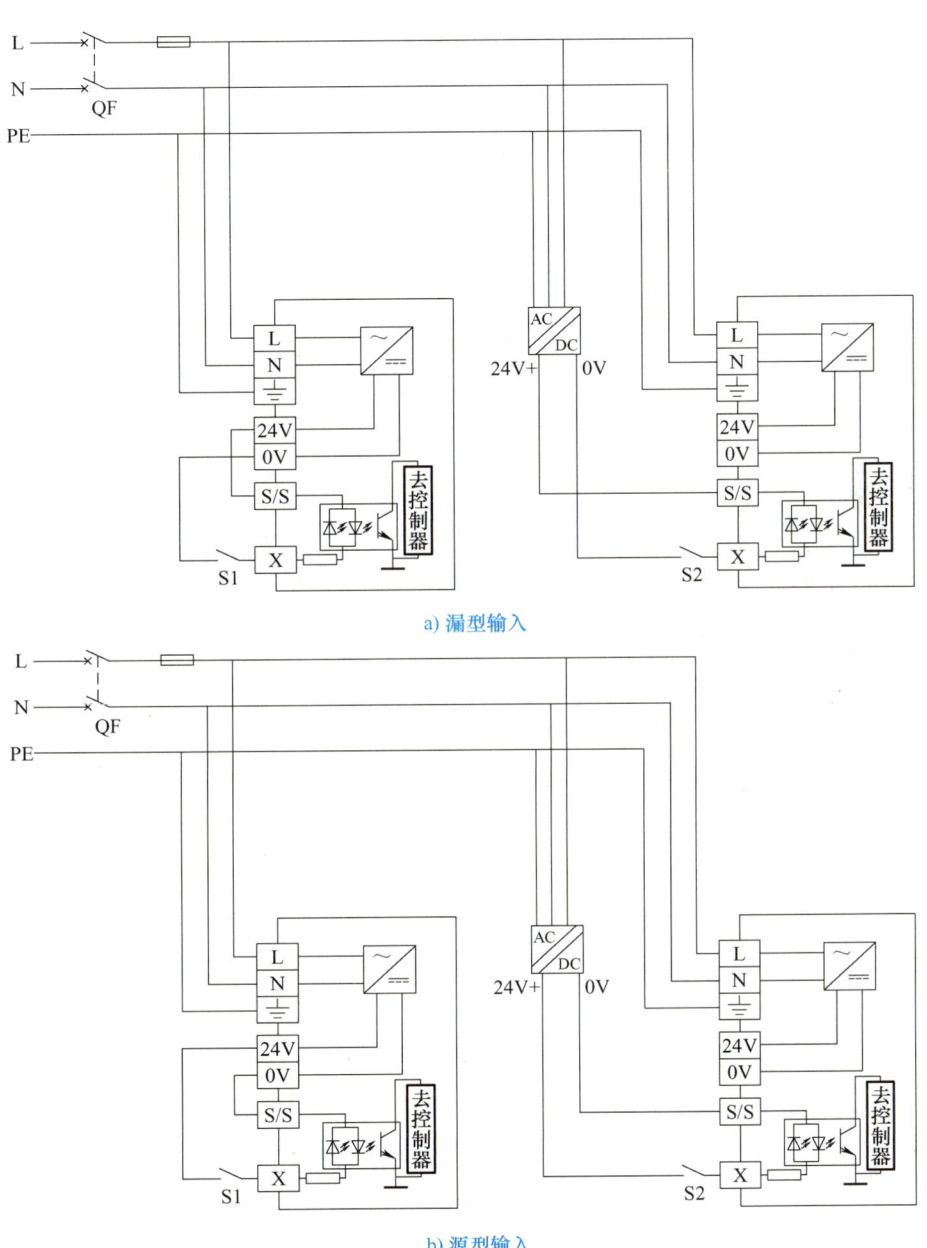

a) 漏型输入

b) 源型输入

图 1-18 FX3U 系列 PLC 输入接线图

（1）继电器输出 继电器输出接口既可驱动交流负载也可驱动直流负载，在接线时应注意电压范围，对于直流应使用 DC 30V 以下的电源，对于交流应使用 AC 240V 以下的电源，其接线如图 1-19 所示。

（2）晶体管输出 晶体管输出只能用于驱动直流负载，其输出所接电源为 DC 5～30V。其类型为源型还是漏型可根据其公共端来判断：对于漏型输出，公共端为负，用 COM 表示；对于源型输出，公共端为正，用 +V 表示。晶体管输出接线如图 1-20 所示。

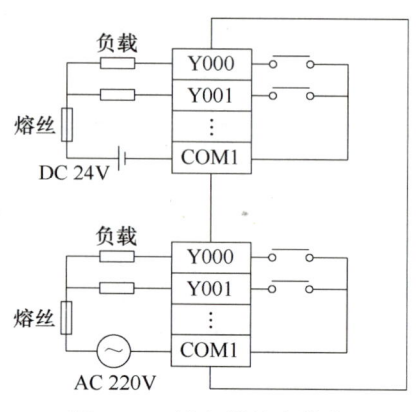

图 1-19 继电器输出接线

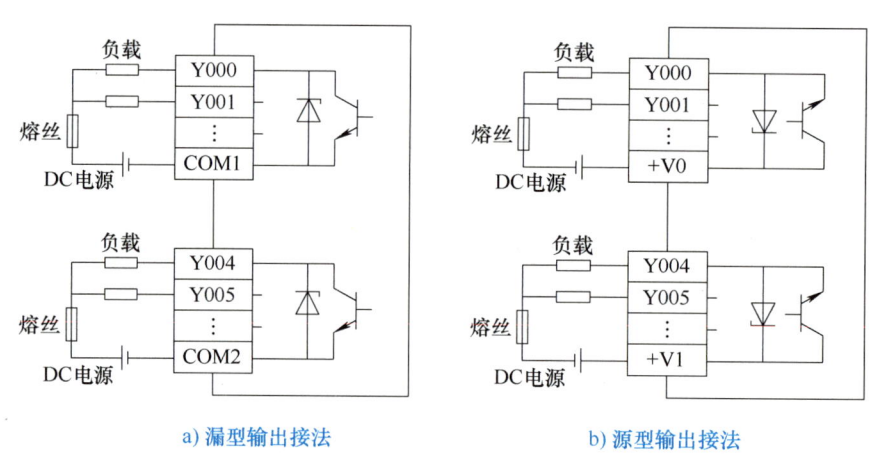

a) 漏型输出接法　　　　　　　　b) 源型输出接法

图 1-20 晶体管输出接线

（3）晶闸管输出　晶闸管输出只能用 242V，其接线如图 1-21 所示。于驱动交流负载，其使用电源为 AC 85～

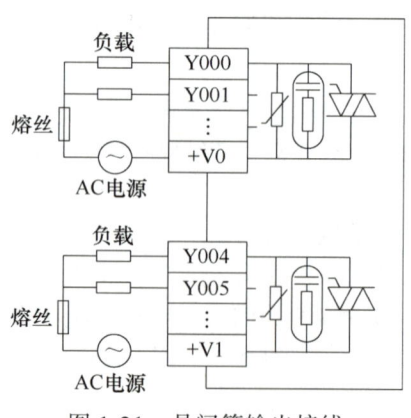

图 1-21 晶闸管输出接线

项目 1 PLC 基础知识

任务测评

任务测评见表 1-7。

表 1-7 任务测评

评价内容	分值	评价标准	小组评价	教师评价
FX3U 系列 PLC 基本单元结构识别	10	能正确描述出 FX3U 系列 PLC 基本单元各部分名称		
FX3U 系列 PLC 端子识别	10	能正确描述出 FX3U 系列 PLC 各端子名称及功能		
FX3U 系列 PLC 的安装	10	能正确在 DIN 导轨或面板上完成 PLC 的安装		
FX3U 系列 PLC 输入接线	25	能正确绘制 FX3U 系列 PLC 输入接线图		
FX3U 系列 PLC 输出接线	45	能正确绘制 FX3U 系列 PLC 输出接线图		

任务 3 GX Works2 的安装与使用

学习目标

知识目标：

1. 了解 GX Works2 编程软件及其主要功能。

2. 掌握 GX Works2 编程软件的安装及使用方法。

能力目标：

1. 能正确安装 GX Works2 编程软件。

2. 能熟练应用 GX Works2 编程软件进行程序的输入。

素质目标：

1. 关注国内外编程软件的发展与进步。

2. 培养重视差距、迎难而上的精神。

工作任务

GX Works2 可以兼容 GX Developer，且 GX Works2 支持的 PLC 无论是系列还是型号都要比 GX Developer 多，其支持的编程语言也多。本任务的主要内容是 GX Works2 软件包的安装与使用。

任务分析

本任务主要介绍三菱 GX Works2 Ver 1.610L 的安装及使用。通过学习 GX Works2 编程软件的功能，掌握其安装方法、步骤及使用方法，即能正确安装并使用 GX Works2 编程软件。

相关知识

GX Works2 是三菱公司设计的一款编程软件，它将仿真软件和模块设置软件合为一体，可以在大部分 Windows 操作系统中稳定运行。GX Works2 具有简单工程（Simple Project）和结构化工程（Structured Project）两种编程方式，支持梯形图、指令表、顺序功能流程图、结构化文本及结构化梯形图等编程语言，适用于 Q、QNU、L、FX 等 PLC。GX Works2 兼容 GX Developer 软件，支持三菱电机工控产品 iQ Platform 综合管理软件 iQ Works，具有系统标签功能，可实现 PLC 数据与 HMI、运动控制器的数据共享。

GX Works2 的主要功能如下：

（1）程序创建　GX Works2 既可以通过简单工程与 GX Developer 一样进行编程，也可以通过结构化工程进行结构化编程。

（2）调试/监视　将创建的程序写入 PLC 中，可对程序进行调试，对运行时的软元件进行离线或在线监视。

（3）故障诊断　可以对 PLC CPU 的当前出错状态及故障进行诊断，通过诊断功能可以缩短恢复作业的时间。

（4）程序的写入/读出　通过写入/读出功能，可以将创建的程序写入/读出到 PLC 的 CPU 中。此外，还可以在 PLC CPU 运行状态下对程序进行更改。

（5）参数设置　既可以对 PLC CPU 的参数及网络参数进行设置，也可以对智能功能模块的参数进行设置。

任务实施

一、GX Works2 软件的安装

1）在三菱官方网站下载 GX Works2 安装包并解压。打开 GX Works2 安装包文件夹，并找到 Disk1 文件夹，如图 1-22 所示。

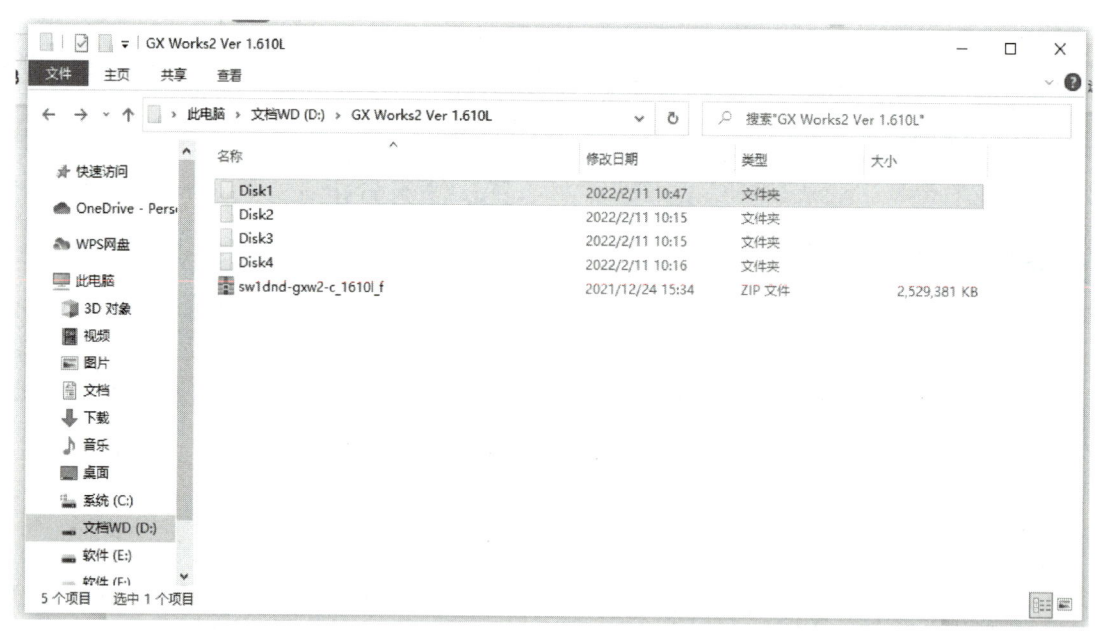

图 1-22　GX Works2 安装包中的 Disk1 文件夹

2）双击打开 Disk1 文件夹，找到"setup.exe"并双击，开始安装软件，如图 1-23 所示。

3）进入 GX Works2 的安装向导界面，单击"下一步"按钮继续安装，如图 1-24 所示。

4）进入用户信息填写界面，用户可以根据需要填写"姓名"与"公司名"。之后，在"产品 ID"中输入产品序列号，如图 1-25 所示。产品序列号可从三菱官方网站申请。

5）选择安装目标，用户可以选择默认，也可以单击"更改"按钮，根据需要选择安装位置，如图 1-26 所示。

6）开始复制文件，复制文件前先确认设置内容，确认无误后，单击"下一步"按钮，如图 1-27 所示。

7）进入安装状态，如图 1-28 所示。安装过程中会弹出"配置文件登录中"的提示，如图 1-29 所示。用户需要耐心等待，直至 GX Works2 安装完成。

项目 1　PLC 基础知识

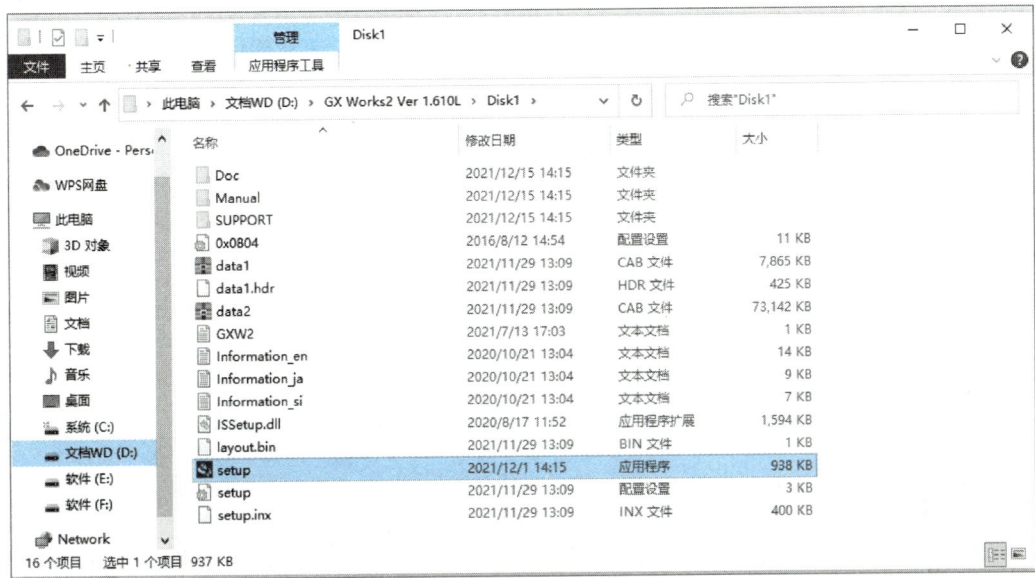

图 1-23　Disk1 文件夹中的 "setup" 应用程序

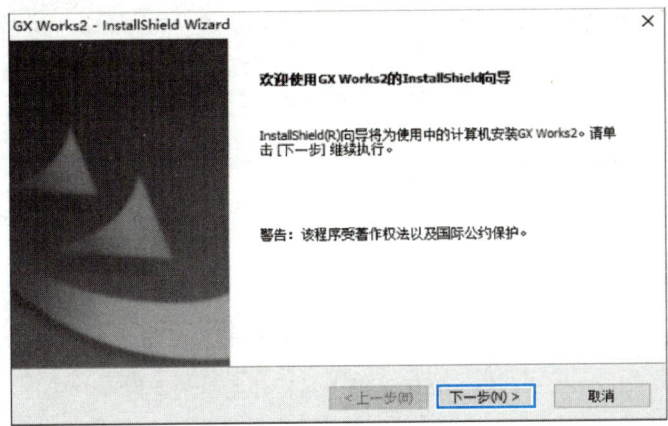

图 1-24　安装向导界面

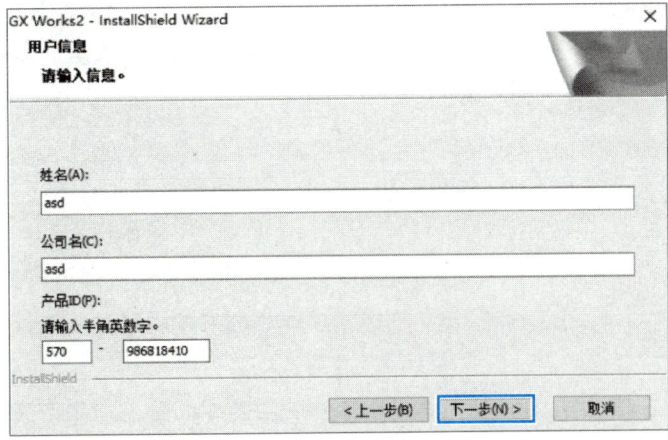

图 1-25　用户信息填写界面

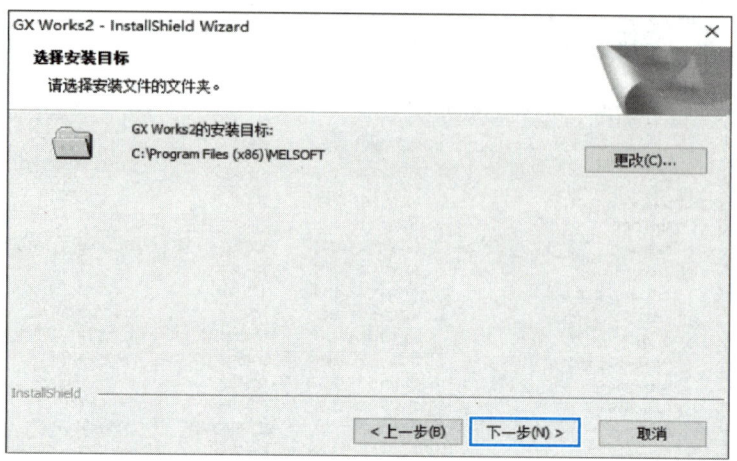

图 1-26　选择安装目标

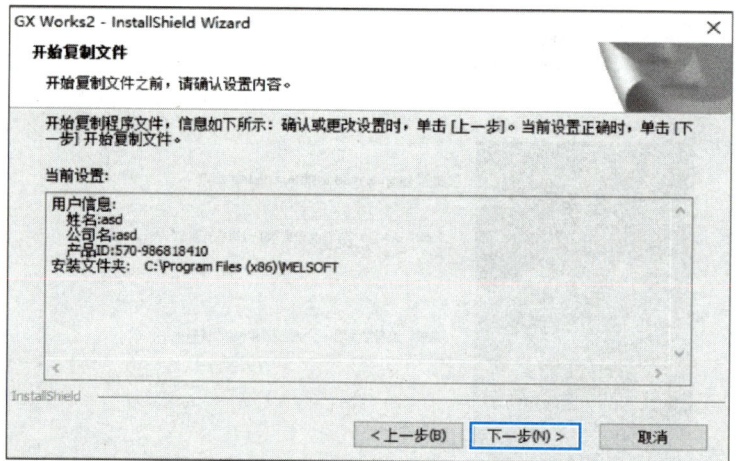

图 1-27　确认设置内容，开始复制文件

图 1-28　安装状态

项目 1　PLC 基础知识

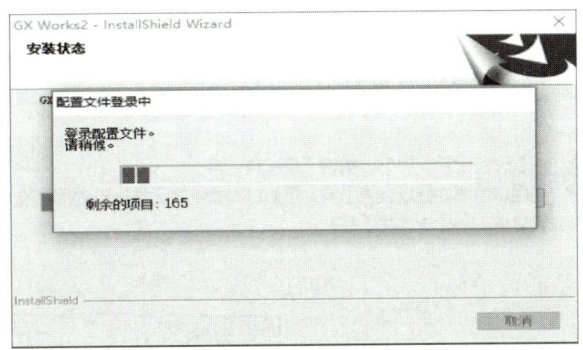

图 1-29　"配置文件登录中"提示

8）当弹出图 1-30 所示对话框后，说明已经成功安装 GX Works2，然后单击"确定"按钮即可完成。

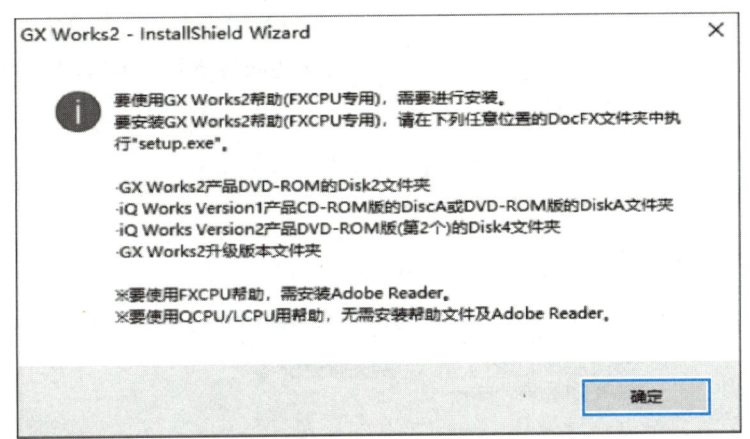

图 1-30　安装成功

9）如图 1-31 所示，单击"确定"按钮。

10）弹出"绑定 CPU 模块记录设置工具"提示框，如图 1-32 所示。若要查看该工具的安装手册，则单击"是"；若不查看安装手册，则单击"否"。

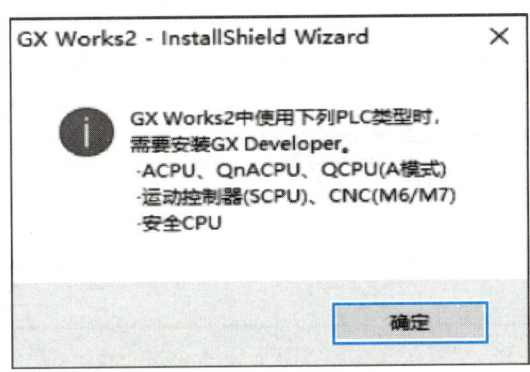

图 1-31　安装向导

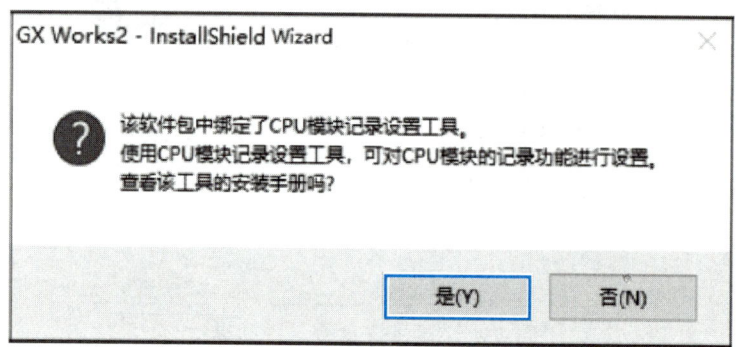

图 1-32 "绑定 CPU 模块记录设置工具"提示框

11）弹出"绑定 GX LogViewer"提示框，如图 1-33 所示。若要查看该工具的安装手册，则单击"是"；若不查看安装手册，则单击"否"。

12）弹出"可获取 MELSOFT Update Manager"提示框，如图 1-34 所示，单击"确定"按钮。

13）完成安装，单击"完成"按钮，结束安装向导界面，如图 1-35 所示。

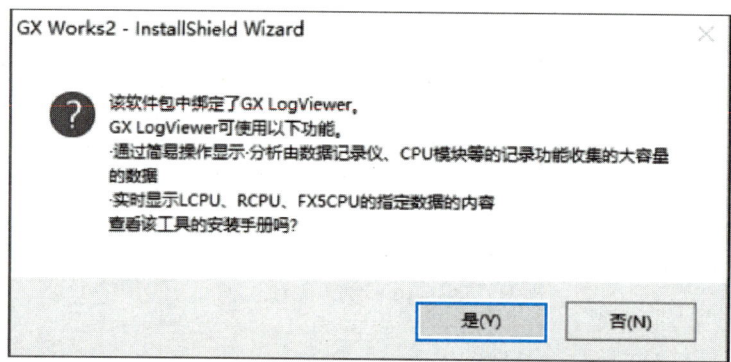

图 1-33 "绑定 GX LogViewer"提示框

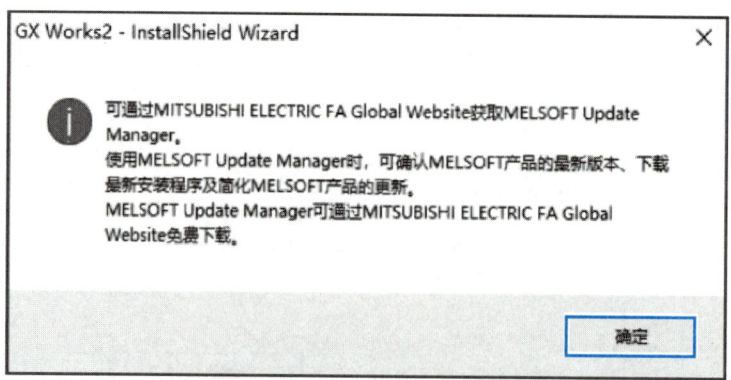

图 1-34 "可获取 MELSOFT Update Manager"提示框

项目 1 PLC 基础知识

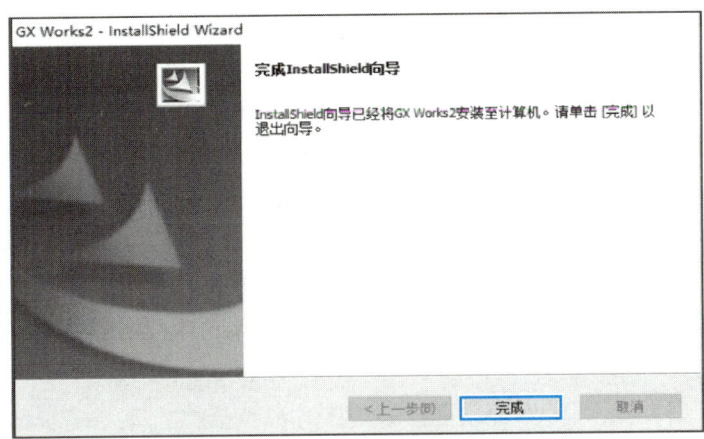

图 1-35 安装完成界面

二、GX Works2 软件的使用

1. 系统的启动与退出

（1）系统启动 GX Works2 安装完成后，在桌面会出现图 1-36 所示的快捷方式图标，双击该图标，打开 GX Works2，如图 1-37 所示。

图 1-36 GX Works2 的快捷方式图标

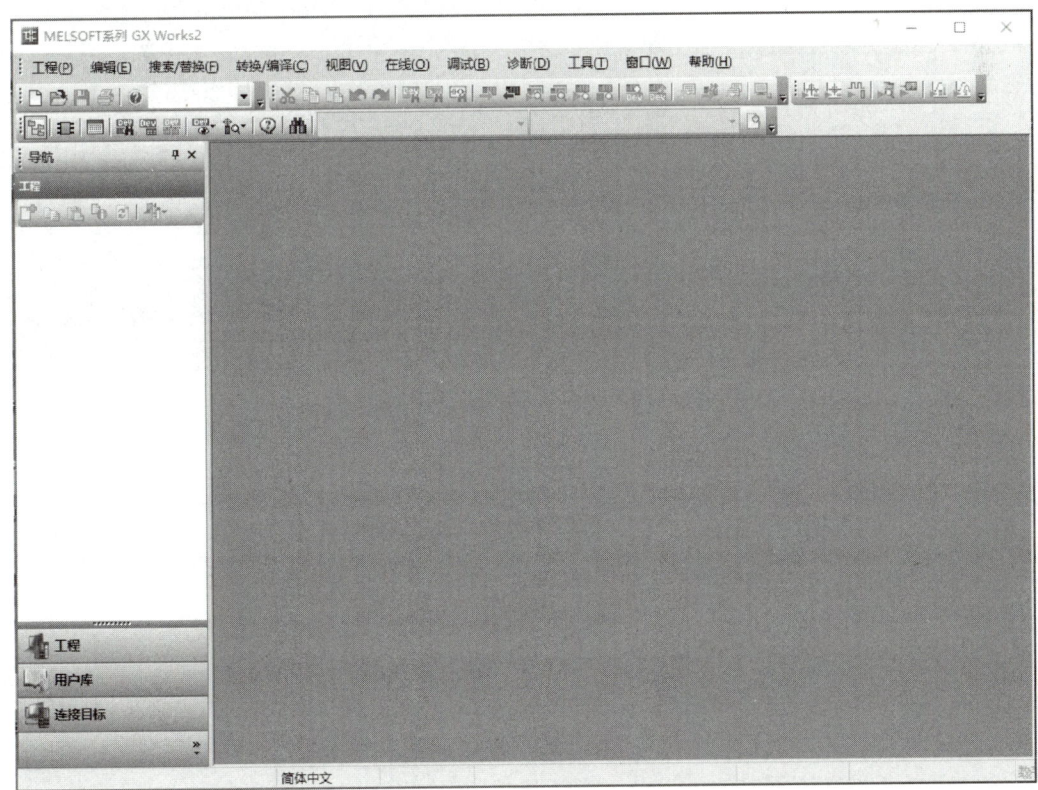

图 1-37 GX Works2 窗口

（2）系统退出 执行"工程"菜单中的"退出"命令，如图1-38所示，即可退出GX Works2系统。

2. 文件管理

（1）创建新工程 在图1-37所示窗口中，执行"工程"→"新建"命令，在弹出的"新建"对话框的"系列"中选择"FXCPU"，"机型"选择"FX3U/FX3UC"，"工程类型"选择"简单工程"，"程序语言"选择"梯形图"，如图1-39所示。单击"确定"按钮，显示图1-40所示界面。

在新建工程界面中，左侧为管理窗口，右侧为编辑窗口，如图1-41所示。

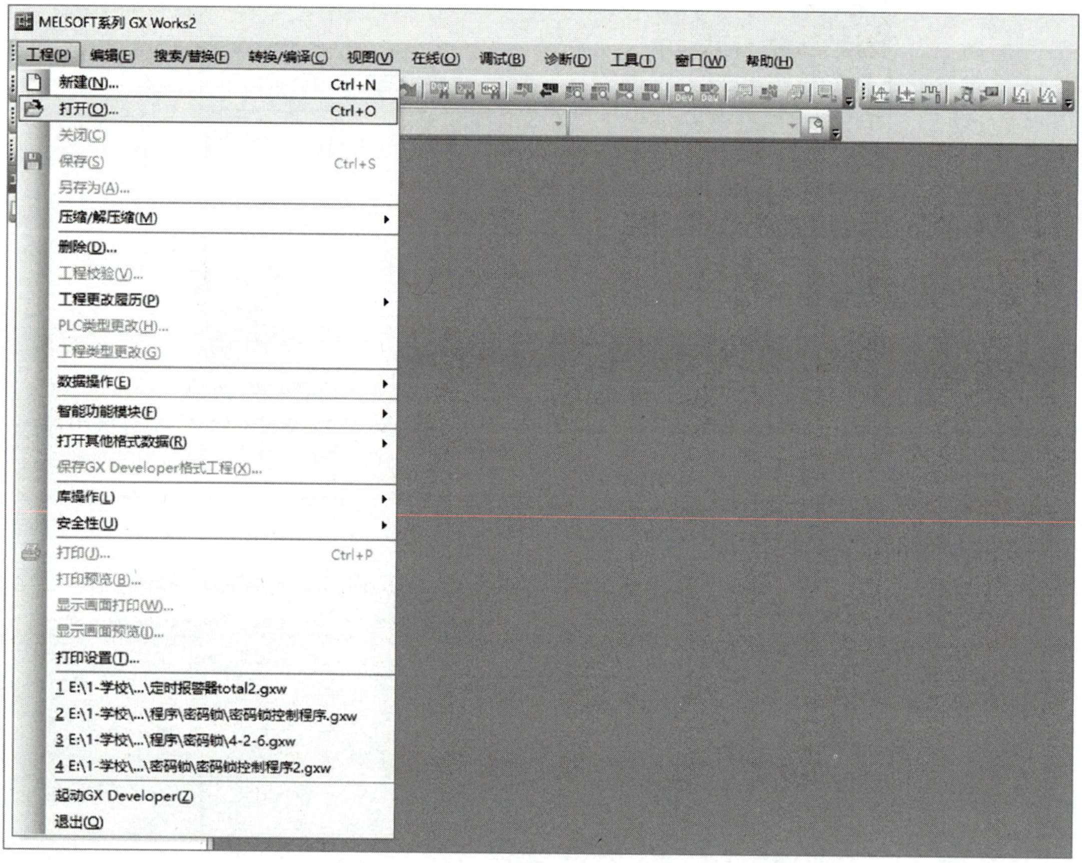

图1-38 系统退出界面

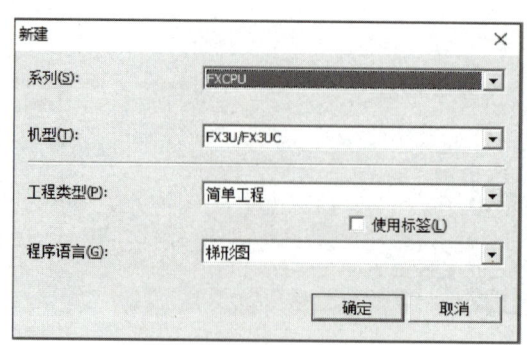

图1-39 "新建"对话框

项目 1　PLC 基础知识

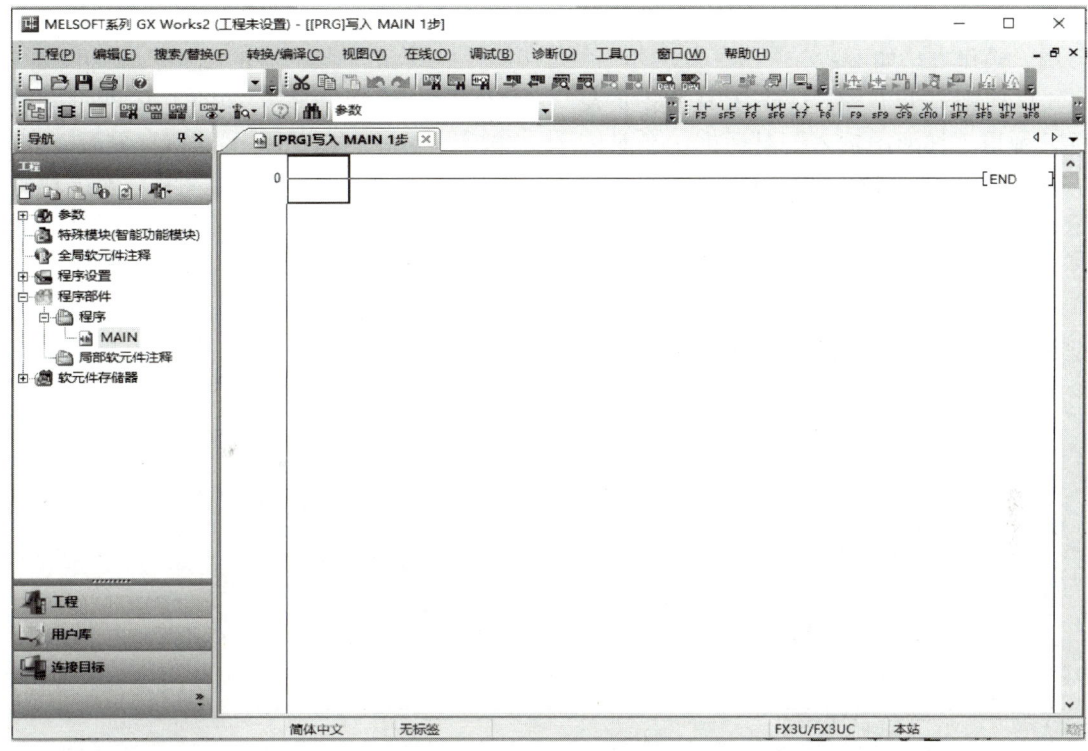

图 1-40　GX Works2 新建工程界面

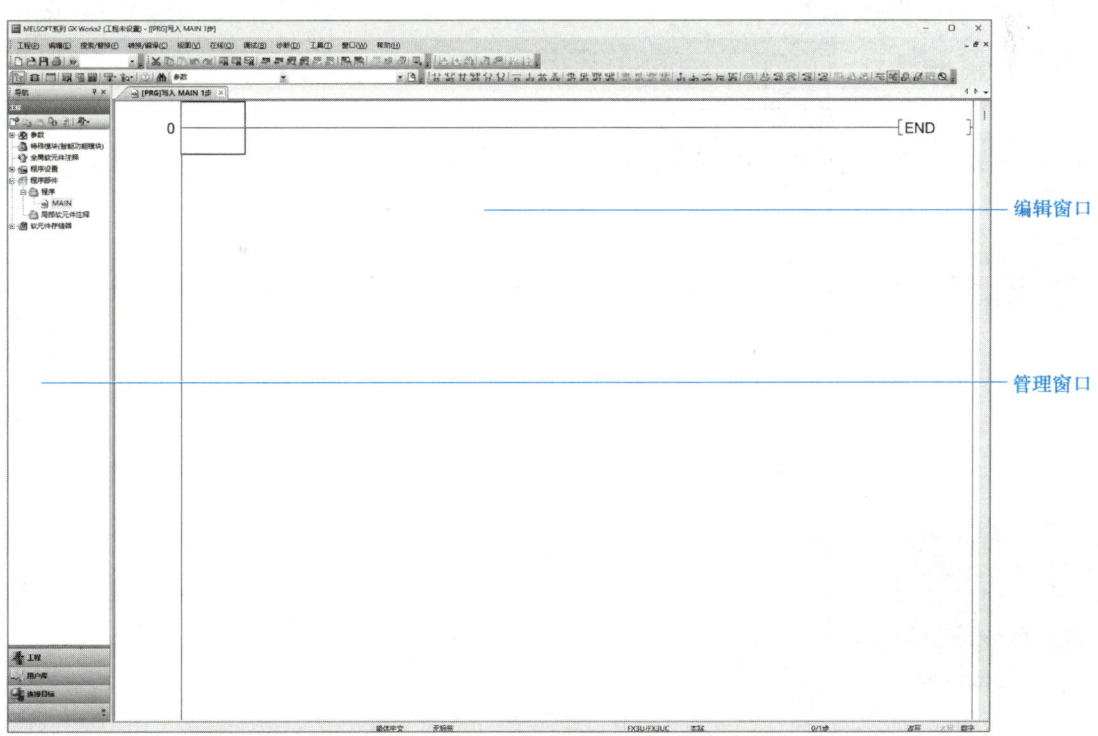

图 1-41　新建工程界面的窗口

（2）梯形图的输入　输入图1-42所示梯形图，操作方法如下：

1）新建一个工程，单击工具栏中的图标，弹出"梯形图输入"对话框，在对话框右侧的文本框中输入"X001"，如图1-43所示，单击"确定"按钮，出现如图1-44所示界面。

2）单击工具栏中的图标，在弹出的对话框中输入"X000"，如图1-45所示，单击"确定"按钮。

3）单击工具栏中的图标，在出现的对话框中输入"Y000"，如图1-46所示，单击"确定"按钮，出现图1-47所示界面。

4）单击工具栏中的图标，在出现的对话框中输入"Y000"，如图1-48所示，单击"确定"按钮，出现图1-49所示界面。至此程序输入完成。

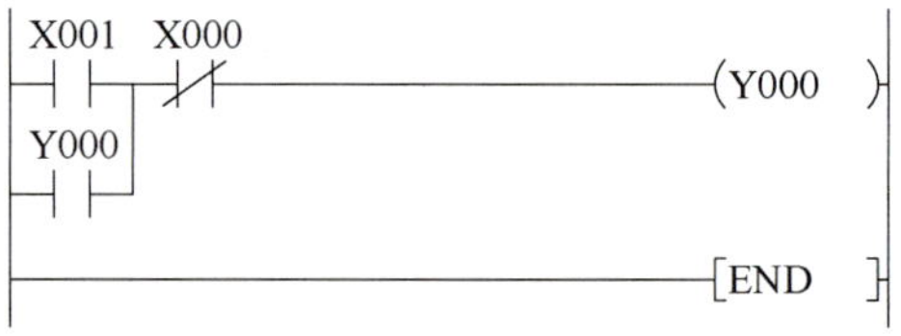

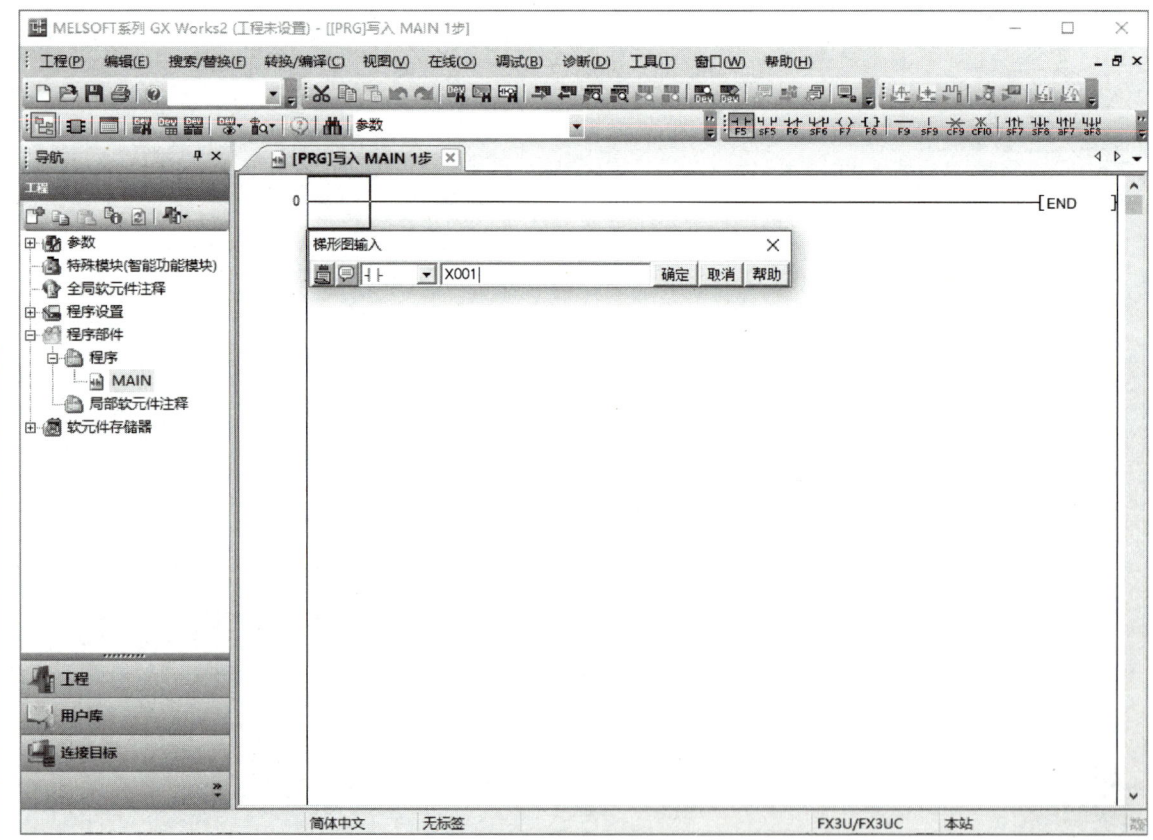

图1-42　输入梯形图示例

图1-43　输入"X001"

项目 1 PLC 基础知识

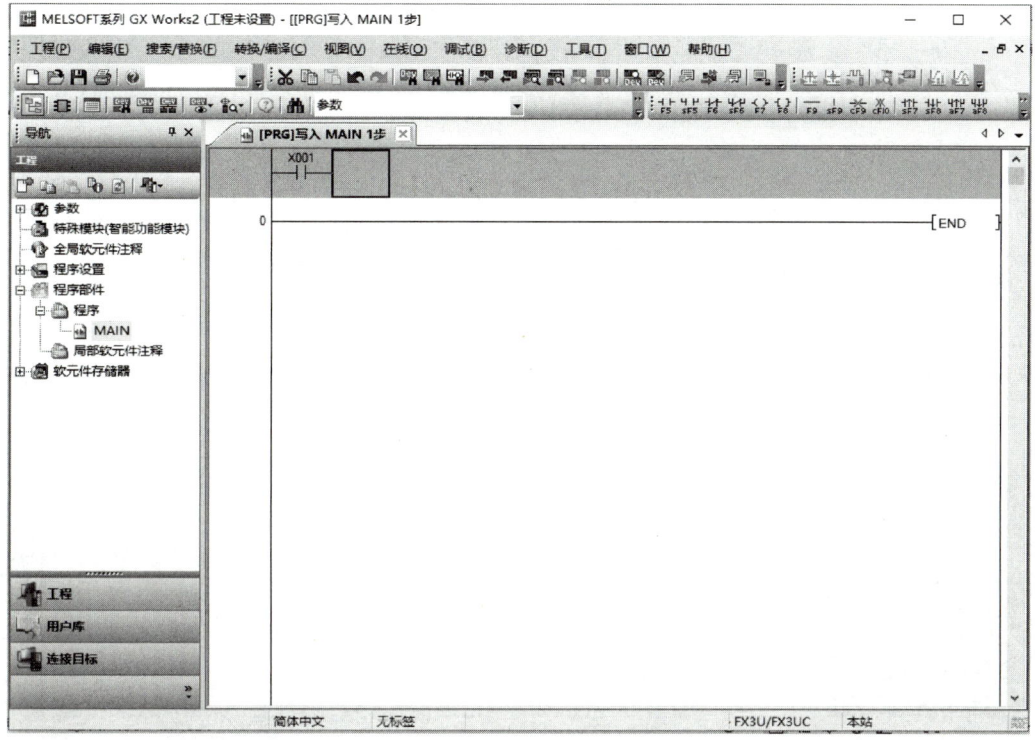

图 1-44 "X001" 输入完毕

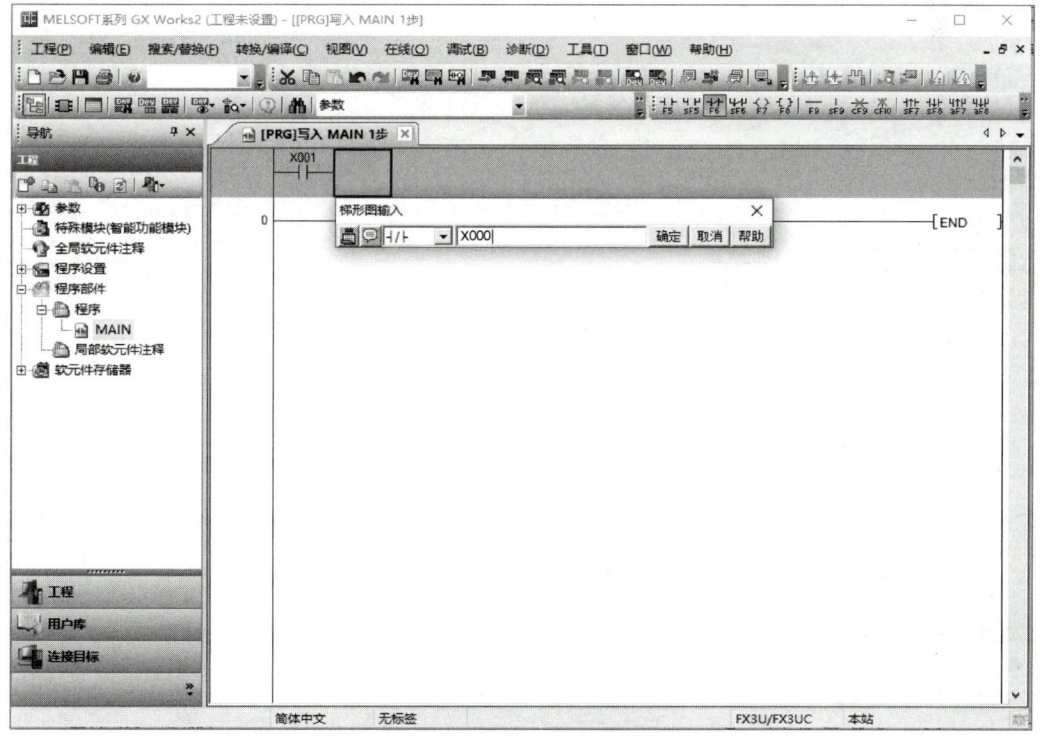

图 1-45 输入 "X000"

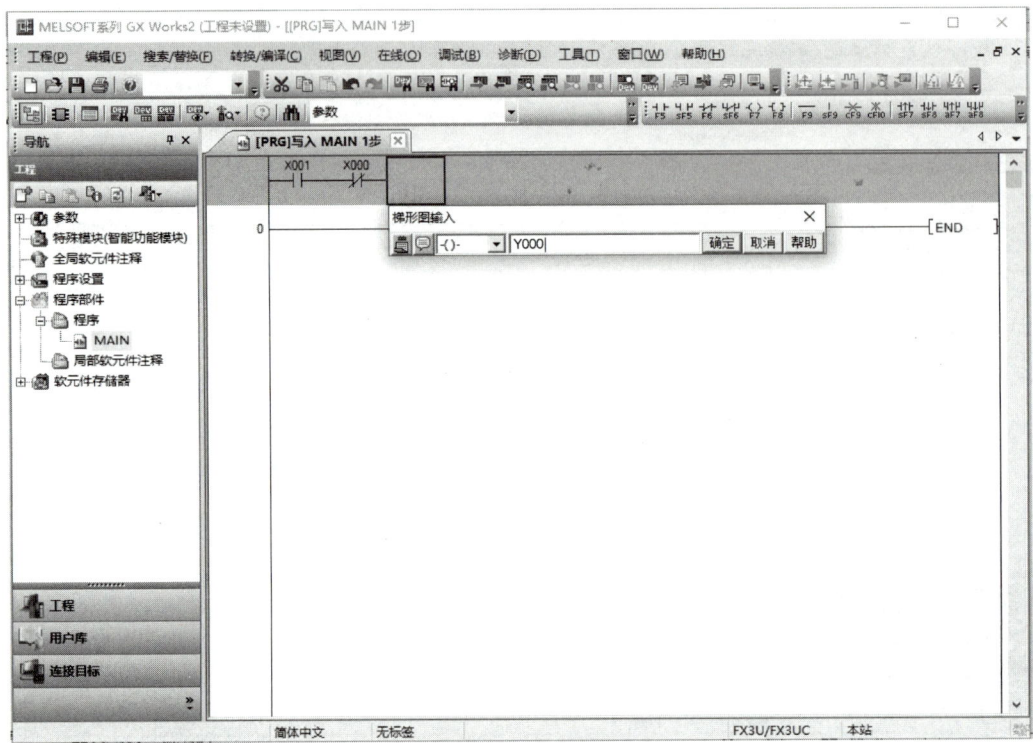

图 1-46 输入"Y000"(1)

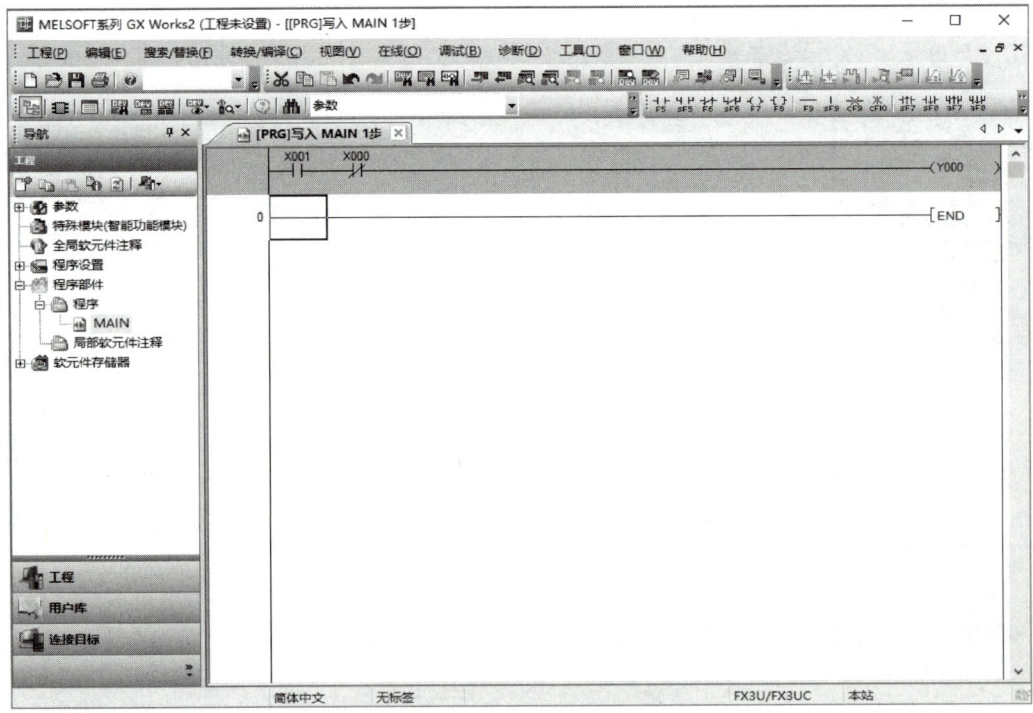

图 1-47 "Y000"输入完毕

项目 1　PLC 基础知识

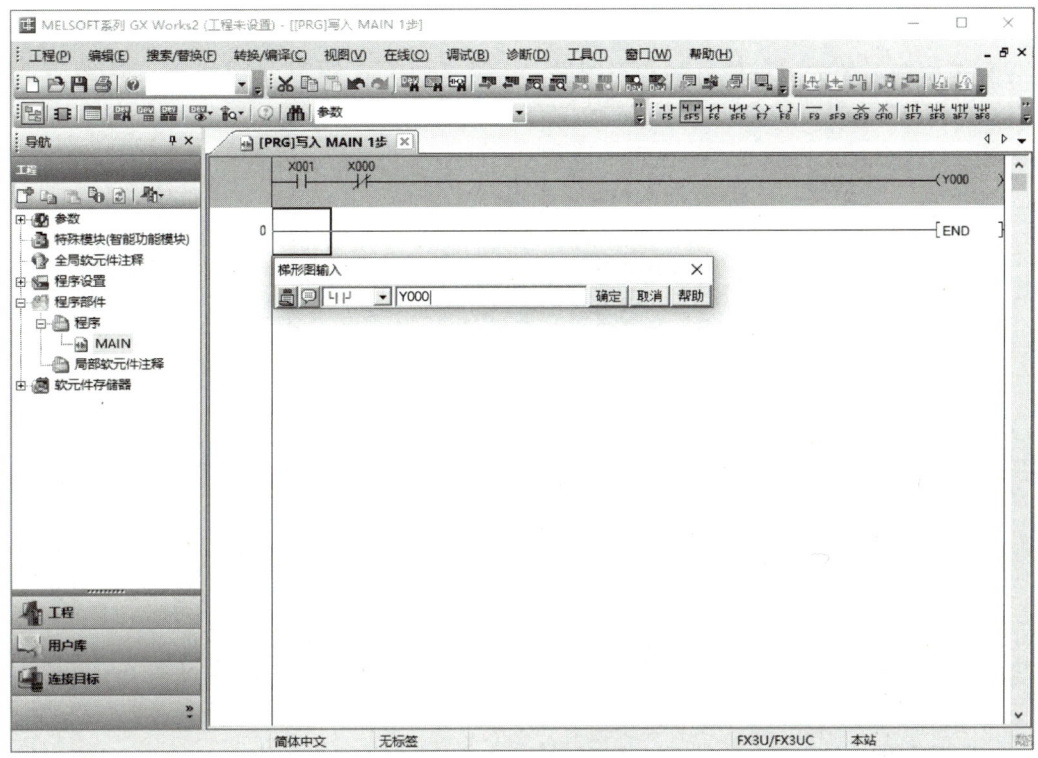

图 1-48　输入"Y000"（2）

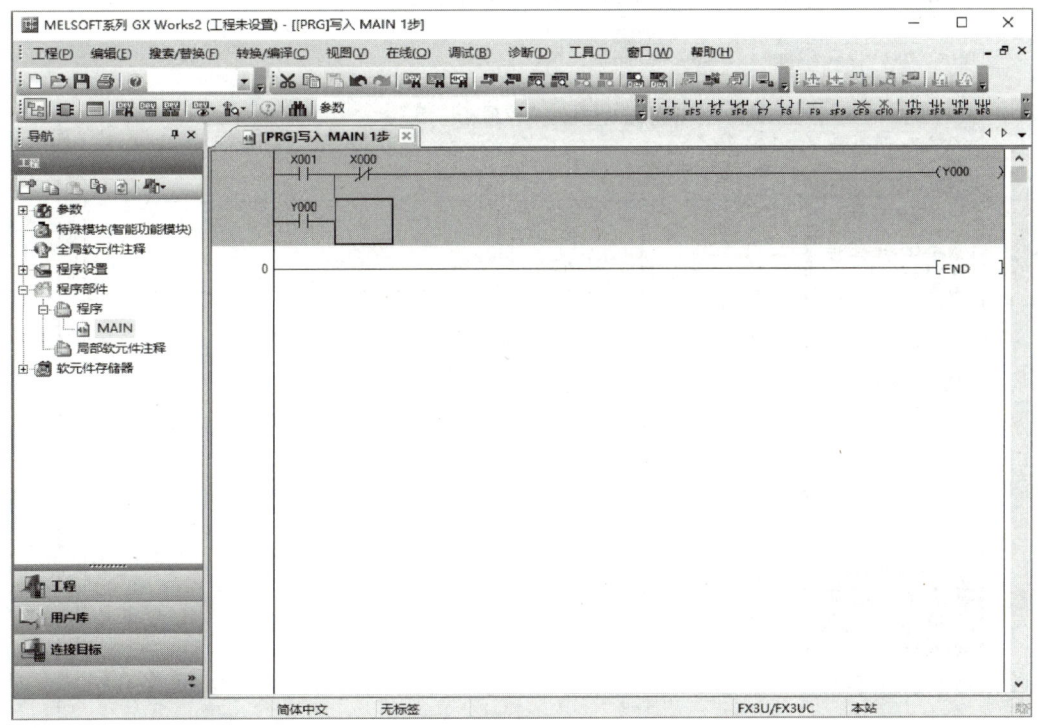

图 1-49　梯形图程序输入完毕

3. 保存工程

保存工程前需要先对编辑好的梯形图进行变换，单击"转换/编译"菜单中的"转换"命令，如图 1-50 所示，转换后的梯形图如图 1-51 所示。

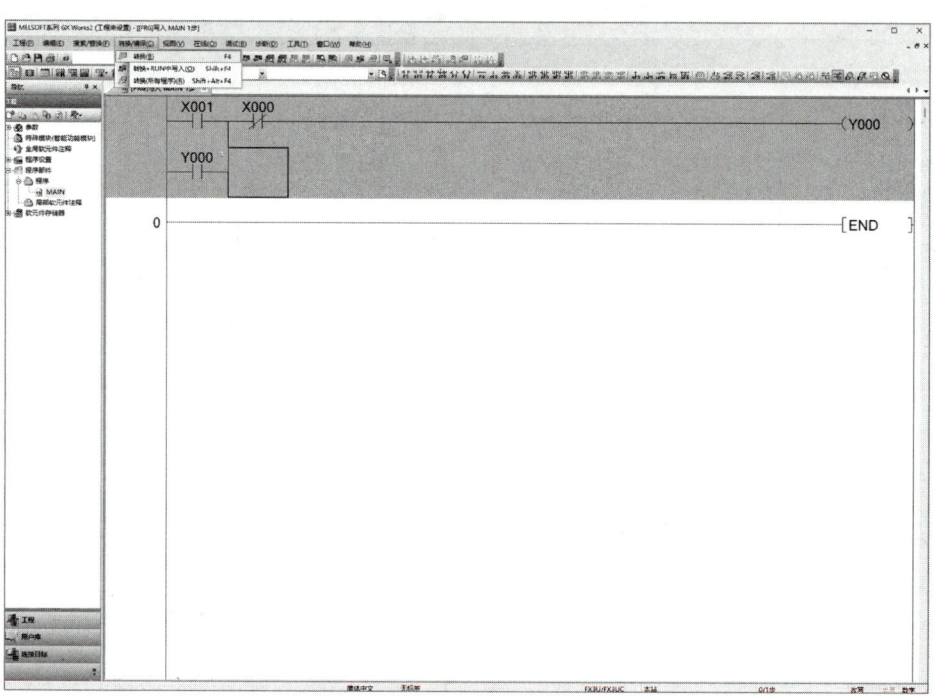

图 1-50　梯形图的转换操作

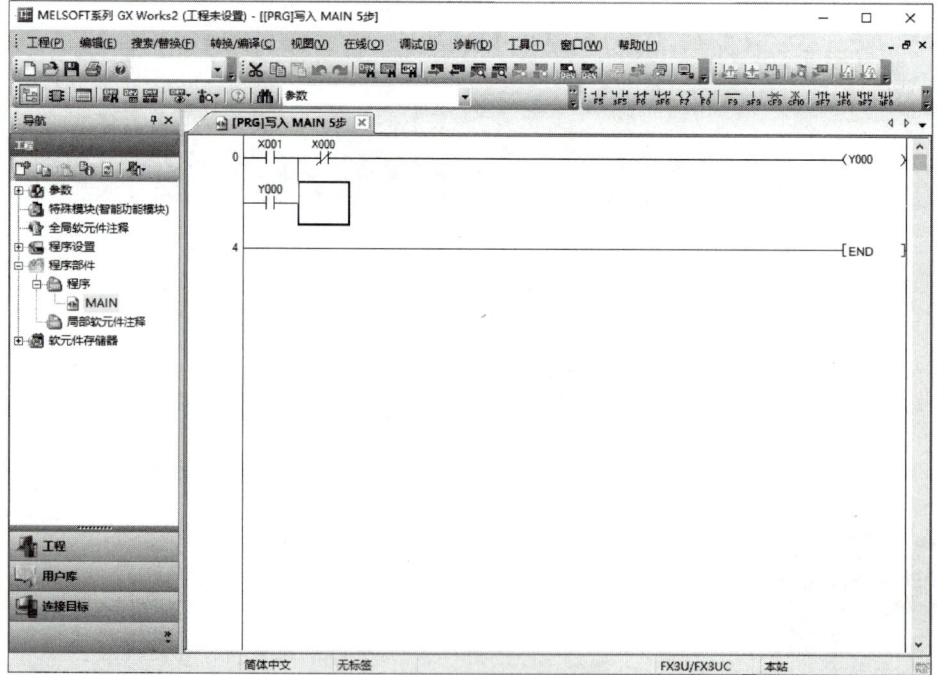

图 1-51　转换完成后的界面

项目 1　PLC 基础知识

转换完成后，执行"工程"→"保存"命令，如图 1-52 所示，单击"保存"后，出现图 1-53 所示"工程另存为"对话框，在"保存在"右侧下拉列表框中选择保存路径，在"文件名"右侧下拉列表框中选择相应文件名称，单击"保存"按钮，完成保存。

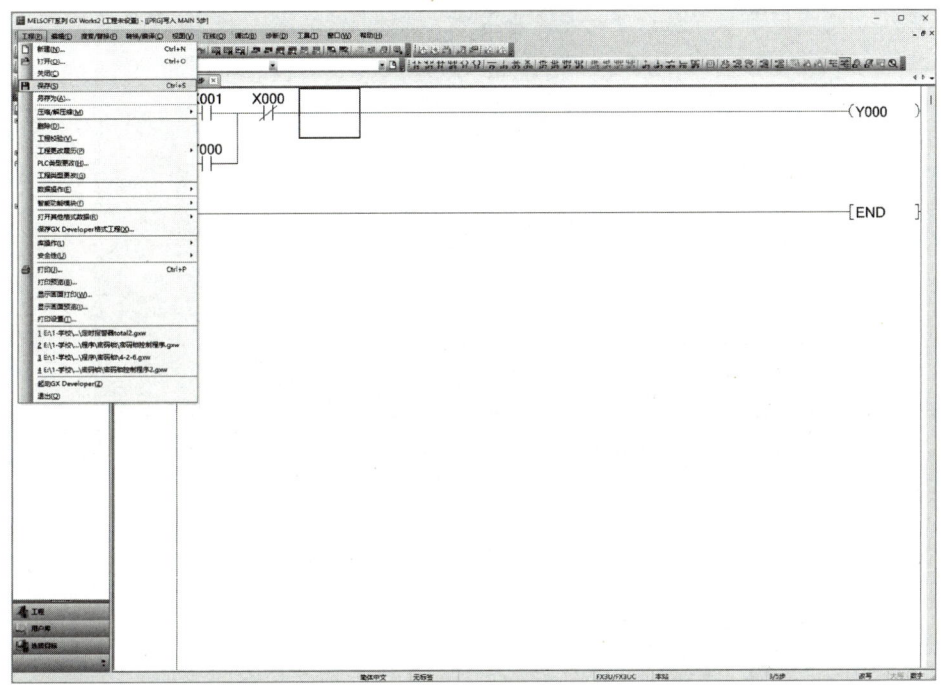

图 1-52　保存工程

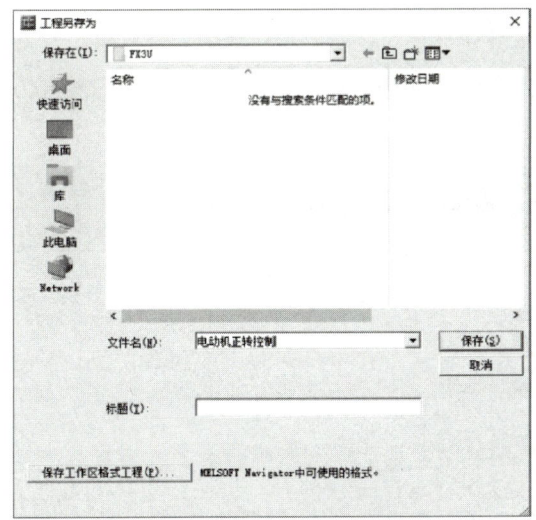

图 1-53　"工程另存为"对话框

4. 打开工程

执行"工程"→"打开"命令，如图 1-54 所示，弹出"打开工程"对话框，在"查找范围"右侧下拉列表框中选择工程保存的路径及工程名称，如图 1-55 所示，单击"打开"按钮，之后，进入梯形图编辑窗口。

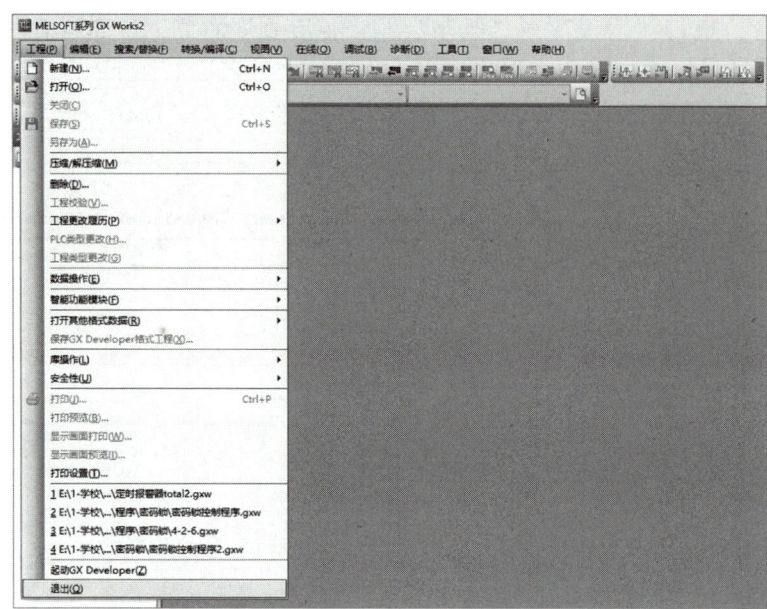

图 1-54　打开工程

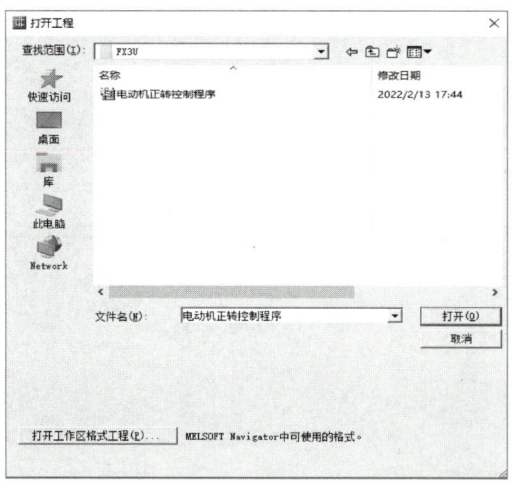

图 1-55　"打开工程"对话框

任务测评

任务测评见表 1-8。

表 1-8　任务测评

评价内容	分值	评价标准	小组评价	教师评价
GX Works2 软件的安装	50	能正确完成 GX Works2 软件包的安装		
GX Works2 软件的使用	10	能正确创建新工程		
	30	能正确输入梯形图		
	10	能正确保存、打开工程		

项目 2　基本控制指令的应用

本项目主要通过电梯控制、钻床控制和供茶器控制三个控制过程的实现，对三菱 PLC 基本顺序控制指令进行理解和掌握。在工作任务开始之前，首先从两个方面来了解构成自动控制的设备。

一、与自动控制有关的设备

在利用 PLC 实现控制的过程中，与自动控制有关的设备大致可以分为以下四类。

1. 人操作的设备

常用的人操作的设备有按钮、转换开关、拨动开关等，见表 2-1。

表 2-1　人操作的设备

名称	外形
按钮	
转换开关	
拨动开关	

2. 显示机器状态的设备

常用的显示机器状态的设备有指示灯、蜂鸣器等，见表 2-2。

3. 检测机器状态的设备

常用的检测机器状态的设备主要有行程开关、接近开关、光电开关、速度传感器、温度传感器和压力传感器等，见表 2-3。

表2-2 显示机器状态的设备

名称	外形
指示灯	
蜂鸣器	

表2-3 检测机器状态的设备

名称	外形	名称	外形
行程开关		接近开关	
光电开关		速度传感器	

4. 使机器运行的设备

常用的使机器运行的设备主要有异步电动机、步进电动机、伺服电动机、液压马达和电磁阀等，见表2-4。

表2-4 使机器运行的设备

名称	外形
异步电动机	
步进电动机	

项目 2　基本控制指令的应用

（续）

名称	外形
伺服电动机	
液压马达	
电磁阀	

以上示例只是众多设备中的几种，除此之外还有很多设备。PLC 在采集这些设备相关信号之后，通过编程使它们按照预先确定的顺序进行相应的动作。

另外，在这 4 大类设备中，人操作的设备与检测机器状态的设备在控制过程中构成驱动条件，作为输入信号接入 PLC 的输入端；显示机器状态的设备与使机器运行的设备构成根据驱动条件进行相应动作的设备，作为输出信号接入 PLC 的输出端。其中，输入信号与输出信号之间的关系，即为编程时的程序控制逻辑。

这 4 种设备在使用过程中可单独存在，有些设备也会包含其中的一种或两种，比如：对于操作箱，安装有按钮、指示灯等人操作的设备和显示机器运行状态的设备；对于控制箱，安装有电磁接触器、继电器、PLC 等用于控制机器动作的设备。

二、继电器

在学习 PLC 内部信号的接收、转换和输出时，依然可以采用继电器的方式来加强理解，虽然在 PLC 的内部它们不一定以继电器的方式存在。

继电器是一种电控器件，当输入信号的变化达到设定要求时，它能在其电气输出电路中发生预定变化，这种变化一般表现为触点状态的变化。通常继电器的辅助触点只有几个，但是在 PLC 内部其辅助触点可以有无数个，不但可以实现继电器辅助触点的无限扩展，还可以达到以有限控无限、降低生产成本的目的。

1. 输入继电器 X

输入继电器在 PLC 内部将外部电信号转换成 PLC 可识别的信号。使用时将外部信号连接至输入信号公共端与输入端之间，当外部信号动作时 PLC 接收外部信号的变化，从而进行信号转换。输入继电器编号为八进制数。

2. 输出继电器 Y

PLC 进行输出时，通过程序驱动输出继电器，从而改变输出继电器的辅助触点状态，使得输出继电器的唯一外部输出用常开触点闭合，实现对外部设备的驱动。输出继电器编号为八进制数。

3. 辅助继电器 M

辅助继电器是 PLC 内部继电器，在程序编辑过程中使用，不能提供外部驱动。辅助继电器的常开与常闭触点在 PLC 内部可以无限次使用。辅助继电器编号为十进制数，其功能根据编号的不同有所区分，并赋予不同的作用。

任务 1　电梯自动起停 PLC 控制

学习目标

知识目标：

1. 掌握基本输入/输出指令的用法。

2. 掌握编程软件的用法。

能力目标：

1. 能根据控制要求完成电梯自动起停控制程序编写。

2. 能够独立完成电梯控制项目的设计、硬件接线及程序调试等工作。

素质目标：

1. 培养勇于探索、创新实践的精神。

2. 团结协作，共同进步。

工作任务

以简单的电梯控制为例，当人不靠近电梯时，电梯不进行任何动作；当人靠近电梯时，电梯开始上升动作；当人离开电梯时，电梯停止动作。本任务的目的是利用 PLC 来完成电梯的自动起停控制。电梯控制示意图如图 2-1 所示。

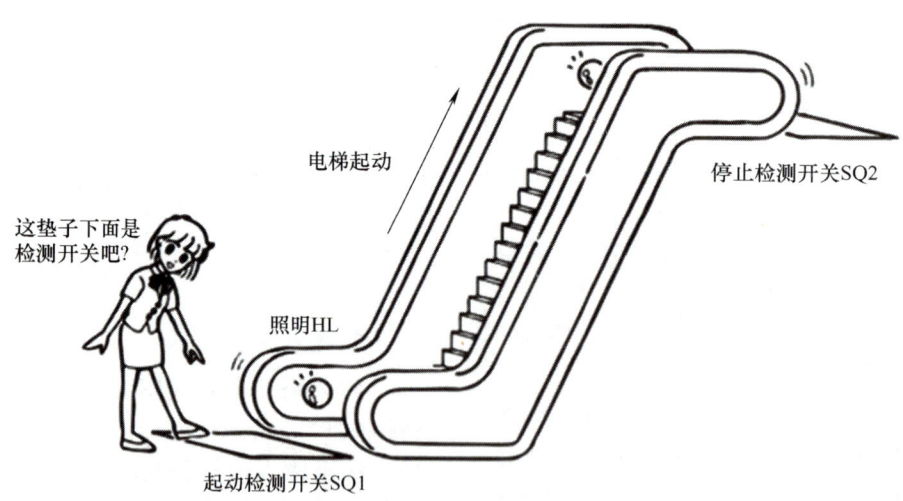

图 2-1　电梯控制示意图

任务分析

根据工作任务中的控制要求对电梯的动作流程进行分析。

1）人靠近电梯前电梯停止。

2）人靠近电梯触发电梯起动检测开关，电梯运行，照明灯亮。

3）人离开电梯触发电梯停止检测开关，电梯停止，照明灯灭。

电梯控制流程图如图 2-2 所示。

项目 2 基本控制指令的应用

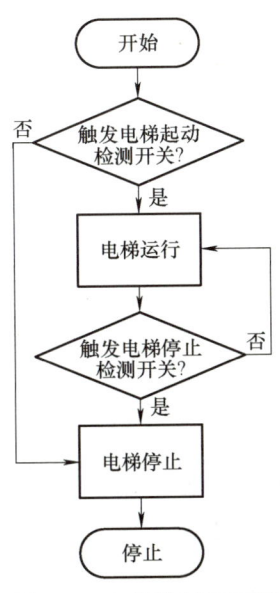

图 2-2 电梯控制流程图

一、基本输入/输出指令

| LD | 取
常开触点运算开始指令 |

| LDI | 取反
常闭触点运算开始指令 |

| OUT | 输出
线圈驱动指令 |

| END | 结束指令
在程序结束时使用 |

LD：位于左母线，是最先开始使用的常开触点指令。

LDI：位于左母线，是最先开始使用的常闭触点指令。

OUT：线圈驱动指令，用于驱动除输入继电器之外的软元件。

基本输入/输出指令程序示例如图 2-3 所示。

相关知识

在开始工作任务之前，首先简单了解一下在该任务中能够用到的相关知识点。

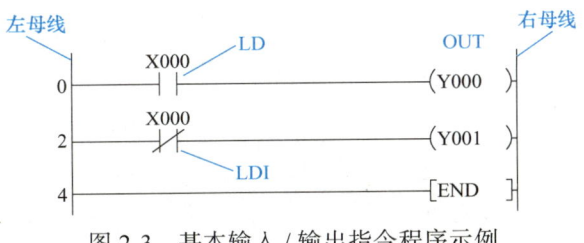

图 2-3 基本输入/输出指令程序示例

基本输入/输出指令程序示例时序图如图 2-4 所示。

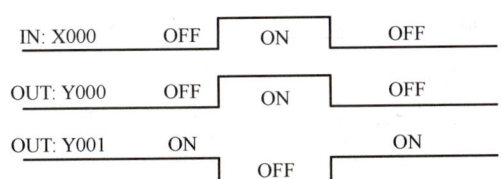

图 2-4 基本输入/输出指令程序示例时序图

二、与指令

| AND | 与
常开触点串联连接指令 |

| ANI | 与非
常闭触点串联连接指令 |

与指令程序示例如图 2-5 所示。

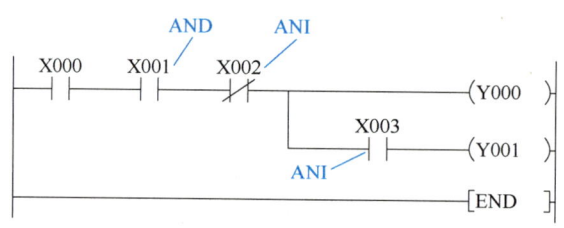

图 2-5　与指令程序示例

与指令程序示例时序图如图 2-6 所示。

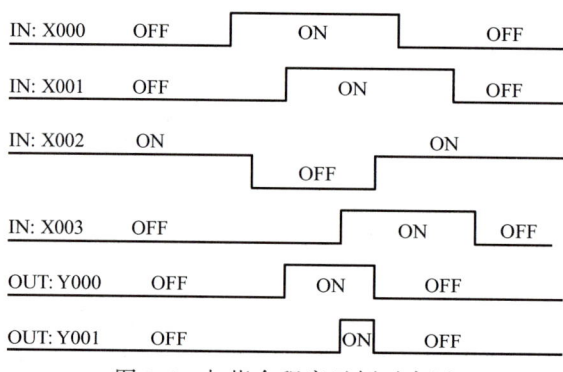

图 2-6　与指令程序示例时序图

三、或指令

| OR | 或
常开触点并联连接指令 |

| ORI | 或非
常闭触点并联连接指令 |

或指令程序示例如图 2-7 所示。

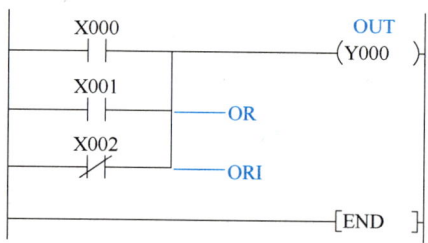

图 2-7　或指令程序示例

或指令程序示例时序图如图 2-8 所示。

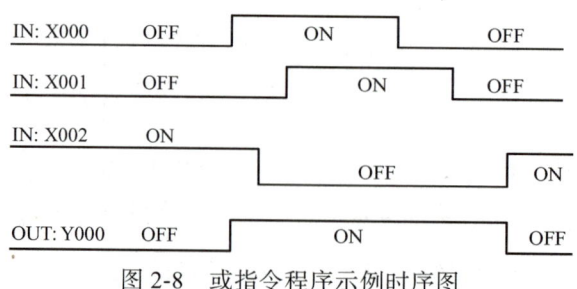

图 2-8　或指令程序示例时序图

项目2 基本控制指令的应用

任务实施

一、绘制 I/O 分配表

根据任务分析,在任务中输入元件为起动检测开关与停止检测开关;输出元件为交流接触器与照明灯。本任务的 I/O 通道地址分配见表 2-5。

表 2-5 电梯控制的 I/O 通道地址分配

输入信号			输出信号		
输入元件	作用	输入继电器	输出元件	作用	输出继电器
起动检测开关 SQ1	起动电梯	X001	KM	电梯驱动	Y000
	启动照明				
停止检测开关 SQ2	停止电梯	X003	HL	照明控制	Y003
	停止照明				

二、绘制电梯 PLC 控制 I/O 接线图

电梯在运行过程中,最终是要利用电动机拖动才能实现电梯的运行,因此在工作任务中 PLC 在接收到信号并进行运算后对外输出时,也必须通过对电动机电路的控制才能实现电梯的起动和停止。

电梯 PLC 控制 I/O 接线图如图 2-9 所示。

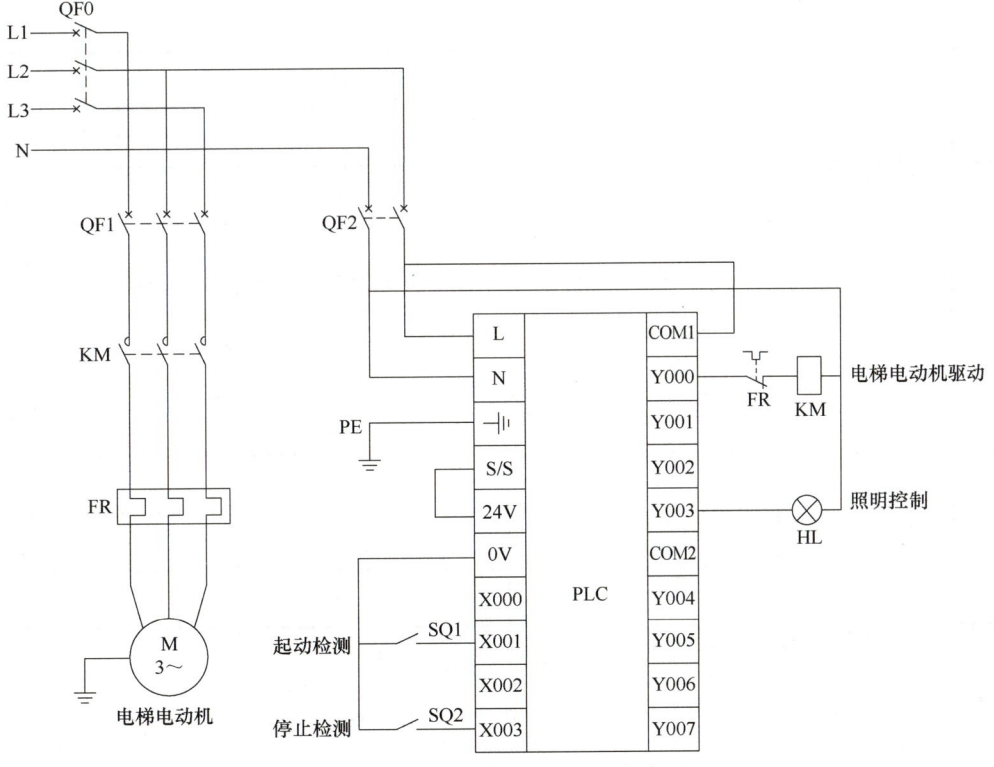

图 2-9 电梯 PLC 控制 I/O 接线图

三、电气元件选型及工具材料准备

在控制任务中，设定电梯拖动电动机的功率为 7.5kW，根据对控制过程的分析，在完成 I/O 分配及电气接线图绘制后，需要根据实际情况准备任务所需的实训设备及工具材料，见表 2-6。

表 2-6 电梯控制实训设备及工具材料清单

序号	类别	名称	说明	数量	单位
1	电气元件	断路器	NXB-63 3P D20	2	只
2		断路器	NXB-63 2P D10	1	只
3		交流接触器	NXC-18 220V 50Hz	1	只
4		热继电器	NXR-25 12～18A	1	只
5		检测开关		2	个
6		指示灯		1	个
7		传感器		2	个
8	工具仪表设备	电动机	7.5kW	1	台
9		PLC	FX3U-16MR/ES	1	台
10		编程计算机		1	台
11		编程电缆	USB（通用串行总线）口	1	条
12		线号机	硕方	1	台
13		万用表		1	台
14		端子排		若干	个
15		电气导轨	DIN35	1	m
16		十字槽螺钉旋具		1	把
17		活扳手		1	把
18	耗材	网孔板		1	个
19		螺栓	M4×10	若干	个
20		线槽	50mm×50mm	2	m
21		冷压端子	U形 SNB1.25-3	若干	个
22		导线	BV2.5mm^2	若干	m
23		导线	BVR1.0mm^2	若干	m

项目 2 基本控制指令的应用

四、绘制电气元件布置图

电梯控制电气元件布置图如图 2-10 所示。

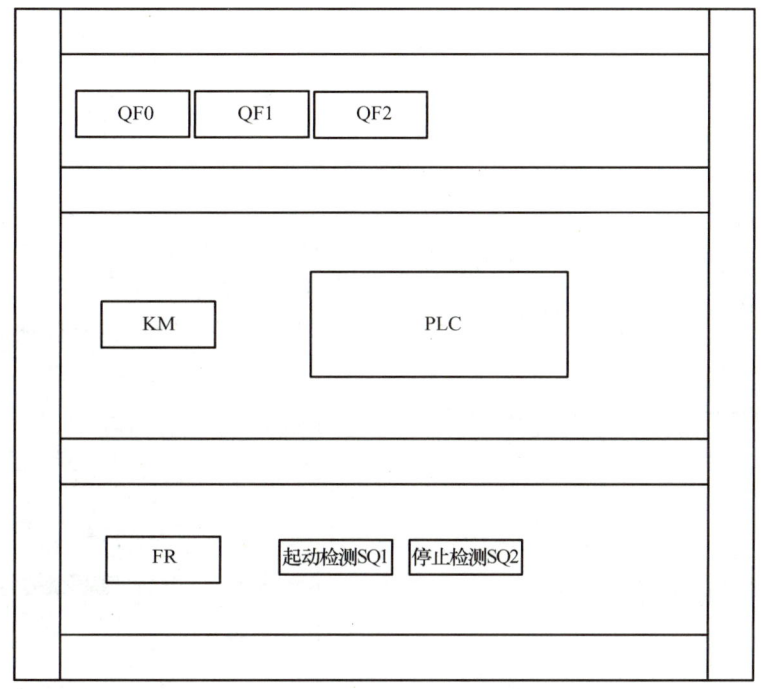

图 2-10 电梯控制电气元件布置图

五、电路安装与布线

1. 安装电气元件

根据电梯控制实训设备及工具材料清单，领取本任务所需电气元件、工具仪表，并根据布置图在网孔板上安装、固定电气元件。

2. 布线

根据 PLC 控制 I/O 接线图进行布线。

布线工艺要求如下：

1）布线时导线应平直、整齐、统一，走线路径应合理，压接点不得松动。

2）导线与端子连接时不应压住绝缘层，不得露铜大于 1mm。

3）同一元件、同一回路的不同接点的导线距离及弯曲度应保持一致。

4）布线时严禁损伤线芯及绝缘层，导线不得有接头。

5）柜内集中布置的端子短接线不应进入线槽内部。

6）同一端子压接不同线径的导线时，截面积大的导线放在下层。

3. 电路检查

布线完成后，通电前根据接线图进行电路检查，排查可能存在的故障及安全隐患。

电路检查注意事项如下：

1）导线压接是否紧固，有无松动现象。

2）电源电路导线连接是否正确。

3）主电路导线连接是否正确。

4）控制电路导线连接是否正确。

电路检查无任何问题后逐级闭合各个断路器，用万用表检测电压是否正常。

电压检测注意事项如下：

1）检查电源电压是否正常。
2）检查电动机主电路电压是否正常。
3）检查 PLC 电源电压是否正常。
4）检查直流 24V 输出是否正常。

六、程序设计

对任务要求进行分析后得知，此电梯的控制类似于电动机的起 – 保 – 停控制，起动检测传感器作为起动信号使用，停止检测传感器作为停止信号使用，照明及电梯为被驱动对象。电梯控制梯形图如图 2-11 所示。

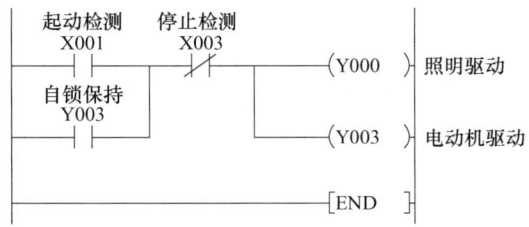

图 2-11 电梯控制梯形图

七、程序输入及调试

1. 程序输入

（1）打开 GX Works2 编程软件　在计算机桌面找到 GX Works2 的图标，双击打开，软件图标如图 2-12 所示。

图 2-12 GX Works2 编程软件图标

（2）新建工程　在"新建"对话框中根据硬件及软件情况进行设置，"系列"选择"FXCPU"，"机型"选择"FX3U/FX3UC"，"工程类型"选择"简单工程"，"程序语言"选择"梯形图"。"新建"对话框如图 2-13 所示。

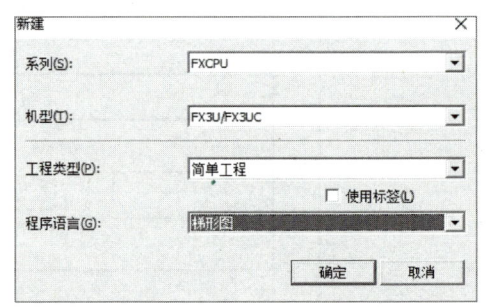

图 2-13 "新建"对话框

（3）全局软元件注释　从软件左侧导航栏中定义输入/输出信号对应的软元件，其设置流程如图 2-14 所示。

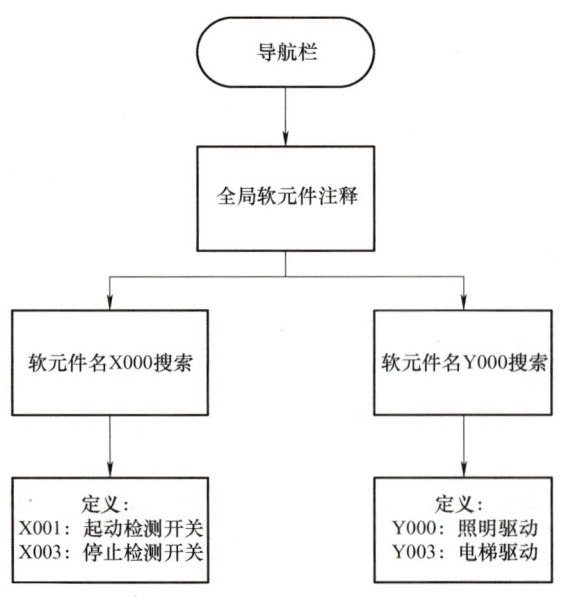

图 2-14 全局软元件注释的设置流程

项目 2 基本控制指令的应用

1）定义输入软元件,如图 2-15 所示。

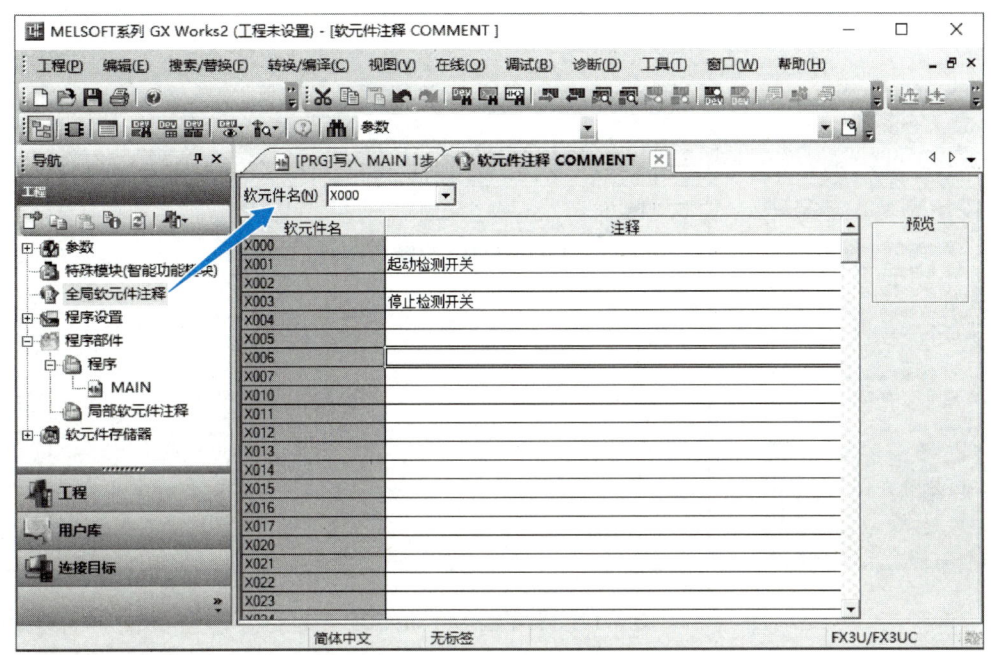

图 2-15 定义输入软元件界面

2）定义输出软元件,如图 2-16 所示。

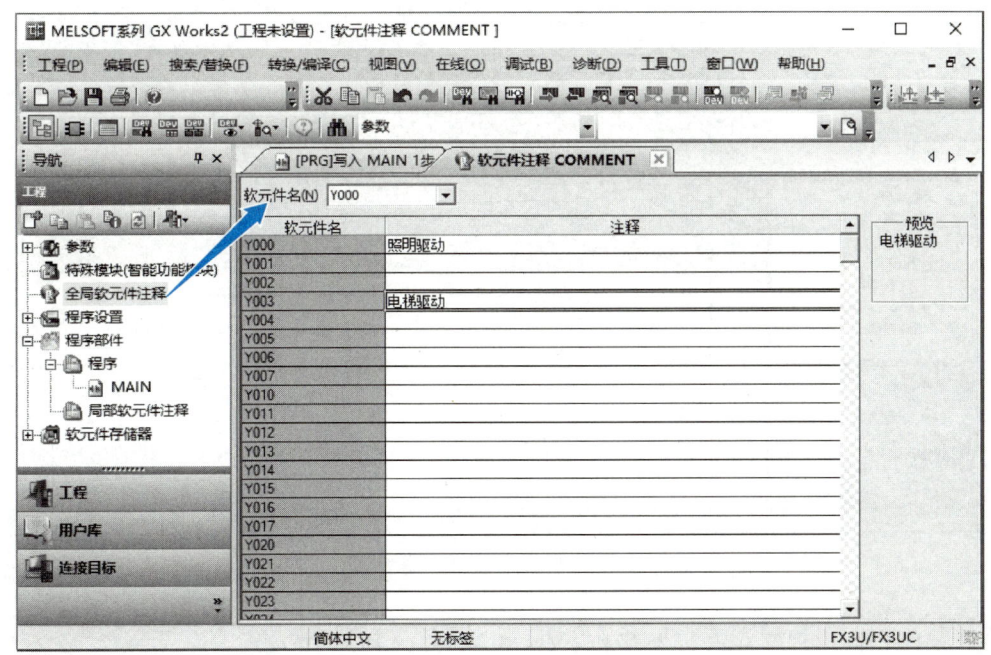

图 2-16 定义输出软元件界面

（4）程序输入 程序输入开始界面如图 2-17 所示,从光标处开始输入程序。根据梯形图依次输入梯形图各逻辑行,梯形图输入完毕界面如图 2-18 所示。

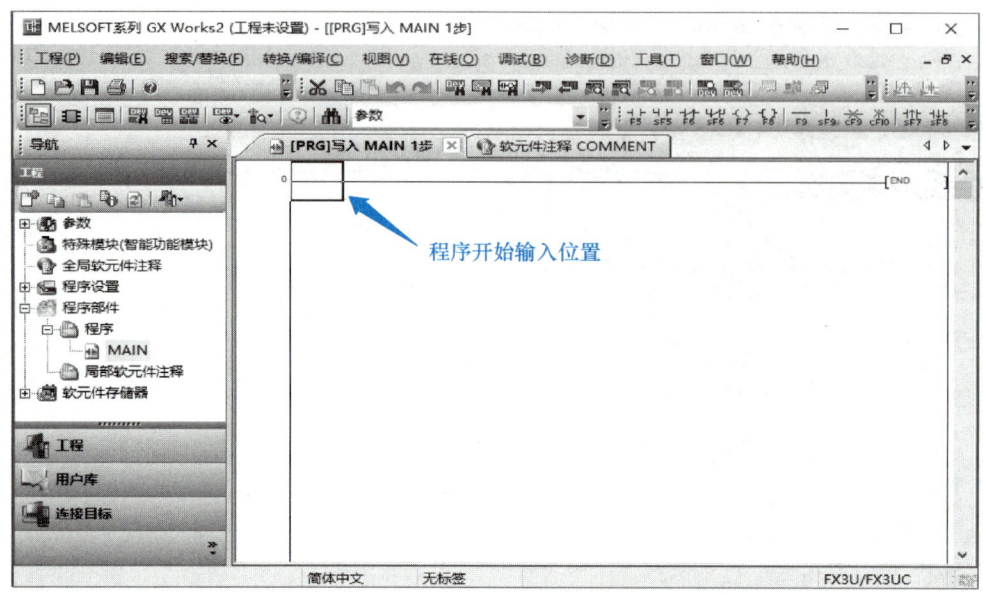

图 2-17　程序输入开始界面

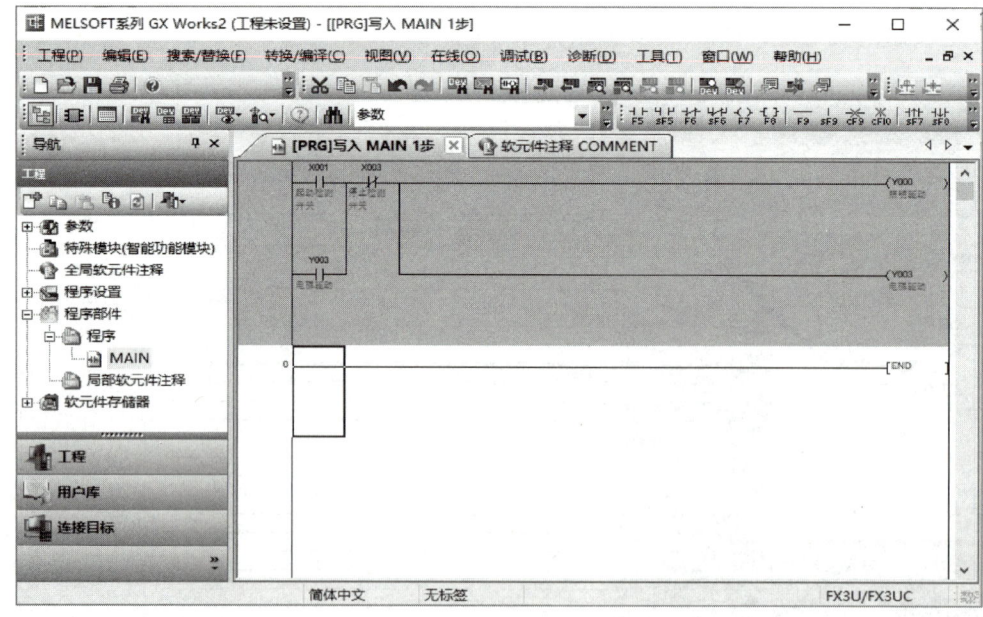

图 2-18　梯形图输入完毕界面

（5）程序转换　程序在进行保存和下载之前需要对程序进行变换，通过"转换/编译"菜单中的"转换"功能进行，也可通过快捷键 <F4> 进行，梯形图转换前的界面如图 2-19 所示。

梯形图转换完成后的界面如图 2-20 所示。

项目 2 基本控制指令的应用

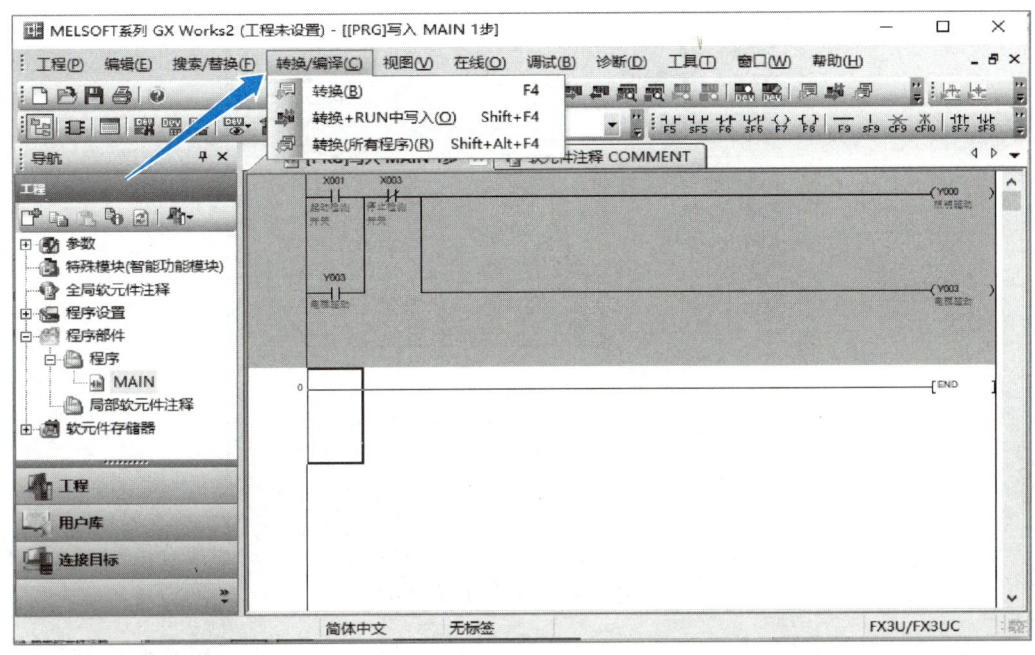

图 2-19 梯形图转换前的界面

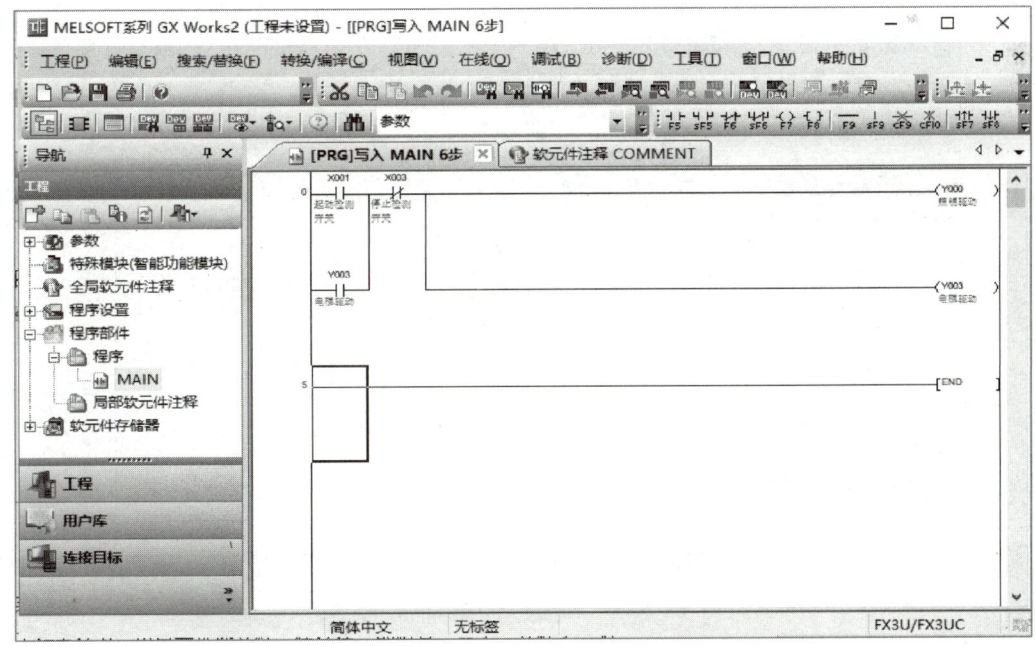

图 2-20 梯形图转换完成后的界面

（6）梯形图程序保存 通过"工程"菜单中的"保存"按钮进行程序保存。

在"工程另存为"对话框中首先选择文件保存的位置，命名文件名及标题，然后单击"保存"按钮进行保存，梯形图程序保存界面如图 2-21 所示。

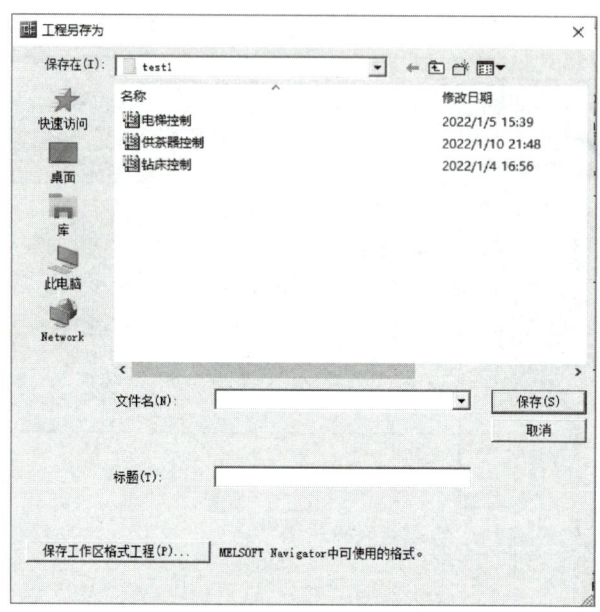

图 2-21　梯形图程序保存界面

2. 梯形图程序模拟仿真

单击"调试"菜单中的"模拟开始/停止"命令，进行仿真，如图 2-22 所示。

弹出仿真写入界面，进行仿真写入，如图 2-23 所示。

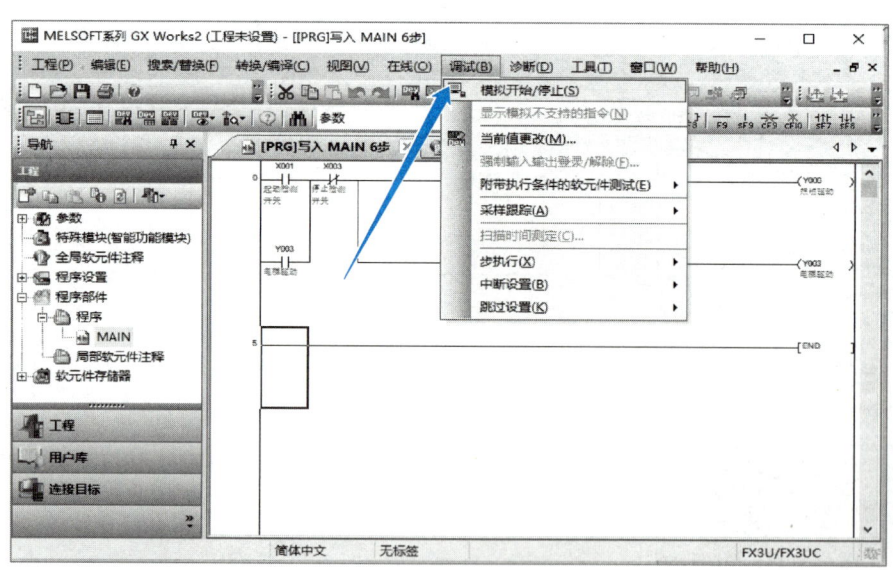

图 2-22　梯形图程序模拟仿真

PLC 写入完成后，关闭"PLC 写入"对话框，保留 GX 模拟装置。在编辑区域右击，在弹出的菜单中选择"调试"→"当前值更改"选项，如图 2-24 所示。

在弹出的"当前值更改"对话框中，首先选择"软元件/标签"选项卡确定需要修改的软元件，然后通过"ON""OFF"或"ON/OFF 取反"按钮修改软元件的当前值，如图 2-25 所示。

项目2 基本控制指令的应用

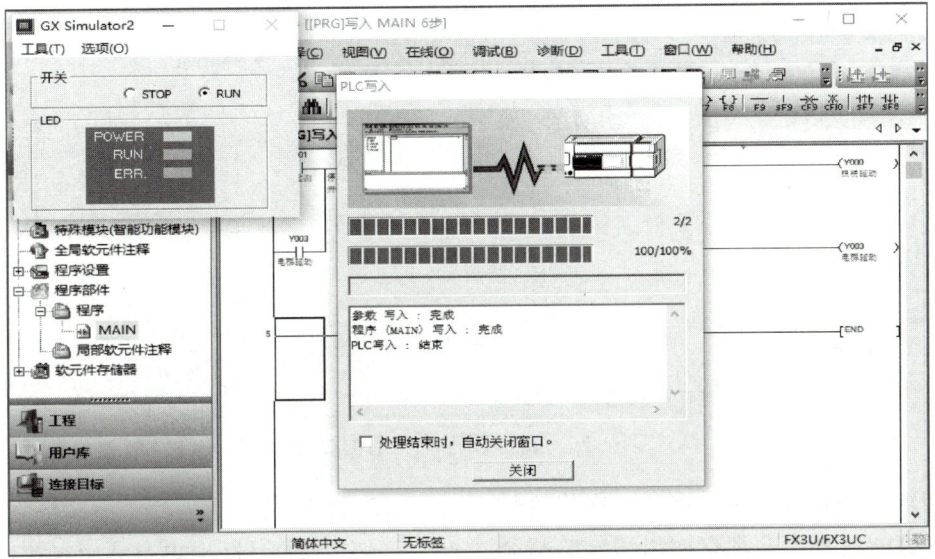

图 2-23 梯形图程序仿真写入

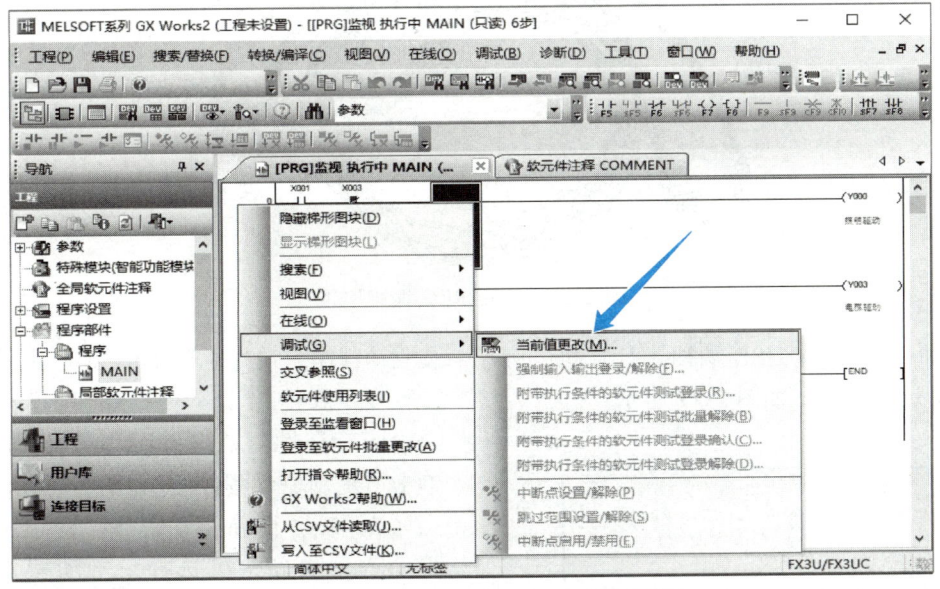

图 2-24 梯形图程序当前值更改选择

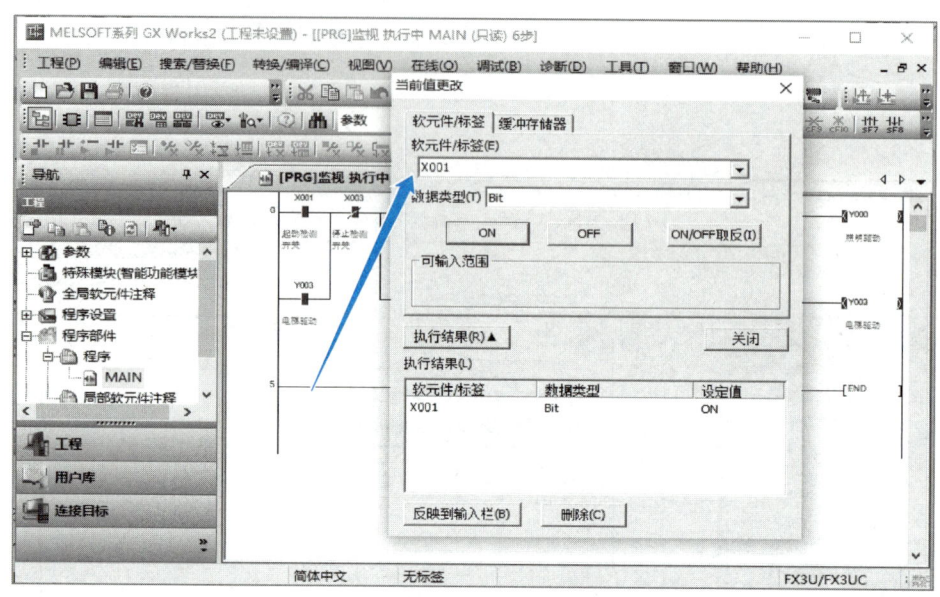

图 2-25　梯形图程序当前值更改

按照控制逻辑修改相应参数，在修改软元件当前值的过程中，观察输出信号的状态变化是否满足控制要求。

3. 程序下载

1）三菱 PLC 编程电缆如图 2-26 所示。

图 2-26　三菱 PLC 编程电缆

2）将编程电缆 USB 端插入计算机，弹出"设置"对话框，如图 2-27 所示。

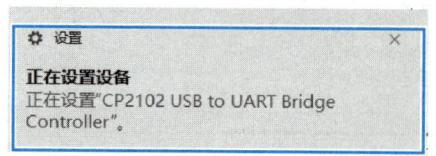

图 2-27　编程电缆插入计算机后的提示内容

3）打开设备管理器，在"其他设备"中显示编程电缆驱动，如图 2-28 所示。如果已安装驱动程序，则此处不显示"！"和"？"。

4）双击带有"！"和"？"的驱动，弹出驱动属性对话框，在"常规"选项卡中单击"更新驱动程序"，如图 2-29 所示。

5）在"更新驱动程序"对话框中进行驱动程序更新，可选择"自动搜索驱动程序"选项。若计算机已经下载相应驱动，则选择"浏览我的电脑以查找驱动程序"查找驱动程序位置进行安装，如图 2-30 所示。

项目 2　基本控制指令的应用

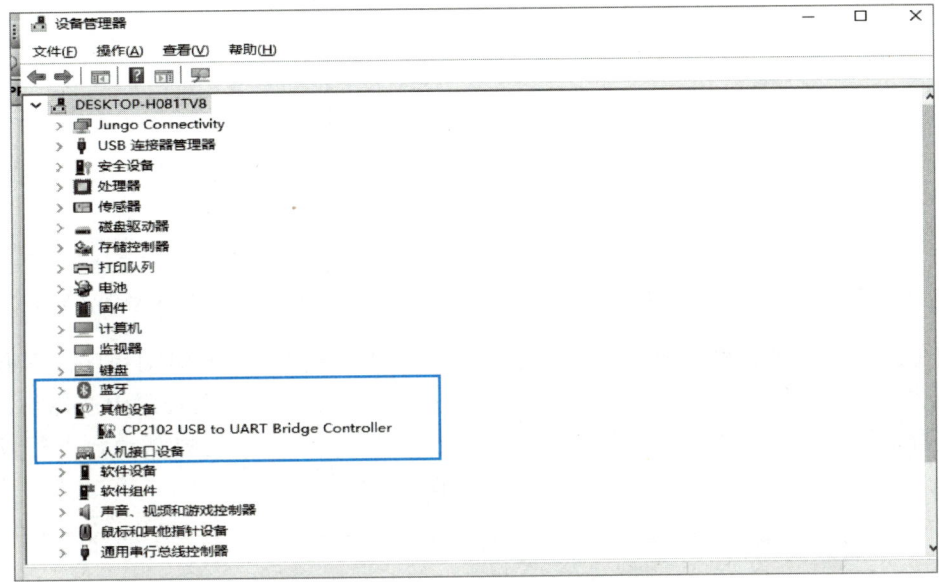

图 2-28　编程电缆驱动未安装前在设备管理器中的状态显示

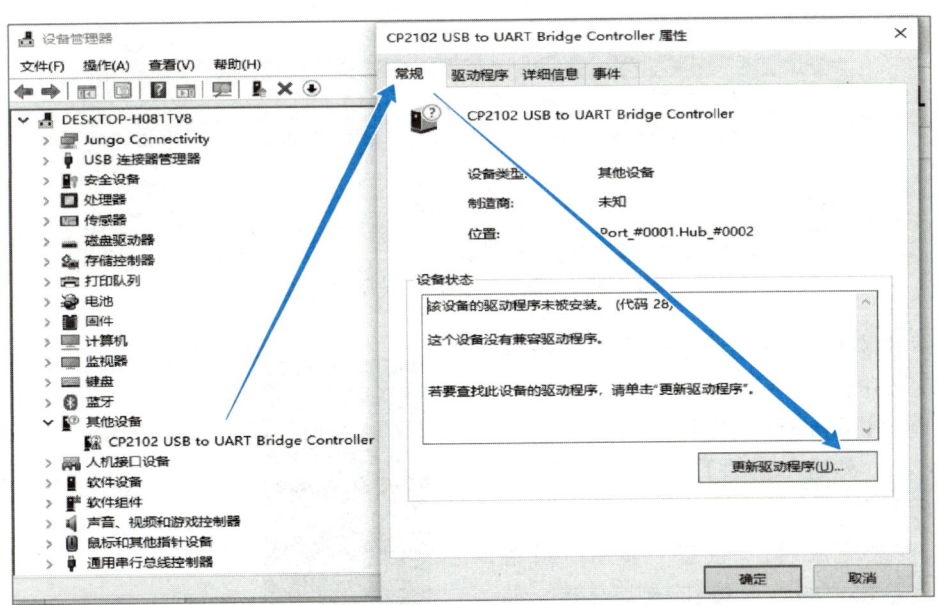

图 2-29　编程电缆驱动更新

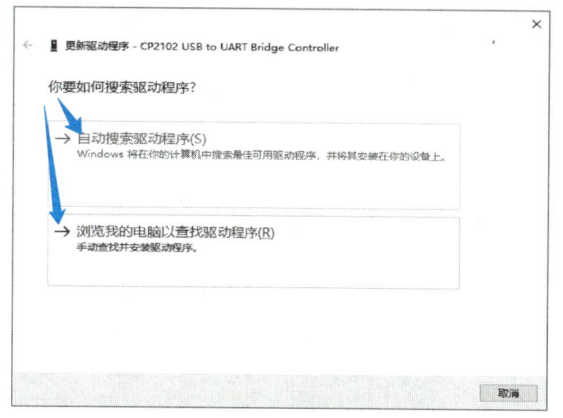

图 2-30　编程电缆驱动搜索

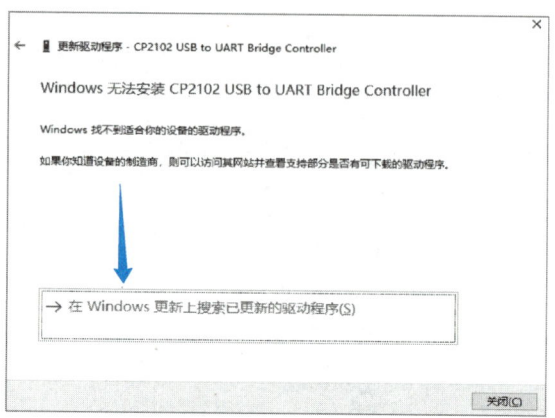

图 2-31　编程电缆驱动无法安装提示

6）在选择"自动搜索驱动程序"进行更新过程中，若无法更新，则显示图 2-31 所示界面，此时需联网下载驱动程序。

7）从网络搜索驱动程序，下载后进行安装，在下载的驱动程序中选择与自己计算机硬件版本相匹配的驱动，进行安装，如图 2-32 所示。

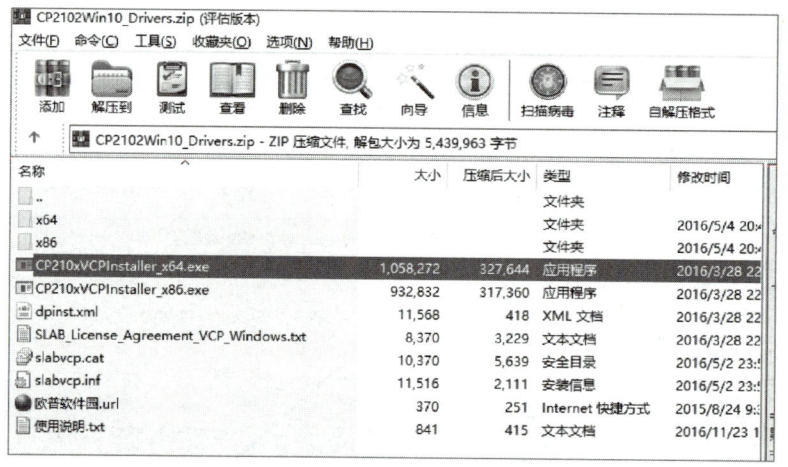

图 2-32　编程电缆驱动下载后打开

8）双击对应版本软件，按照提示步骤进行安装，如图 2-33 所示。

9）在"许可协议"界面，选择"我接受这个协议"，然后单击"下一步"按钮，如图 2-34 所示。

10）安装完成后，"状态"显示"设备已更新"，单击"完成"按钮结束安装，如图 2-35 所示。

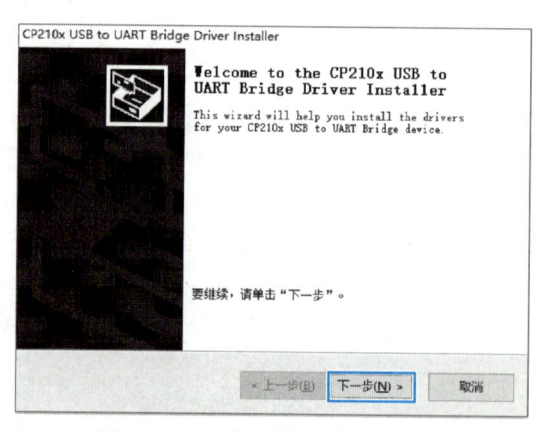

图 2-33　编程电缆驱动开始安装

项目 2　基本控制指令的应用

11）安装完成后，在设备管理器的"端口（COM 和 LPT）"中显示已安装完成的驱动。驱动程序名称前的"！"和"？"消失，表示驱动安装成功，如图 2-36 所示。同时在驱动程序名称末端显示对应端口号，此端口号在进行程序下载时需要进行设置。

12）在编程软件导航栏中选择"连接目标"进行通信设置，如图 2-37 所示。

13）在"当前连接目标"中双击"Connection1"，进行通信口设置，如图 2-38 所示。

14）在弹出的"连接目标设置 Connection1"界面中，双击"Serial USB"，在"计算机侧 I/F 串行详细设置"对话框中进行通信端口设置，如图 2-39 所示。此端口号在设备管理中的通过端口中的对应软件驱动进行查找，在图 2-36 中已显示。

设置完成后在"连接目标设置 Connection1"界面中的"COM"处显示对应端口号，如图 2-40 所示。

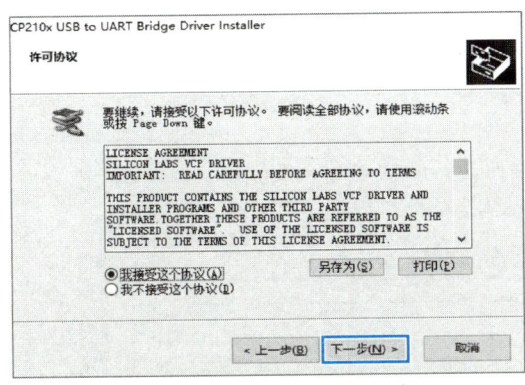

图 2-34　编程电缆驱动安装协议选择

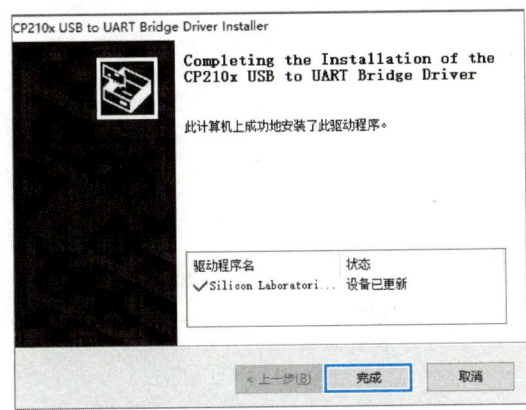

图 2-35　编程电缆驱动安装完成

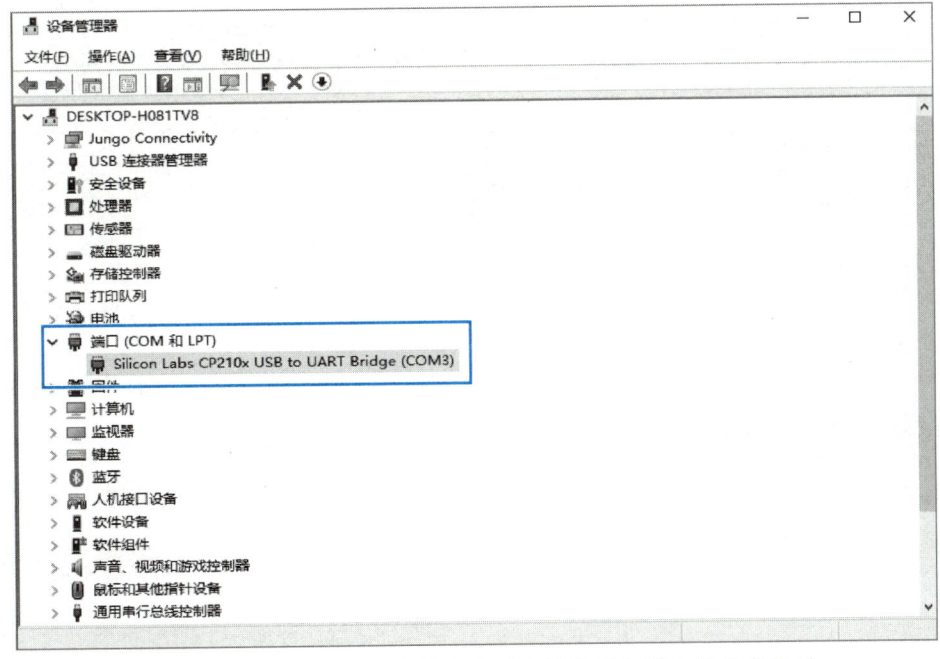

图 2-36　编程电缆驱动安装完成后在设备管理器中的状态显示

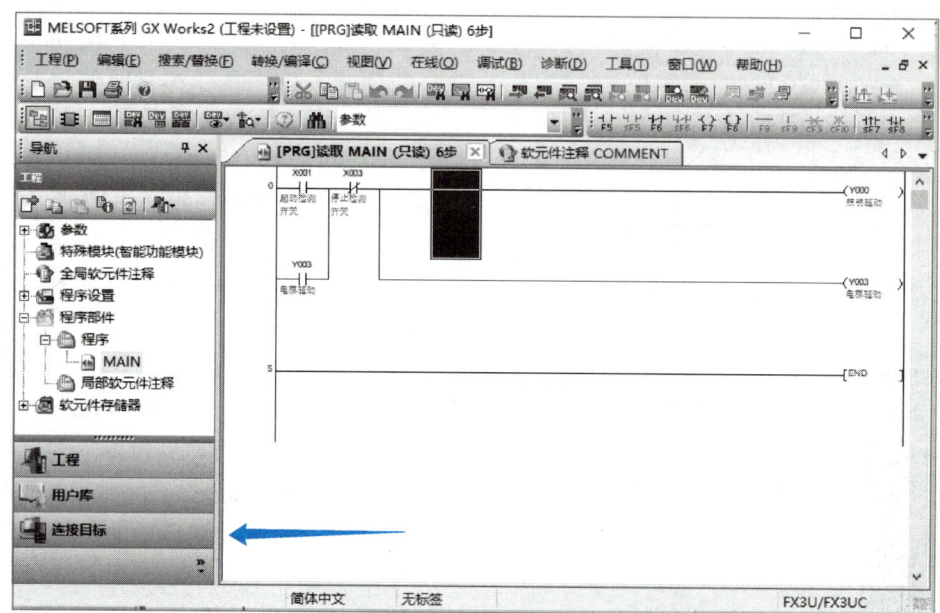

图 2-37　程序下载前通信连接目标选择

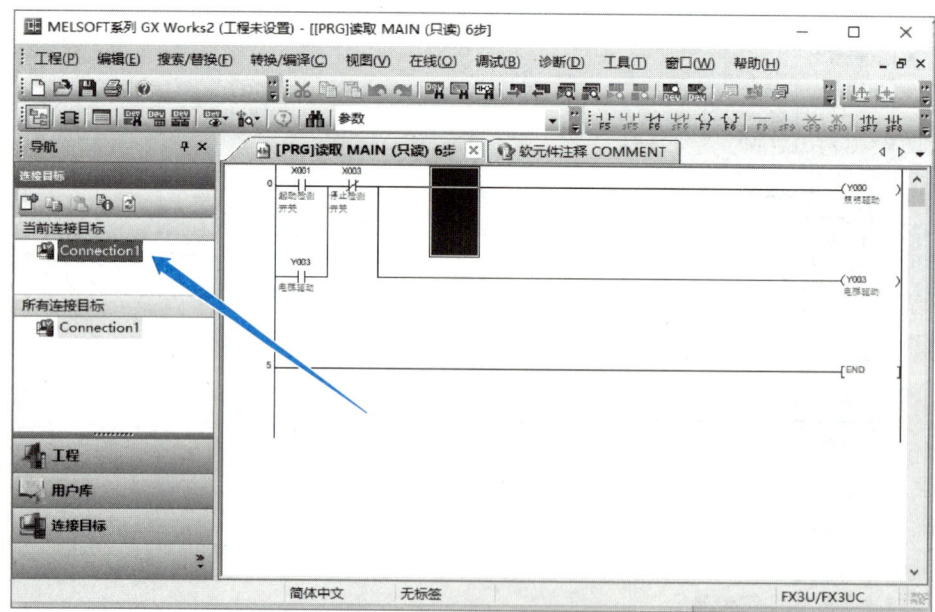

图 2-38　当前连接目标选择

项目 2　基本控制指令的应用

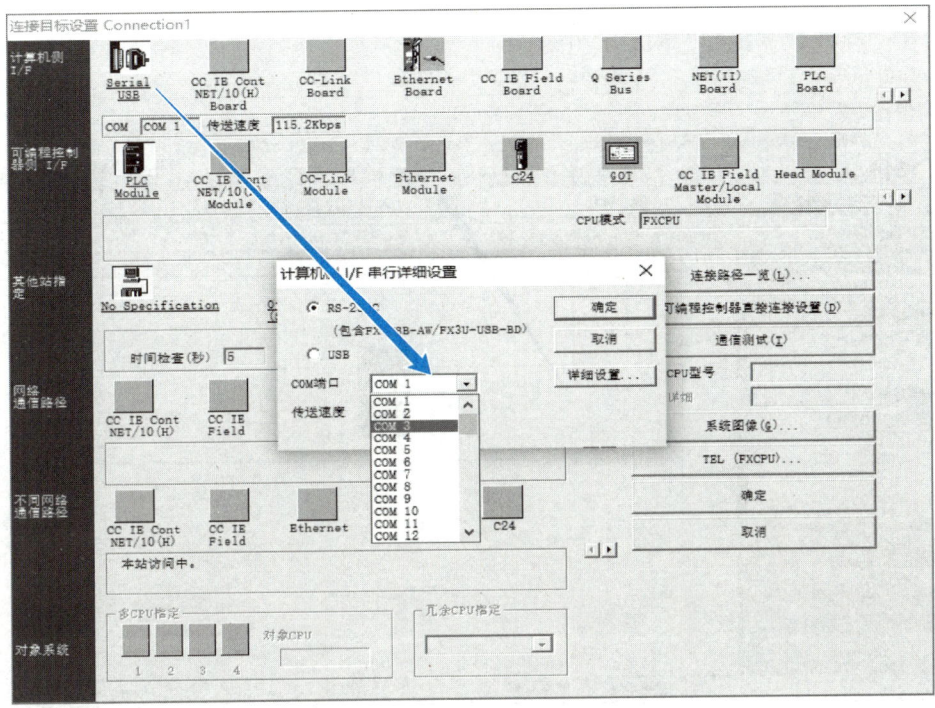

图 2-39　通信 COM 口选择

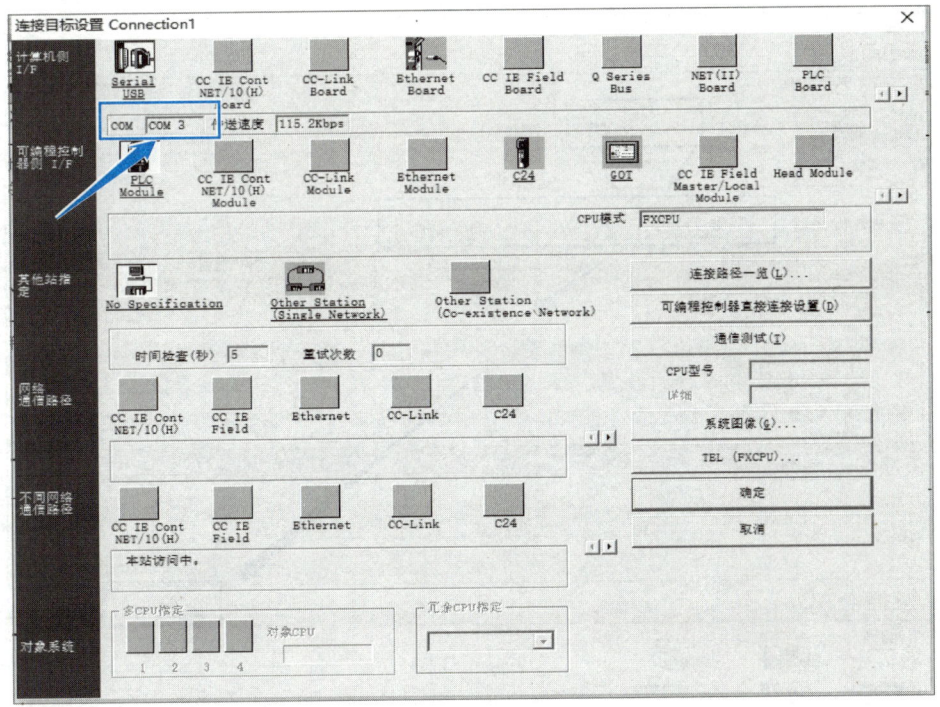

图 2-40　COM 端口设置完成后的状态显示

15）通信设置完成后，进行 PLC 程序写入，如图 2-41 所示。

16）在"在线数据操作"对话框中选择"写入"，单击"参数+程序"按钮，然后单击"执行"按钮，如图 2-42 所示。

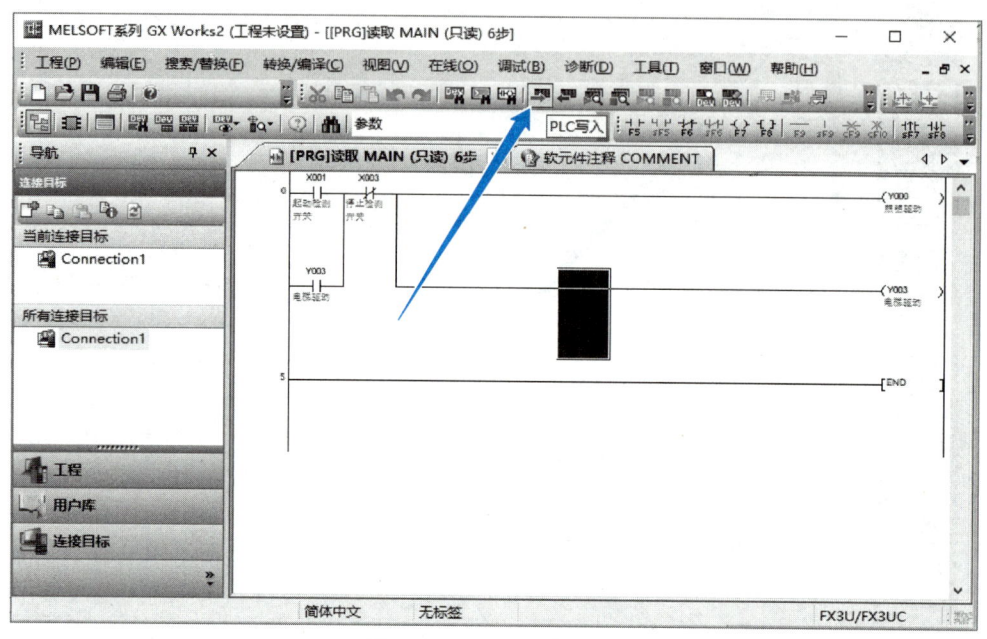

图 2-41　PLC 程序写入

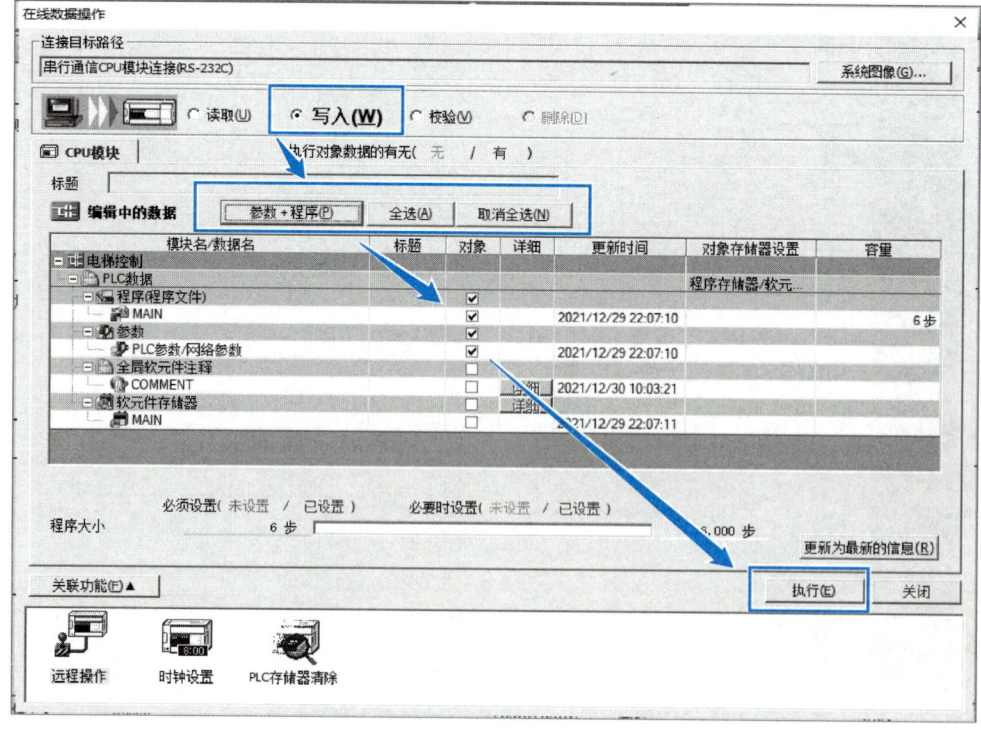

图 2-42　"在线数据操作"对话框

项目 2 基本控制指令的应用

PLC 程序写入过程如图 2-43 所示。

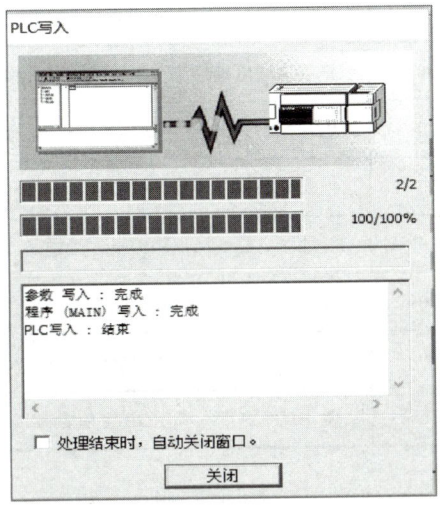

图 2-43 PLC 程序写入过程

4. 程序调试

在做好安全措施的前提下进行通电调试，并将测试结果填入表 2-7 中。

表 2-7 程序调试 PLC 状态显示

步骤	调试内容	观察内容	调试结果
1	观察 PLC 指示灯状态	POWER 灯	
		RUN 灯	
		IN 灯	
		OUT 灯	
2	将"RUN/STOP"开关拨到 RUN	RUN 灯	
3	触发起动检测	IN 灯	
		OUT 灯	
		KM	
		电动机	
4	触发停止检测	IN 灯	
		OUT 灯	
		KM	
		电动机	

任务测评

根据任务实施过程及任务完成结果进行测评，并填写表 2-8。

表 2-8 任务测评

评价内容	分值	评价标准	小组评价	教师评价
I/O 分配表	10	正确描述电梯控制 I/O 信号，无遗漏		
PLC 控制 I/O 接线图绘制	10	电梯控制 PLC 控制 I/O 接线图绘制规范，无错误		
硬件电路连接	10	电梯电路连接正确，无故障		
程序编写及调试	30	能独立完成电梯程序编辑，无错误		
程序编写及调试	10	程序模拟能实现电梯控制要求		
程序编写及调试	20	程序调试无错误，实现电梯控制要求		
安全文明生产	10	遵守规章制度，满足 7S 管理要求		

任务 2　钻台自动升降 PLC 控制

学习目标

知识目标：

1. 掌握定时器指令的用法。
2. 掌握 PLC 程序设计的步骤和方法。

能力目标：

1. 能够根据控制要求完成钻床钻孔操作控制程序的编写。
2. 能够独立完成钻床控制项目的设计、硬件接线及程序调试等工作。
3. 能够独立完成调试过程中的故障排查。

素质目标：

1. 强化专业技能，提升自我专业素质。
2. 强化综合素质，具有探索创新实践的精神。

工作任务

以 PLC 控制钻床钻孔为例，利用 PLC 实现对钻床钻头旋转及钻头升降控制的目的。钻床控制示意图如图 2-44 所示。

任务分析

在该工作任务中，根据钻床的动作过程，对钻床的控制过程进行分析。

1）钻床未工作时钻头保持在高位静止状态。

2）按下运转开始按钮 SB2，旋转输出动作，钻头开始旋转。

3）按下停止按钮 SB1，旋转输出复位，钻头停止动作。

4）钻头旋转过程中，按下下降开始按钮 SB3，钻头下降输出动作，钻头开始下降。

5）当钻头到达下降端极限位开关 SQ1 的位置时，下降端极限位开关 SQ1 动作，钻头下降动作停止。

6）钻头下降停止 3s 后，钻头上升输出动作，钻头开始上升。

7）当钻头到达上升端极限位开关 SQ2 的位置时，上升端极限位开关 SQ2 动作，钻头上升动作停止，但钻头旋转保持。

钻床控制流程图如图 2-45 所示。

项目 2 基本控制指令的应用

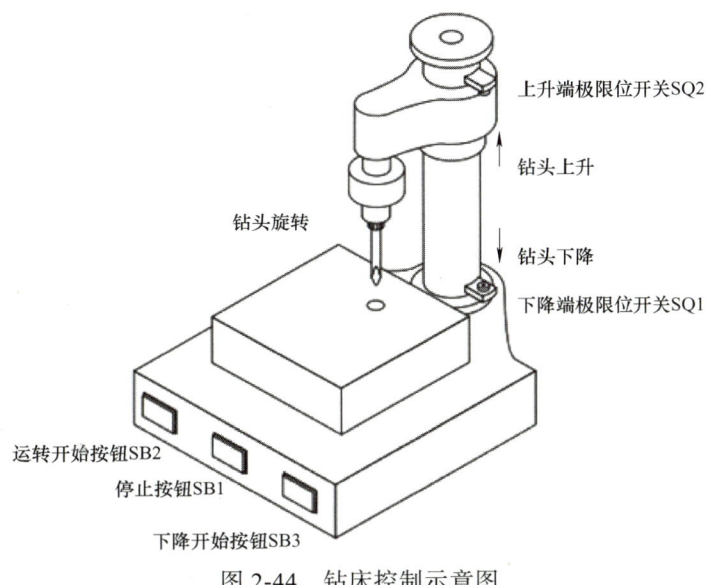

图 2-44　钻床控制示意图

相关知识

在开始工作任务之前，首先简单了解一下在该任务中能够用到的相关知识点。

一、置位、复位指令

| SET | 置位
动作保持输出指令 |

| RST | 复位
动作保持解除指令 |

SET/RST指令作用于输出继电器Y、辅助继电器M。

RST指令还可作用于计数器和定时器。

SET：当输入条件变为 ON 时，指定的软元件也变为 ON，在这之后即使输入条件变为 OFF，被指定的软元件依然保持 ON 状态。

RST：当输入条件变为 ON 时，指定的软元件变为 OFF，保持 ON 状态的软元件也可以通过该指令进行复位，变为 OFF。

置位、复位指令程序示例如图 2-46 所示。

置位、复位指令程序示例时序图如图 2-47 所示。

二、定时器

定时器对 PLC 内部的 1ms、10ms、100ms 的时钟脉冲进行加法计数，当计数达到预先设定值时，输出触点立即产生动作。

设置值可以采用常数（K），也可以通过数据寄存器（D）中的内容间接指定。

1. 定时器的使用

定时器程序示例如图 2-48 所示。

X000：触发条件。

K：常数，设定范围为 1～32767。

T0：定时器编号。

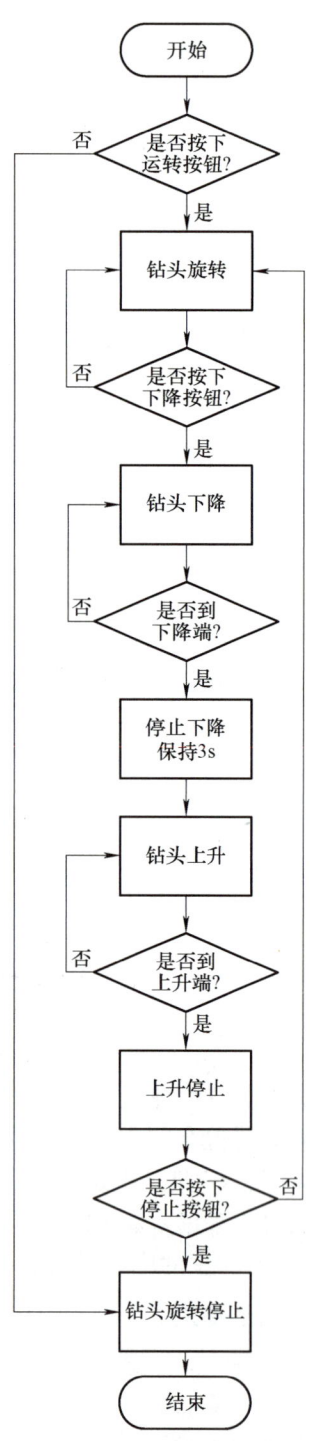

图 2-45 钻床控制流程图

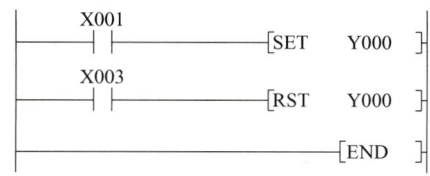

图 2-46 置位、复位指令程序示例

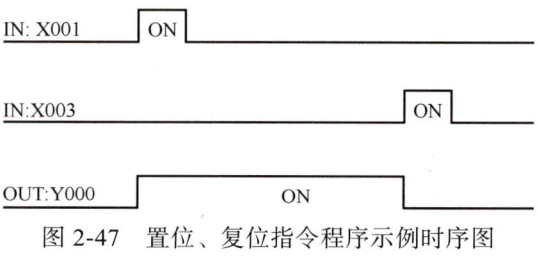

图 2-47 置位、复位指令程序示例时序图

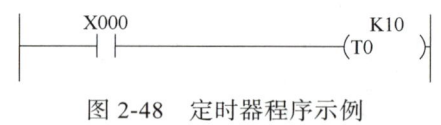

图 2-48 定时器程序示例

项目 2 基本控制指令的应用

2. FX3U PLC 定时器的分类

FX3U PLC 定时器的分类见表 2-9。

表 2-9 FX3U PLC 定时器的分类

脉冲宽度	100ms	10ms	1ms	1ms 累计型	100ms 累计型
编号	T0～T199	T200～T245	T256～T511	T246～T249	T250～T255
数量	200 点	46 点	256 点	4 点	6 点
定时时间	0.1～3276.7s	0.01～327.67s	0.001～32.767s	0.001～32.767s	0.1～3276.7s

3. 回路程序示例

1）一般用定时器程序示例如图 2-49 所示。

其时序图如图 2-50 所示。

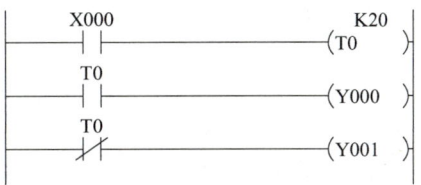

图 2-49 一般用定时器程序示例

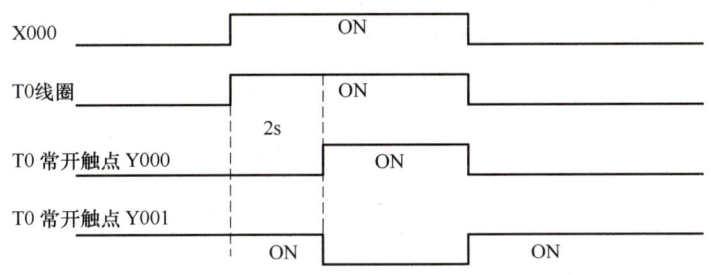

图 2-50 一般用定时器程序示例时序图

计时：输入条件 X000 变为 ON 时，定时器 T0 计时开始，到达预设时间时，定时器 T0 的常开触点变为 ON。

复位：输入条件 X000 变为 OFF 时，定时器复位计时停止，定时器 T0 的常开触点变为 OFF。

2）累计定时器程序示例如图 2-51 所示。

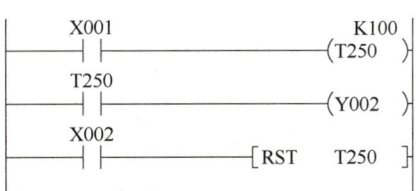

图 2-51 累计定时器程序示例

其时序图如图 2-52 所示。

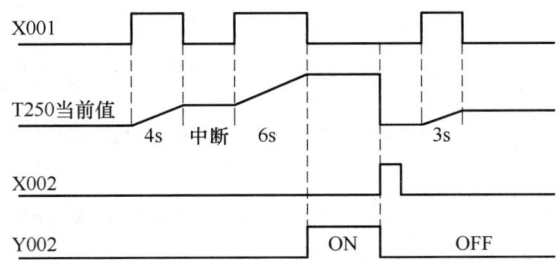

图 2-52 累计定时器程序示例时序图

累计计时：只有输入条件 X001 为 ON 的时间段内，定时器计时；输入条件 X001 为 OFF 的时间段内计时中断，并且定时器计时值不清零，保持。

动作：当输入条件 X001 为 ON 的时间累计达到设定值时，定时器的触点动作。

复位：当输入条件 X002 为 ON 时，定时器复位清零，输出点变为 OFF。

一、绘制 I/O 分配表

根据任务分析，在任务中运转开始按钮、停止按钮、下降开始按钮作为人操作的设备接入 PLC 的输入端，上升端 LS、下降端 LS 作为检测设备运行状态的信号接入 PLC 的输入端，使钻头旋转的设备和使钻头上升、下降的设备作为使机器运行的设备接入 PLC 的输出端。根据以上分析关于此任务的 I/O 分配见表 2-10。

任务实施

表 2-10 钻床控制的 I/O 分配

输入信号			输出信号		
输入元件	作用	输入继电器	输出元件	作用	输出继电器
停止按钮 SB1	钻床停止	X000	KM1	钻头上升	Y000
运转开始按钮 SB2	钻头旋转输出	X001	KM2	钻头下降	Y001
下降开始按钮 SB3	钻头下降	X002	KM3	钻头旋转	Y003
下降端极限位开关 SQ1	钻头下降停止	X003			
上升端极限位开关 SQ2	钻头上升停止	X004			

二、绘制 PLC I/O 接线图

钻床在运行过程中，通过电动机的旋转带动钻头旋转，从而得以钻孔。利用另一台电动机的正反转拖动钻头进行上升和下降的动作，从而改变钻孔深度。因此在钻床工作过程中，需要控制两台电动机进行配合动作，钻孔工作才能得以实现。

电动机 M1 用于钻头升降控制，电动机 M2 用于钻头旋转控制。

PLC 通过输出继电器控制交流接触器线圈的得电和失电，从而实现对交流接触器主触点状态的控制，进而实现对两台电动机起动、停止、正转和反转的控制。

钻床 PLC 控制 I/O 接线图如图 2-53 所示。

三、电气元件选型及工具材料准备

在控制任务中，假定钻床钻头旋转电动机功率为 2.2kW，钻头升降电动机功率为 2.2kW，根据对控制过程的分析，在完成 I/O 分配表及 PLC 控制 I/O 接线图绘制后，需要根据实际情况准备本任务所需要的实训设备及工具材料，见表 2-11。

四、绘制电气元件布置图

根据电气原理图及设备所用耗材清单，领取本任务所需设备，并在网孔板上利用电气导轨和螺栓对领取的电气元件进行安装和固定。其布置图如图 2-54 所示。

项目 2　基本控制指令的应用

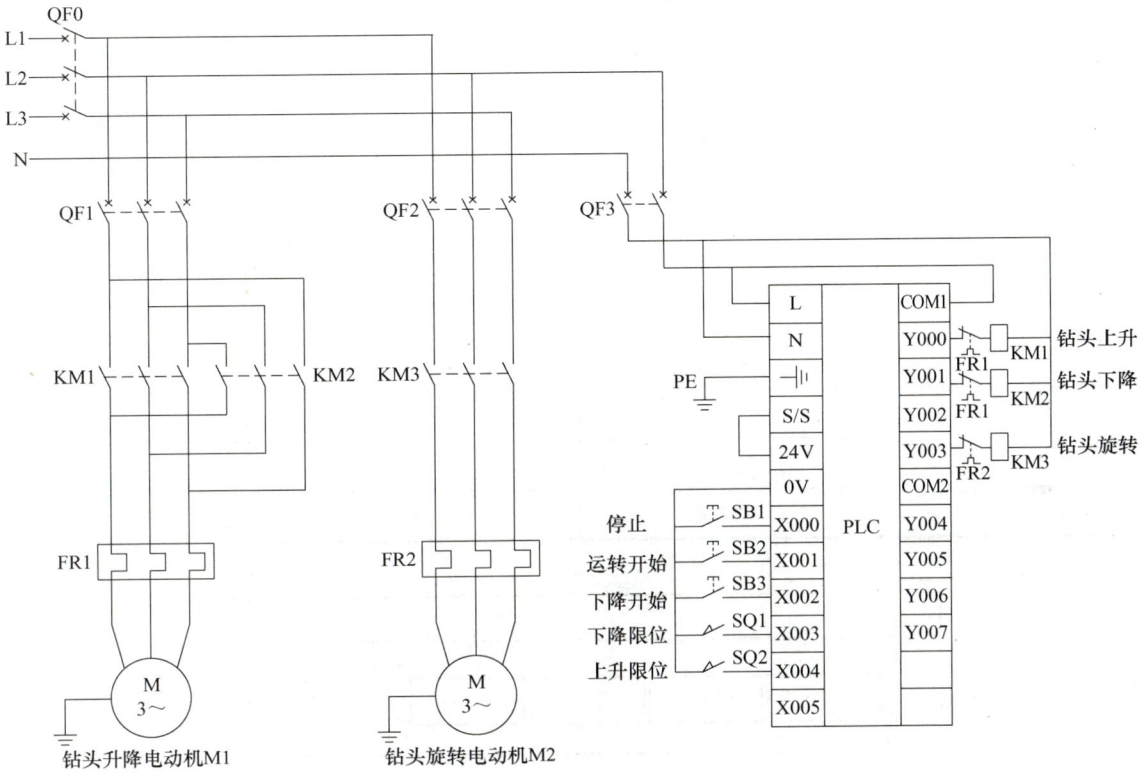

图 2-53　钻床 PLC 控制 I/O 接线图

表 2-11　钻床控制设备及工具材料清单

序号	类别	名称	型号	数量	单位
1	电气元件	断路器	NXB-63 D16 3P	1	只
2		断路器	NXB-63 D10 3P	2	只
3		断路器	NXB-63 D6 2P	1	只
4		交流接触器	NXC-06 220V 50Hz	3	只
5		热继电器	NXR-25 4～6A	2	只
6		按钮	NP2-BA	3	个
7		限位开关		2	个
8	工具设备仪表	电动机	2.2kW	2	台
9		PLC	FX3U-16MR/ES	1	台
10		编程计算机		1	台
11		编程电缆	USB 口	1	条
12		线号机	硕方	1	台
13		万用表		1	台
14		端子排		若干	个
15		电气导轨	DIN35	1	m

(续)

序号	类别	名称	型号	数量	单位
16	工具设备仪表	十字槽螺钉旋具	6×80	1	把
17		活扳手		1	把
18		网孔板		1	个
19	耗材	螺栓	M4×10	若干	个
20		线槽	50mm×50mm	2	m
21		冷压端子	U形 SNB1.25-3	个	个
22		导线	BV2.5mm^2	若干	m
23		导线	BVR1.0mm^2	若干	m
24		电缆	4×2.5mm^2	若干	m

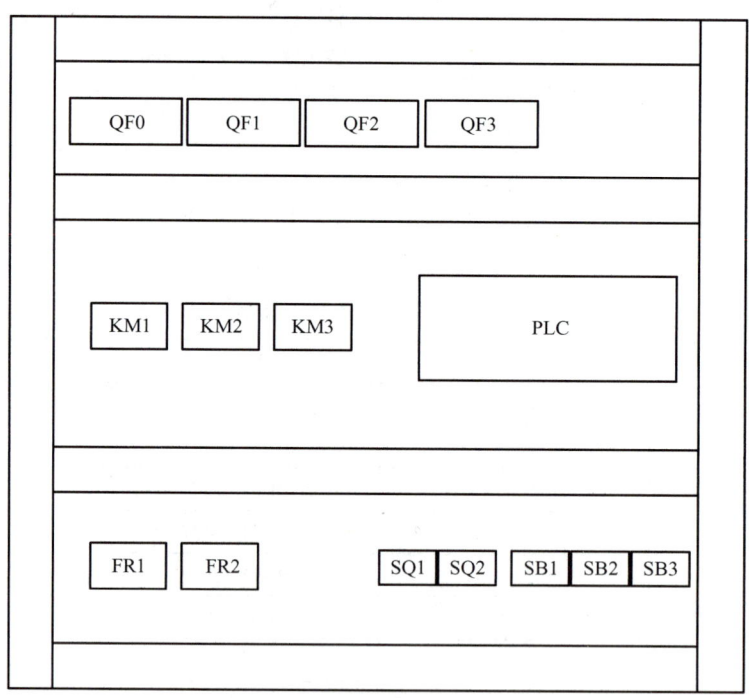

图 2-54　钻床控制电气元件布置图

五、线路安装与布线

根据电气元件布置图安装完电气元件之后，再根据 PLC 控制 I/O 接线图进行布线。

1. 检查电气元件

根据电气原理图，检查电气元件型号是否符合要求，并检查电气元件是否完好，是否能够正常动作。

2. 布线

根据 PLC 控制 I/O 接线图进行布线。布线工艺要求如下：

1）布线时导线应平直、整齐、统一，走线路径应合理，压接点不得松动。

项目 2 基本控制指令的应用

2）导线与端子连接时不应压住绝缘层，不得露铜大于 1mm。

3）同一元件、同一回路的不同接点的导线距离及弯曲度应保持一致。

4）布线时严禁损伤线芯及绝缘层，导线不得有接头。

5）柜内集中布置的端子短接线不应进入线槽内部。

6）同一端子压接不同线径的导线时，截面积大的放到下层。

3. 检查

布线完成后，通电前根据 PLC 控制 I/O 接线图进行电路检查，排查可能存在的故障及安全隐患。

电路检查注意事项如下：

1）导线压接是否紧固，有无松动现象。

2）电源电路导线连接是否正确。

3）主电路导线连接是否正确。

4）控制电路导线连接是否正确。

检查无任何问题后逐级闭合各个断路器，用万用表检测电压是否正常。

电压检测注意事项如下：

1）检查电源电压是否正常。

2）检查电动机主电路电压是否正常。

3）检查 PLC 电源电压是否正常。

4）检查直流 24V 输出是否正常。

六、程序设计

对任务要求进行分析后得知，钻床控制过程中进行电动机拖动的电路为电动机自锁控制和电动机正反转控制，运转开始按钮作为起动信号，停止按钮作为停止信号，下降开始按钮作为电动机下降起动信号，上升端极限位及下降端极限位作为钻头行进的两端极限位，钻头旋转电动机及钻头上升、下降电动机作为被驱动对象。因此控制程序梯形图如图 2-55 所示。

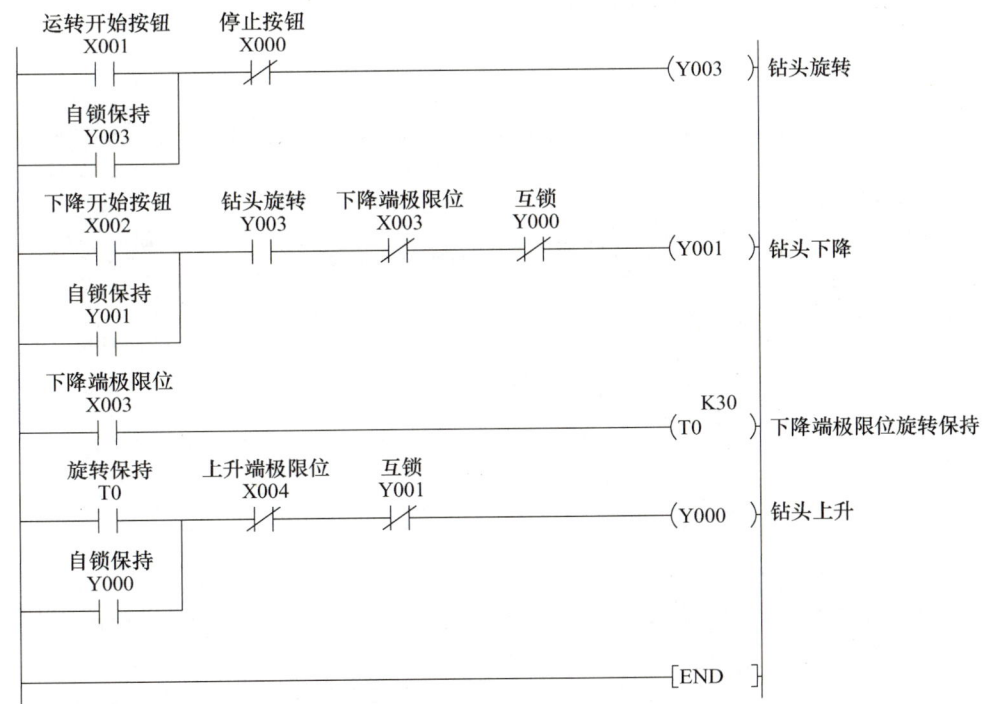

图 2-55 钻床控制程序梯形图

七、程序编辑及调试

1. 程序编辑

（1）打开 GX Works2 编程软件　找到 GX Works2 的图标，双击打开。

（2）新建工程　在新建工程界面根据硬件及软件情况进行设置。

（3）全局软元件注释　从软件左侧导航栏中定义输入/输出信号对应的软元件，全局软元件注释的设置流程如图 2-56 所示。

1）定义输入软元件：在全局软元件注释中定义输入软元件，如图 2-57 所示。

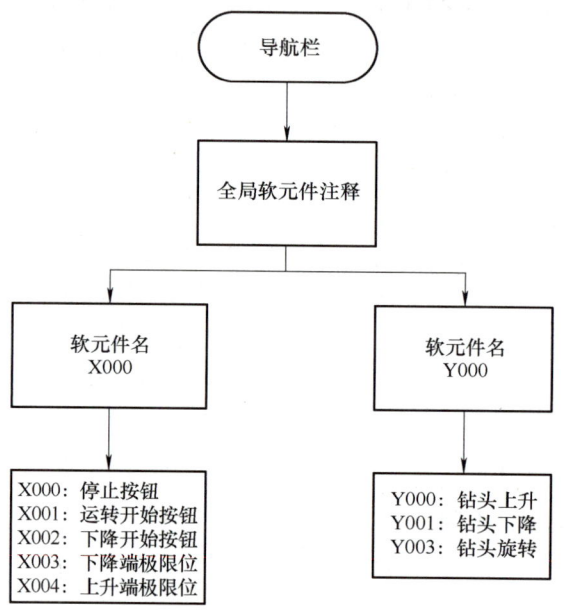

图 2-56　全局软元件注释的设置流程

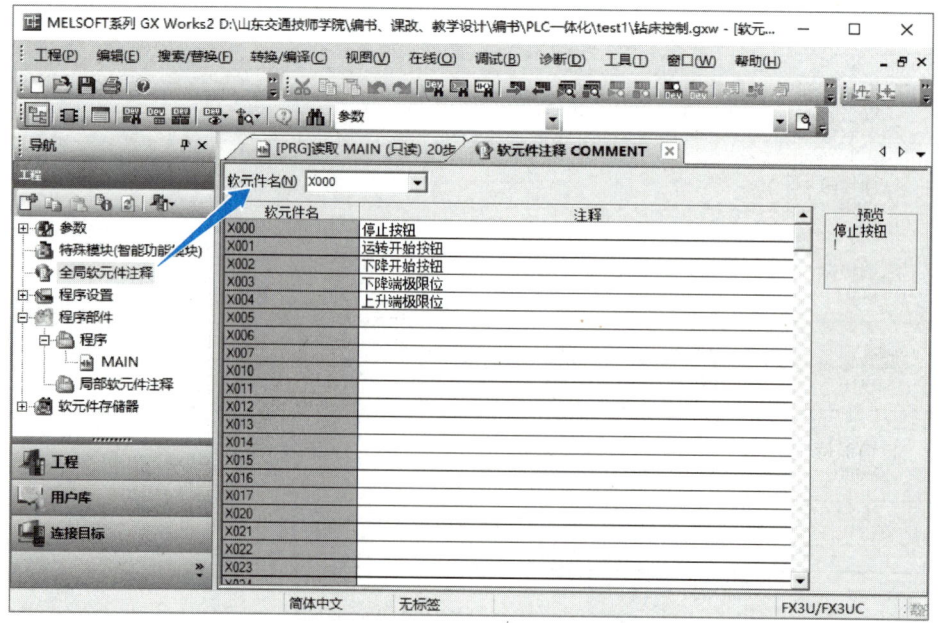

图 2-57　定义输入软元件

项目 2　基本控制指令的应用

2）定义输出软元件：在全局软元件注释中定义输出软元件，如图 2-58 所示。

（4）程序编辑

1）程序输入。从光标处开始输入程序，如图 2-59 所示。

编辑后程序状态为灰色，如图 2-60 所示。

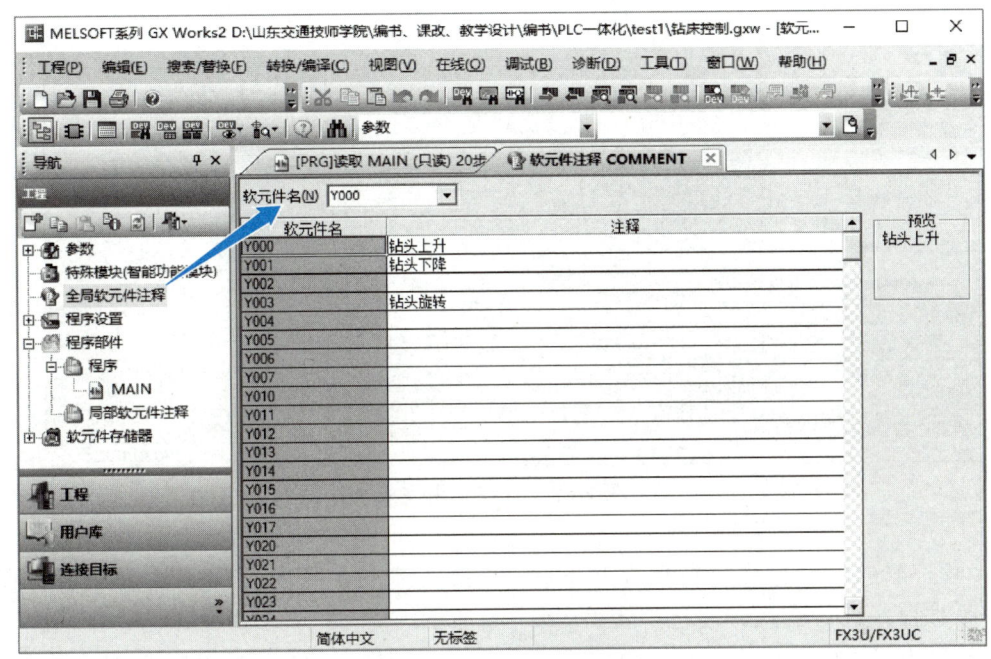

图 2-58　定义输出软元件

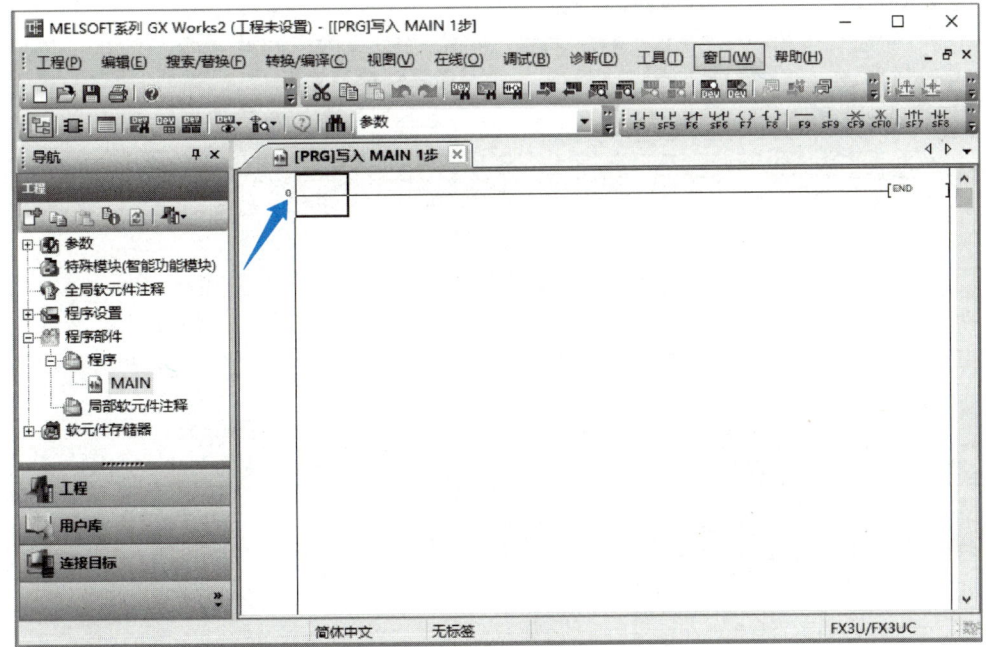

图 2-59　程序编辑开始

PLC 技术及应用（三菱 FX3U 系列）

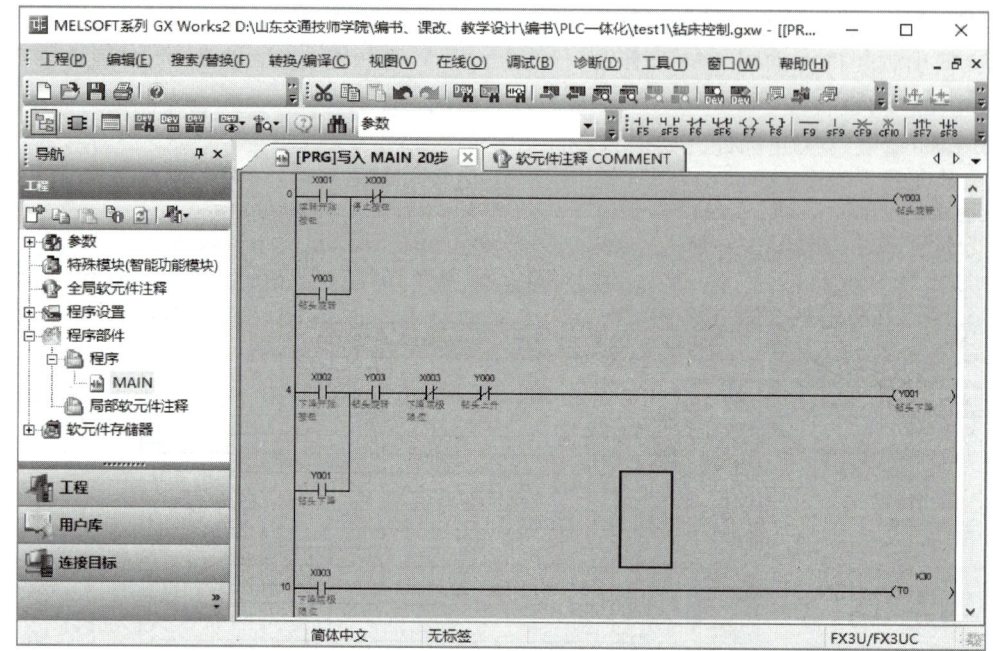

图 2-60　程序编辑完成

2）程序转换。程序在进行保存和下载之前需要对程序进行变换，通过"转换/编译"菜单中的"转换"功能进行，也可通过快捷键 <F4> 进行，程序转换选择如图 2-61 所示。

转换后的程序状态如图 2-62 所示。

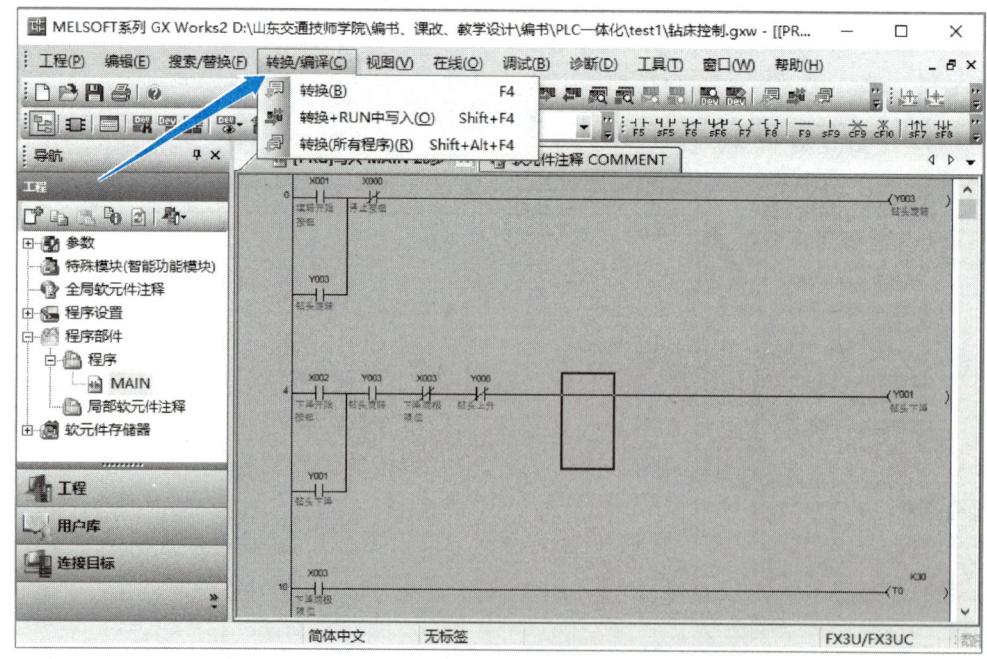

图 2-61　程序转换选择

项目 2 基本控制指令的应用

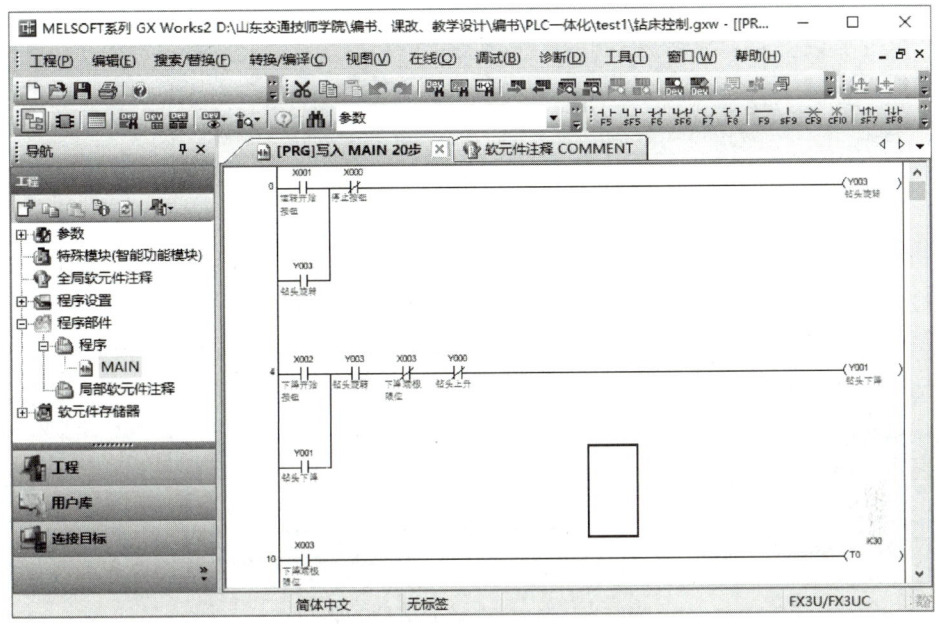

图 2-62 转换后的程序状态

软元件注释内容显示：按照图 2-63 及图 2-64 所示在编程界面右击，在弹出的菜单中选择"视图"→"注释显示"，选择完成后，在程序中显示软元件注释。

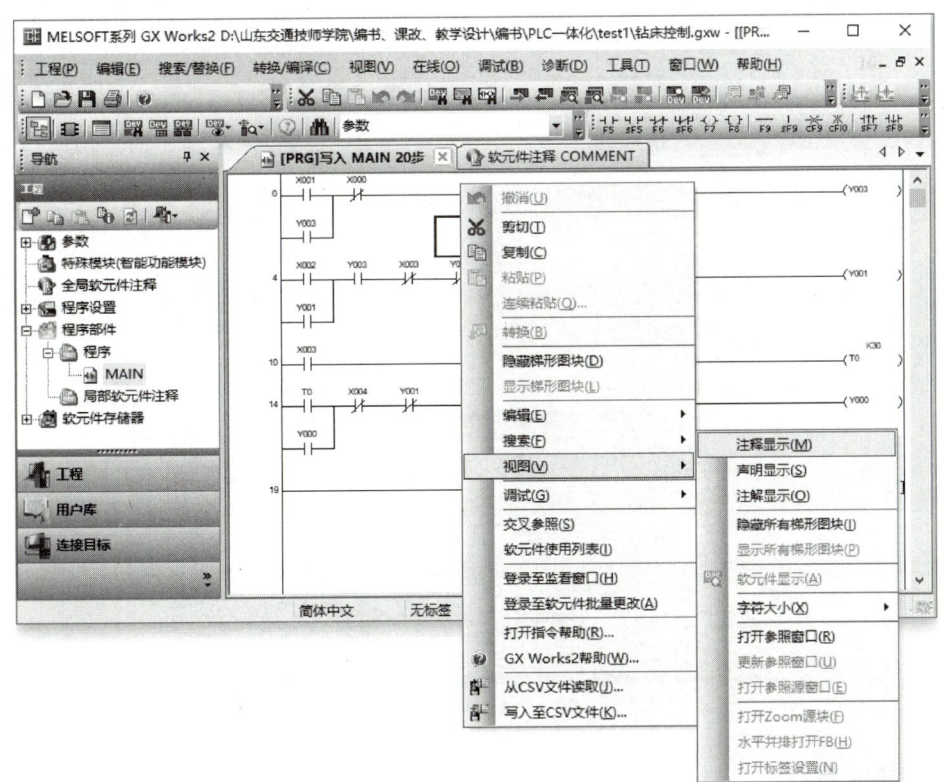

图 2-63 注释显示选择

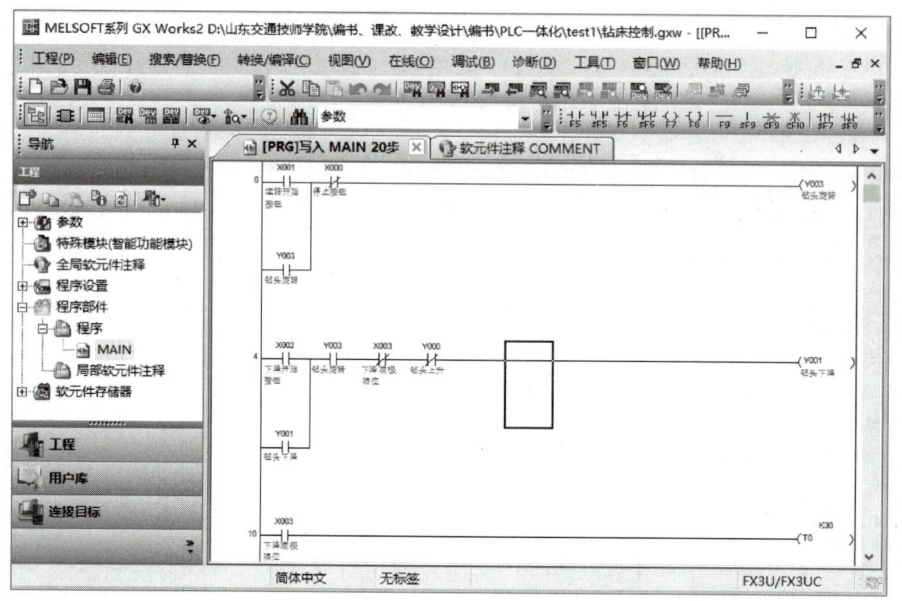

图 2-64 注释选择完成后的状态

3）程序存储。通过"工程"菜单中的"保存"功能进行程序保存。

在"工程另存为"对话框中首先选择文件"保存在"的位置，命名"文件名"及"标题"，然后单击"保存"按钮进行保存，如图 2-65 所示。

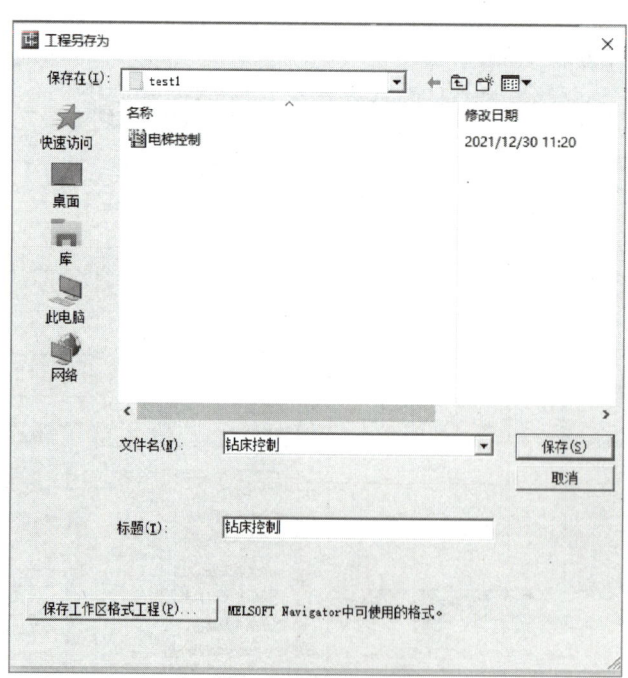

图 2-65 程序保存

2. 程序模拟仿真

单击"调试"菜单中的"模拟开始/停止"命令，按照图 2-66 所示进行仿真。

项目 2 基本控制指令的应用

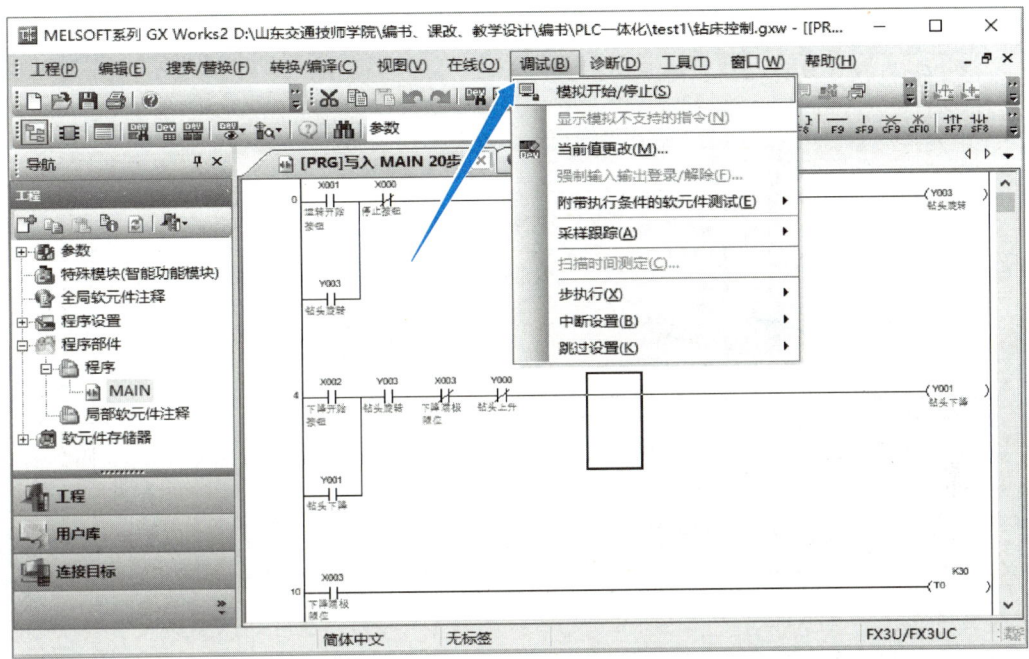

图 2-66 程序模拟开始选择

弹出仿真写入界面,如图 2-67 所示,进行仿真写入。

PLC 写入完成后,关闭"PLC 写入"对话框,保留 GX 模拟装置。

右击,在弹出的菜单中选择"调试"→"当前值更改"选项,如图 2-68 所示。

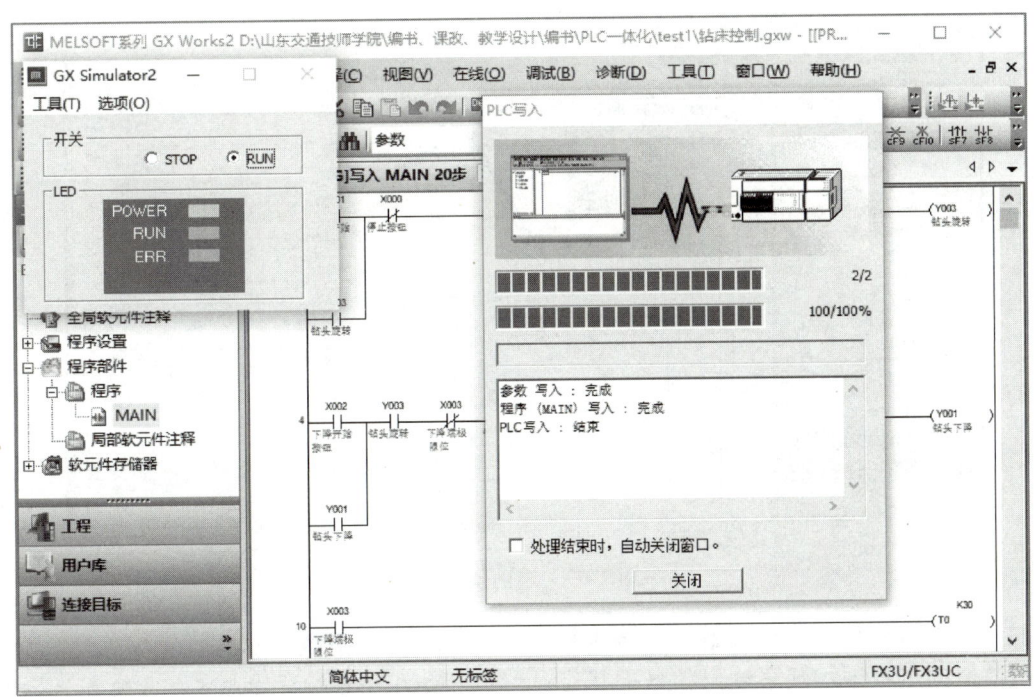

图 2-67 程序仿真写入

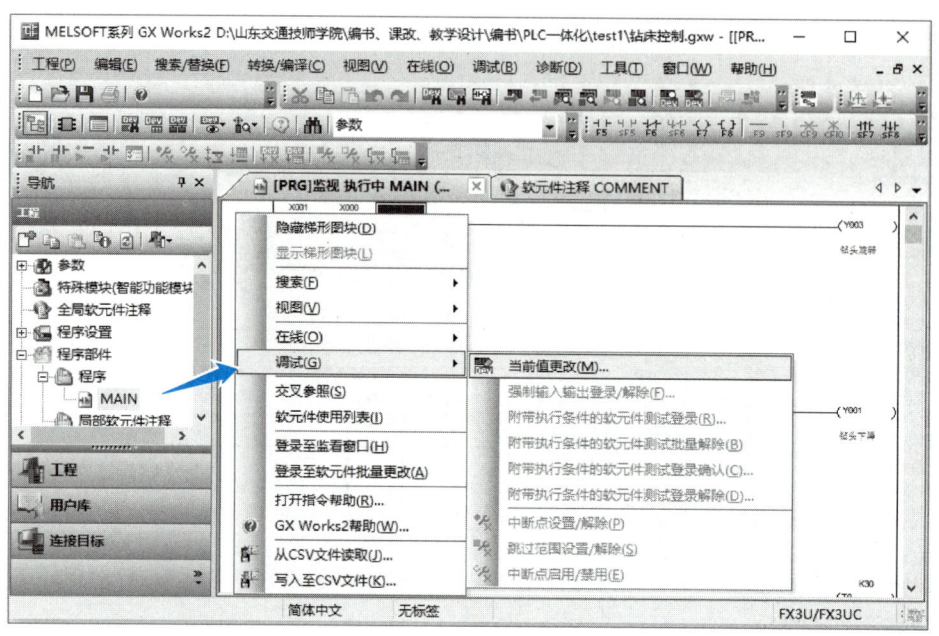

图 2-68　当前值更改选择

在弹出的图 2-69 所示的"当前值更改"界面中，首先选择"软元件/标签"选项卡确定需要修改的软元件，然后通过"ON""OFF"或"ON/OFF 取反"按钮修改软元件的当前值。

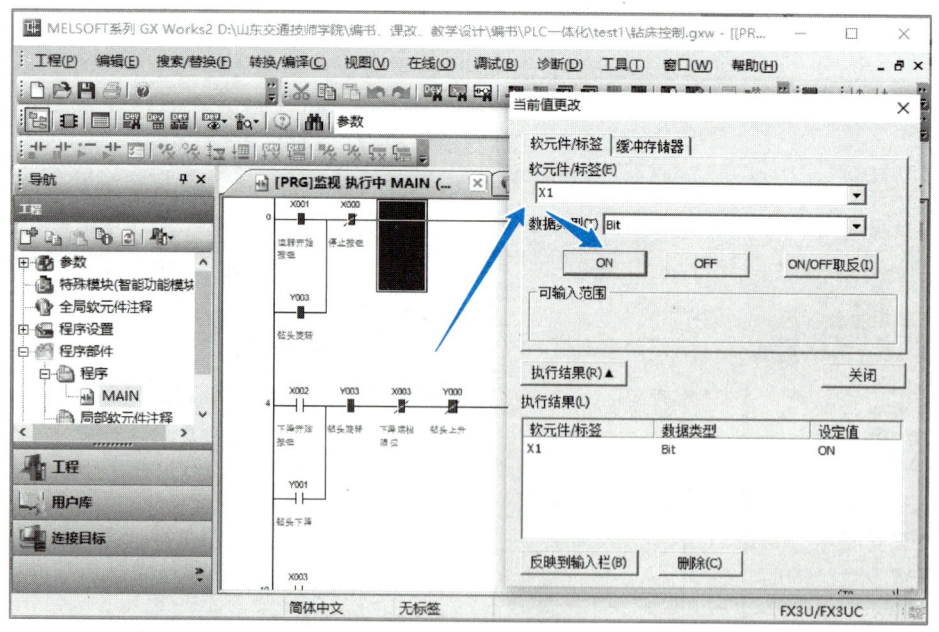

图 2-69　当前值更改

按照控制逻辑修改相应参数，在修改软元件当前值的过程中，观察输出信号的状态变化是否满足控制要求。

3. 程序下载

程序仿真测试完成后，连接 PLC 进行程序下载。

项目 2 基本控制指令的应用

4. 程序调试

在做好安全措施的前提下进行通电调试,并将测试结果填入表 2-12 中。

表 2-12 程序调试 PLC 状态显示

步骤	调试内容	观察内容	调试结果
1	观察 PLC 指示灯状态	POWER 灯	
		RUN 灯	
		IN 灯	
		OUT 灯	
2	将"RUN/STOP"开关拨到 RUN	RUN 灯	
3	触发起动检测	IN 灯	
		OUT 灯	
		KM1	
		KM2	
		KM3	
		旋转电动机	
		升降电动机	
4	触发停止检测	IN 灯	
		OUT 灯	
		KM1	
		KM2	
		KM3	
		旋转电动机	
		升降电动机	

任务测评

根据任务实施过程及任务完成结果进行测评,并填写表 2-13。

表 2-13 任务测评

评价内容	分值	评价标准	小组评价	教师评价
I/O 分配表	10	正确描述钻床 I/O 信号,无遗漏		
PLC 控制 I/O 接线图绘制	10	钻床控制 PLC 控制 I/O 接线图绘制规范,无错误		
硬件电路连接	10	钻床电路连接正确,无故障		
程序编写及调试	30	能独立完成钻床程序编辑,无错误		
	10	程序模拟能实现钻孔控制要求		
	20	程序调试无错误,实现钻孔控制要求		
安全文明生产	10	遵守规章制度,满足 7S 管理要求		

任务3 供茶器自动供茶PLC控制

🎯 学习目标

知识目标：
1. 掌握计数器指令的用法。
2. 掌握PLC程序设计的步骤和方法。

能力目标：
1. 能够根据控制要求完成供茶器自动供茶控制程序编写。
2. 能够独立完成供茶器自动供茶控制项目的设计、硬件接线及程序调试等工作。

3. 能够独立完成调试过程中的故障排查。
4. 能够根据控制要求进行程序修改和调试。

素质目标：
1. 严格要求，精益求精。
2. 学会思考，追求卓越。

📊 工作任务

以供茶器自动供茶控制为例来探讨PLC的应用。利用PLC可实现对注水、供茶及自动蓄水等控制功能的精准操作。供茶器结构示意图如图2-70所示。

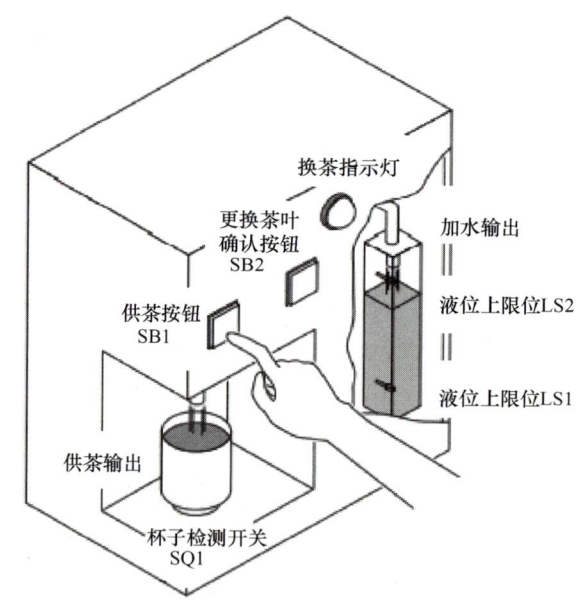

图2-70 供茶器结构示意图

📋 任务分析

在该工作任务中，根据泡茶的生活习惯，对供茶器自动供茶的控制过程进行分析。

1）在未检测到杯子时，按下供茶按钮SB1，不注水。

2）在杯子检测开关SQ1检测到杯子时，按下供茶按钮SB1，则将热茶注入杯中，当手离开供茶按钮时停止注水。

3）当水箱中液位低于下限位LS1时启动加水输出，向水箱内注水；当液位高于上限位LS2时加水输出停止动作。

4）泡茶过程中若加水动作执行5次，

项目 2　基本控制指令的应用

则换茶指示灯点亮。

5）按下更换茶叶确认按钮 SB2 后，执行更换茶叶动作，同时换茶指示灯熄灭。供茶器动作流程图如图 2-71 所示。

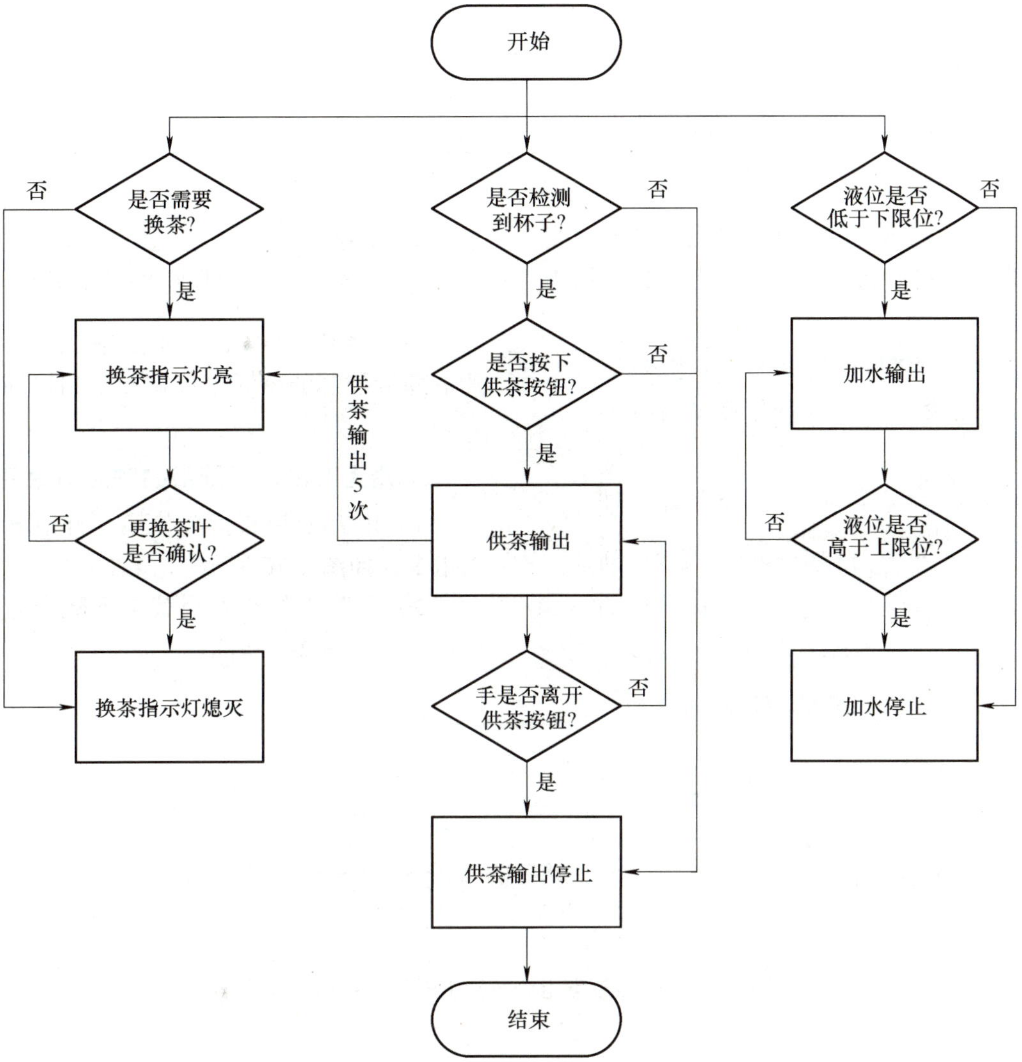

图 2-71　供茶器动作流程图

相关知识

在开始工作任务之前，首先简单了解一下在该任务中能够用到的相关知识点。

一、PLS 与 PLF 指令

1. PLS（上升沿脉冲输出）指令

PLS 指令梯形图示例如图 2-72 所示。

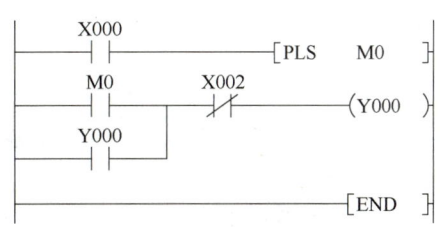

图 2-72　PLS 指令梯形图示例

PLS 指令梯形图示例时序图如图 2-73 所示。

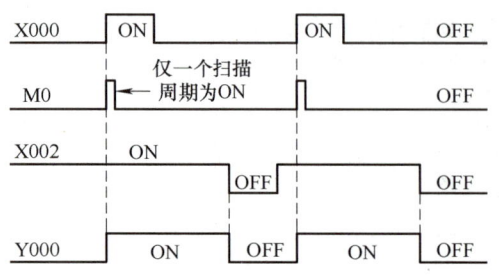

图 2-73　PLS 指令梯形图示例时序图

输入条件 X000 由 OFF 变为 ON 时，受其上升沿控制的软元件仅在一个扫描周期内为 ON。

2. PLF（下降沿脉冲输出）指令

PLF 指令梯形图示例如图 2-74 所示。

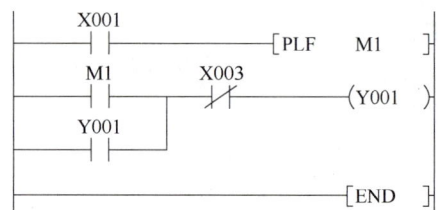

图 2-74　PLF 指令梯形图示例

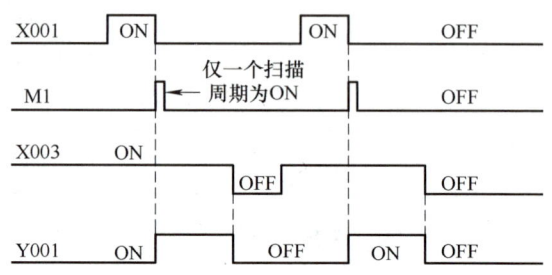

图 2-75　PLF 指令梯形图示例时序图

输入条件 X001 由 ON 变为 OFF 时，受其下降沿控制的软元件仅在一个扫描周期内为 ON。

3. 用上升沿、下降沿的触点指令替换

1）上升沿触点指令替换上升沿脉冲输出指令，如图 2-76 所示。

2）下降沿触点指令替换下降沿脉冲输出指令，如图 2-77 所示。

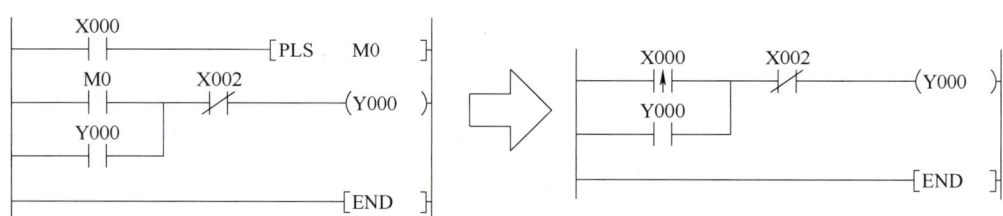

图 2-76　上升沿触点指令替换上升沿脉冲输出指令

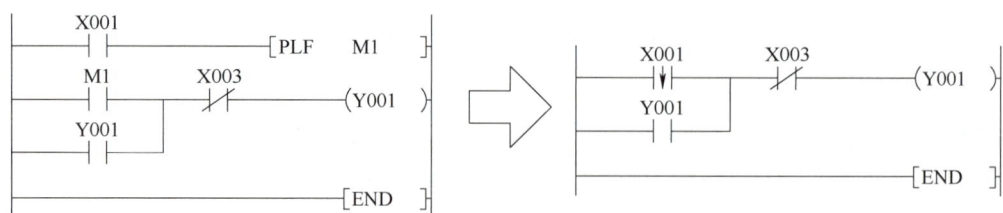

图 2-77　下降沿触点指令替换下降沿脉冲输出指令

二、计数器

PLC 计数器可以对内部元件如 X、Y、M、S、T、C 的脉冲信号进行计数，每产生一次脉冲信号，计数器计数加一，当计数器当前值等于设定值时，计数器的输出触点动作。

设置值可以采用常数（K），也可以通过数据寄存器（D）中的内容间接指定。

项目 2　基本控制指令的应用

1. 计数器示例（见图 2-78）

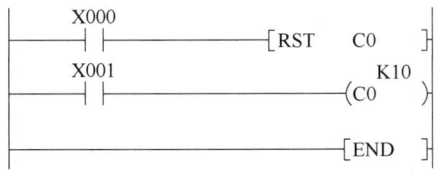

图 2-78　计数器示例

2. FX3U PLC 计数器的分类及计数范围

1）计数器分类及计数范围见表 2-14。

2）计数器特点：表 2-15 中列出了 16 位和 32 位计数器的特点，在实际使用时可根据其特点灵活选用计数器。

表 2-14　计数器分类及计数范围

16 位正向计数器		32 位正向/反向计数器	
0～3267		−2147483648～+2147483647	
一般	停电保持	一般	停电保持
C0～C99	C100～C199	C200～C219	C220～C234
100 点	100 点	20 点	15 点

表 2-15　计数器特点

项目	16 位计数器	32 位计数器
计数方向	正向	增减可以切换
当前寄存器	16 位	32 位
设置值	1～3267	−2147483648～+2147483647
设置值指定	常数 K 或者数据寄存器	常数 K 或者数据寄存器，但是数据寄存器要匹配两个
当前值变化	正向计数后不变化	正向计数后变化
输出触点	正向计数后动作保持	正向计数后动作保持，采用计数复位方式
复位动作	执行 RST 指令时计数器的当前值变为 0，输出触点复原	

增减计数器使用的注意事项：C200～C234 是增计数还是减计数，分别通过特殊的辅助继电器 M8200～M8234 设定。当对应的特殊辅助继电器为 ON 状态时为减计数，否则为增计数。

3. 回路程序示例

一般用计数器程序示例如图 2-79 所示。

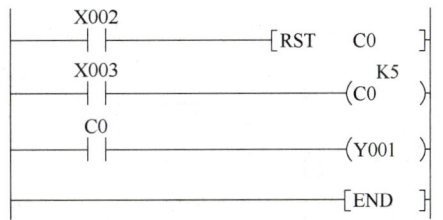

图 2-79　一般用计数器程序示例

X002：计数器复位条件。
X003：计数器计数触发条件。

C0：计数器。
Y1：PLC 输出线圈。
K：计数器设置值常数，设定范围为 1～32767。

其时序图如图 2-80 所示。

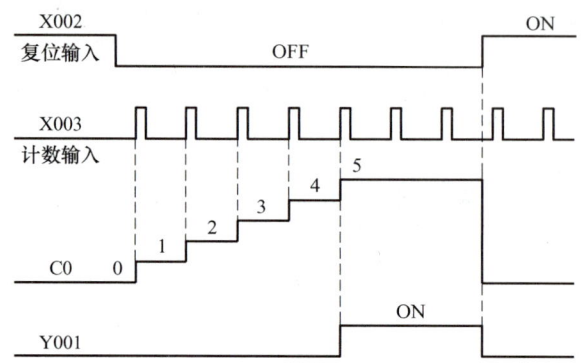

图 2-80 一般用计数器程序示例时序图

计数：输入条件 X003 由 OFF 变为 ON 时，计数器 C0 当前值增加 1，当计数值达到设定值时，计数器输出触点动作。达到设定值后计数器当前值不再随计数条件增加。

复位：输入条件 X002 变为 ON 时，计数器当前值变为 0，输出触点恢复到动作之前的状态。

任务实施

一、绘制 I/O 分配表

根据任务分析，在本任务中供茶按钮、更换茶叶确认按钮作为人操作的设备应接入 PLC 的输入端；杯子检测开关、上限位、下限位作为检测设备运行状态的设备接入 PLC 的输入端；换茶指示灯作为显示机器运行状态的设备接入 PLC 的输出端；供茶输出、加水输出作为使机器运行的设备接入 PLC 的输出端。根据以上分析，关于本任务的 I/O 分配见表 2-16。

表 2-16 供茶器自动供茶控制的 I/O 分配

输入信号			输出信号		
输入元件	作用	输入继电器	输出元件	作用	输出继电器
杯子检测开关 SQ1	检测杯子有无	X000	换茶指示灯 HL	换茶指示	Y000
供茶按钮 SB1	供茶启动	X001	继电器 KA1	供茶输出	Y001
更换茶叶确认按钮 SB2	换茶确认	X002	继电器 KA2	加水输出	Y003
液位下限位 LS1	液位下限检测	X003			
液位上限位 LS2	液位上限检测	X004			

项目 2 基本控制指令的应用

二、绘制 PLC I/O 接线图

供茶器在使用过程中,其电源多为单相电源,由于没有涉及大功率电动机和三相电源电路,因此在控制过程中只考虑与 PLC 相关的控制电路,在该控制过程中,可选用继电器类型的 PLC,直接带动电磁阀、指示灯等小功率电器。

供茶器自动供茶控制 PLC I/O 接线图如图 2-81 所示。

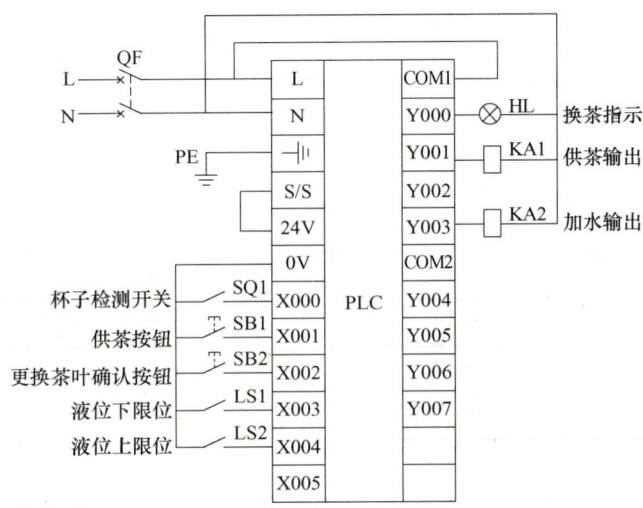

图 2-81 供茶器自动供茶控制 PLC I/O 接线图

三、电气元件选型及工具材料准备

在此控制任务中,采用电磁阀对水箱注水进行控制,采用泵对供茶输出进行控制,由于设备负载功率相对较小,因此在此任务中主要对其控制过程进行讨论和测试,在完成 I/O 分配表及 PLC I/O 接线图绘制后,需要根据实际情况准备本任务所需要的实训设备及工具材料,见表 2-17。

表 2-17 供茶器设备及工具材料清单

序号	类别	名称	型号	数量	单位
1	电气元件	光电开关		1	只
2		液位检测开关		2	只
3		断路器	NXB-63 D10 2P	1	只
4		按钮	NP2-BA	2	个
5		指示灯	AC 220V	1	个
6		泵	AC 220V	1	台
7		电磁阀	AC 220V	2	个
8		泵		1	个
9	工具设备仪表	PLC	FX3U-16MR/ES	1	台
10		编程计算机		1	台
11		编程电缆	USB 口	1	条

(续)

序号	类别	名称	型号	数量	单位
12	工具设备仪表	线号机	硕方	1	台
13		万用表		1	台
14		端子排		若干	个
15		电气导轨	DIN35	1	m
16		十字槽螺钉旋具	6×80	1	把
17		活扳手		1	把
18		网孔板		1	个
19	耗材	螺栓	M4×10	若干	个
20		线槽	50mm×50mm	2	m
21		冷压端子	U形 SNB1.25-3	若干	个
22		导线	BV2.5mm^2	若干	m
23		导线	BVR1.0mm^2	若干	m

四、绘制电气元件布置图

根据电气元件及工具清单，领取本任务所需元器件及工具，并在网孔板上利用电气导轨和螺栓对领取的电气元件进行安装和固定。供茶器自动供茶控制电气元件布置图如图 2-82 所示。

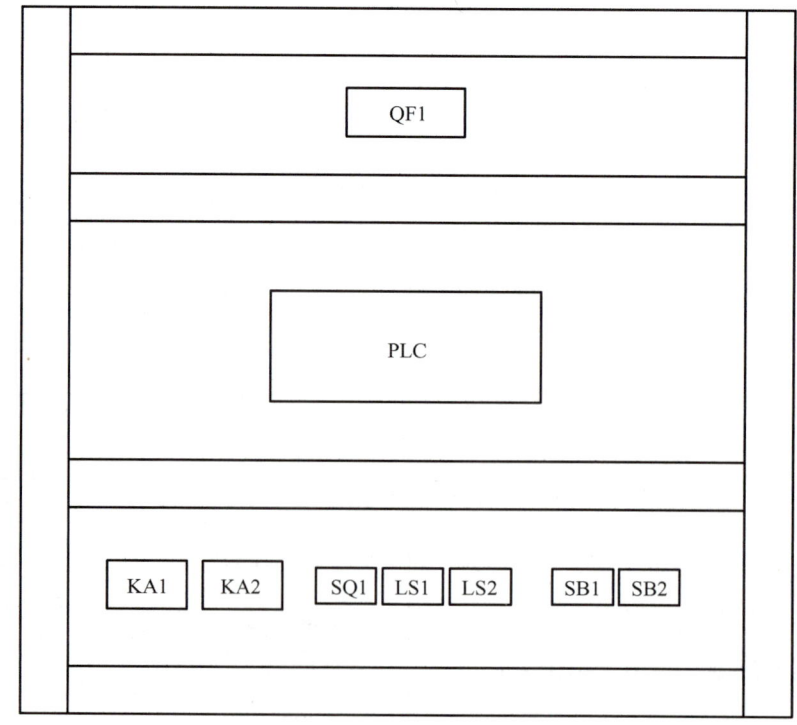

图 2-82 供茶器自动供茶控制电气元件布置图

项目 2 基本控制指令的应用

五、电路安装与布线

1. 检查电气元件

检查电气元件型号是否符合要求，并检查电气元件是否完好，是否能够正常动作。

2. 布线

布线工艺要求如下：

1) 布线时导线应平直、整齐、统一，走线路径应合理，压接点不得松动。

2) 导线与端子连接时不应压住绝缘层，不得露铜大于 1mm。

3) 同一元件、同一回路的不同接点的导线距离及弯曲度应保持一致。

4) 布线时严禁损伤线芯及绝缘层，导线不得有接头。

5) 柜内集中布置的端子短接线不应进入线槽内部。

6) 同一端子压接不同线径的导线时，截面积大的放到下层。

3. 检查

布线完成后，送电前根据 PLC I/O 接线图进行电路检查，排查可能存在的故障及安全隐患。

电路检查注意事项如下：

1) 导线压接是否紧固，有无松动现象。

2) 电源电路导线连接是否正确。

3) 主电路导线连接是否正确。

4) 控制电路导线连接是否正确。

检查无任何问题后逐级闭合各个断路器，用万用表检测电压是否正常。

电压检测注意事项如下：

1) 检查电源电压是否正常。

2) 检查电动机主电路电压是否正常。

3) 检查 PLC 电源电压是否正常。

4) 检查直流 24V 输出是否正常。

六、程序设计

对任务要求进行分析后得知，供茶器在使用过程中主要分成三个部分，第一部分为泡茶液位控制，该部分主要通过液位上限位传感器与液位下限位传感器控制；第二部分为泡茶次数控制，该部分通过计量供茶输出次数发出换茶提示，并通过换茶指示灯进行换茶提示；第三部分为供茶控制，该部分主要通过杯子检测传感器进行有无放置杯子检测，以及通过供茶按钮进行供茶输出控制。

供茶器自动供茶 PLC 控制程序梯形图如图 2-83 所示。

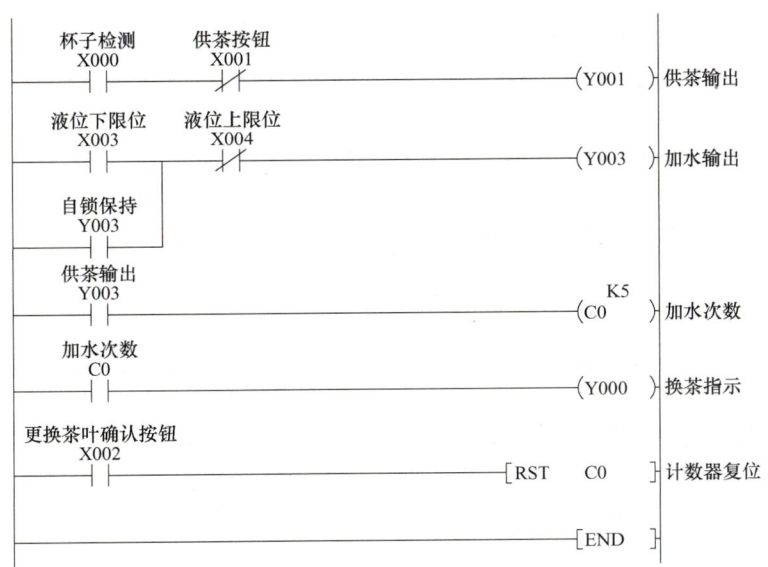

图 2-83 供茶器自动供茶 PLC 控制程序梯形图

七、程序输入与调试

1. 程序编辑

（1）打开 GX Works2 编程软件　找到 GX Works2 的图标，双击打开。

（2）新建工程　在新建工程界面根据硬件及软件情况进行设置，"系列"选择"FXCPU"；"机型"选择"FX3U/FX3UC"；"工程类型"选择"简单工程"；"程序语言"选择"梯形图"。

（3）全局软元件注释　从软件左侧导航栏中定义输入/输出信号对应的软元件。全局软元件注释的设置流程如图2-84所示。

1）定义输入软元件，如图2-85所示。

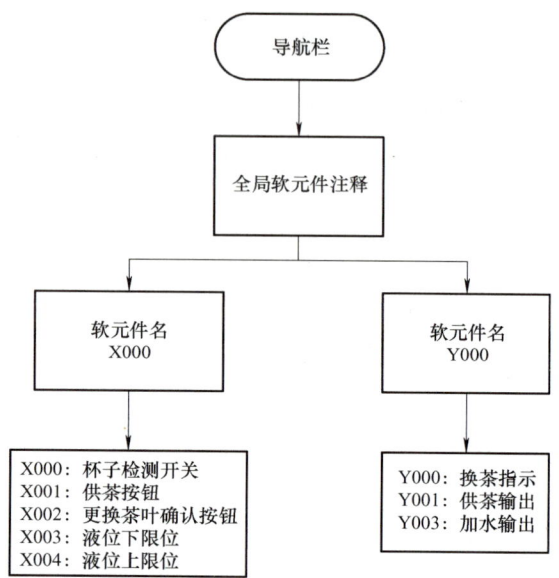

图2-84　全局软元件注释的设置流程

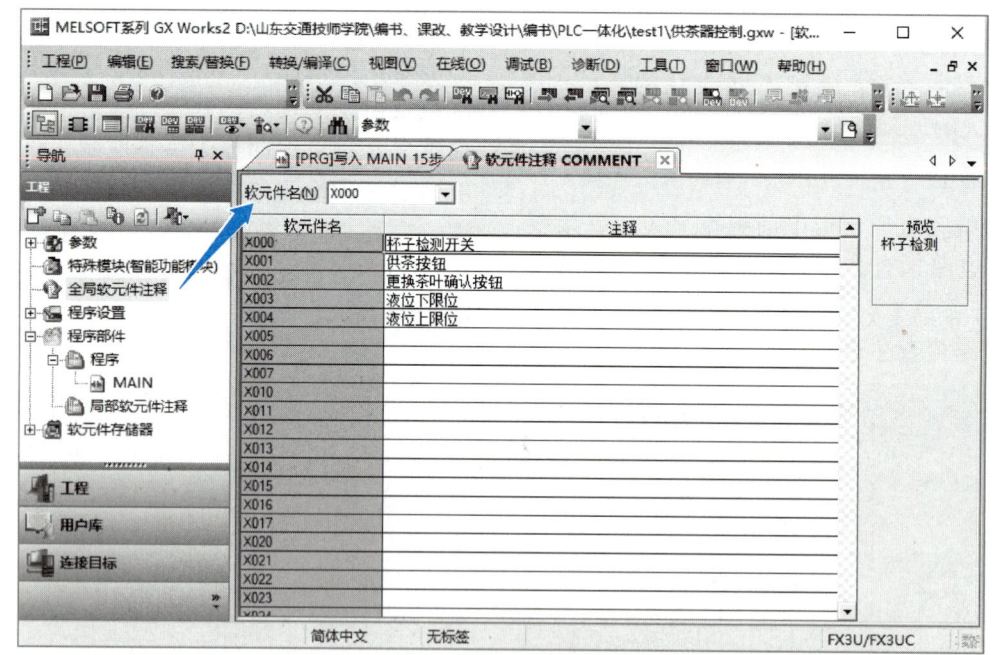

图2-85　定义输入软元件

2）定义输出软元件，如图2-86所示。

（4）程序编辑

1）程序输入。从光标处开始输入程序，程序输入位置如图2-87所示。

编辑后程序状态为灰色，如图2-88所示。

2）程序转换。程序在进行保存和下载之前需要对程序进行变换，通过"转换/编译"菜单中的"转换"功能进行，也可通过快捷键<F4>进行，程序转换选择如图2-89所示。

项目 2　基本控制指令的应用

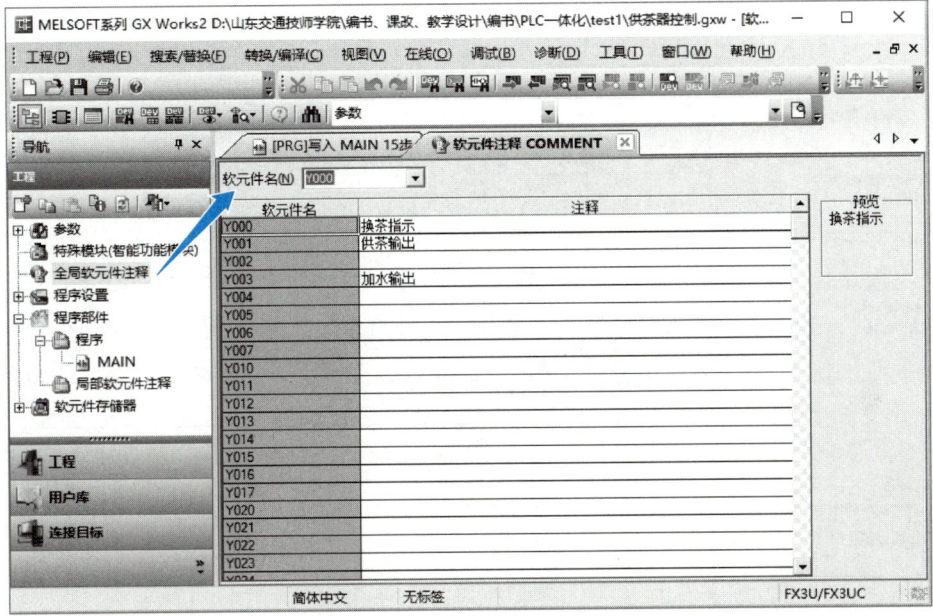

图 2-86　定义输出软元件

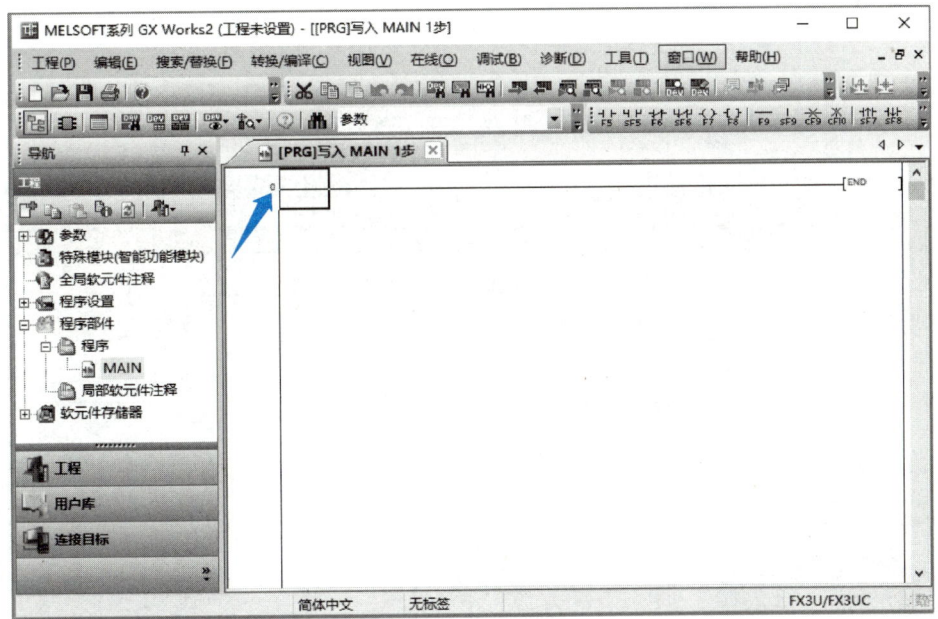

图 2-87　程序输入位置

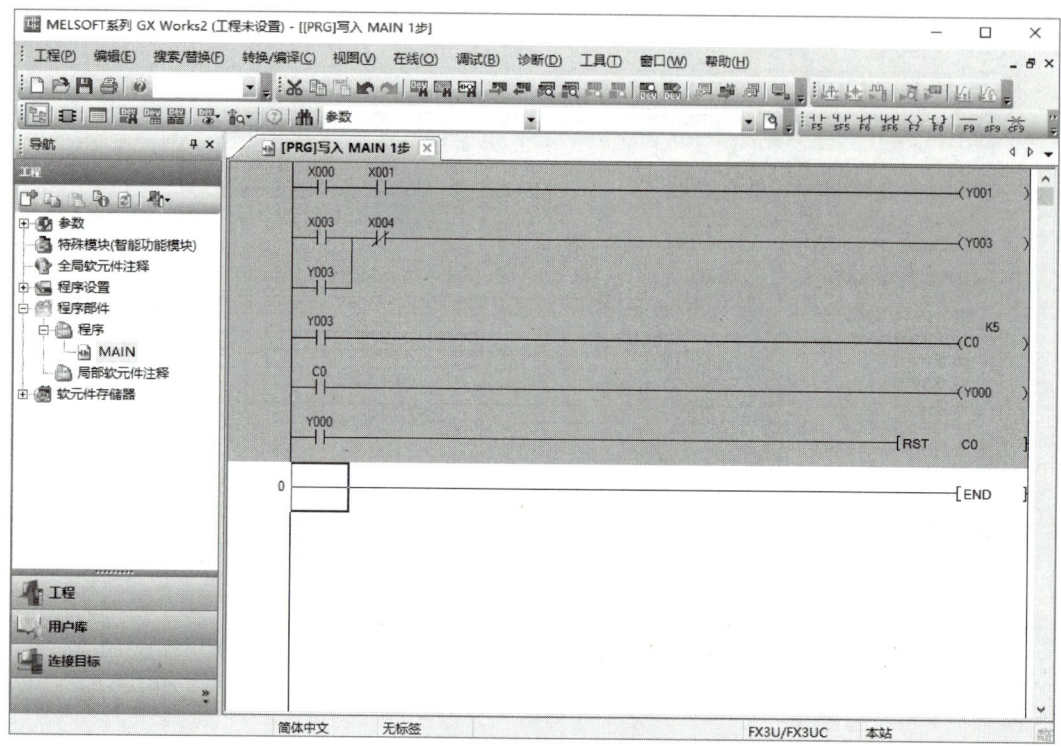

图 2-88　程序编辑完成

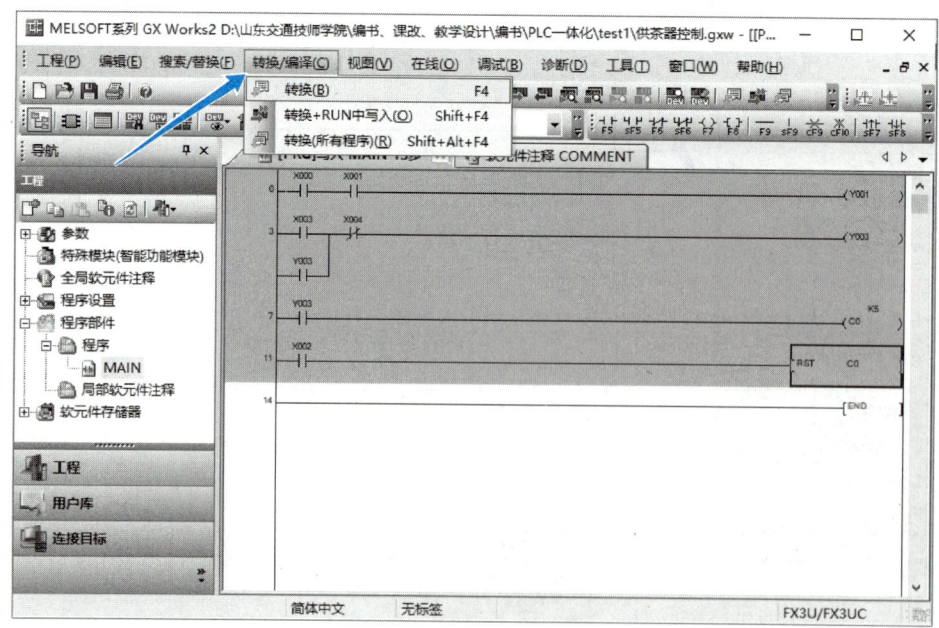

图 2-89　程序转换选择

项目 2 基本控制指令的应用

转换后的程序状态如图 2-90 所示。

软元件注释内容显示：在编程界面右击，在弹出的菜单中选择"视图"→"注释显示"，如图 2-91 所示；选择完成后，在程序中显示软元件注释，如图 2-92 所示。

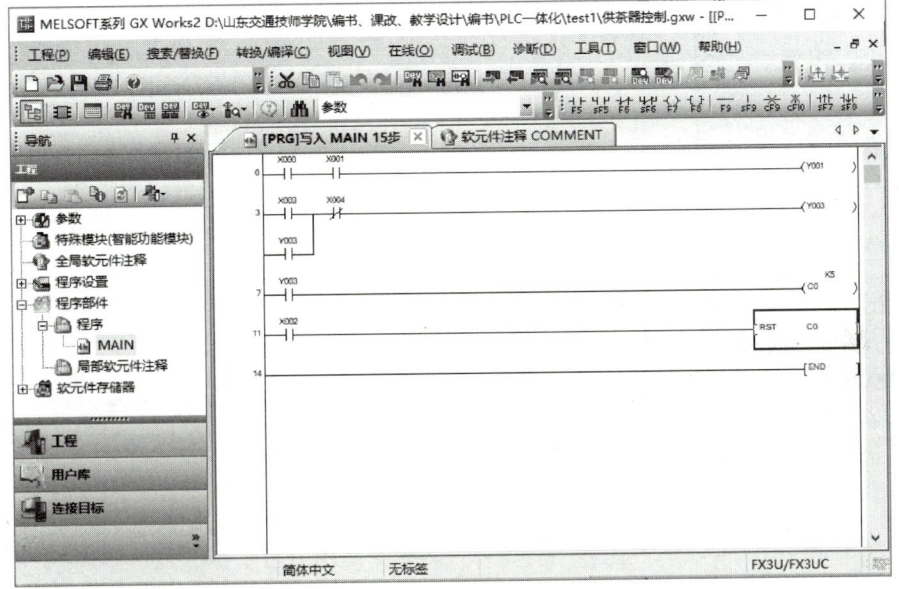

图 2-90 转换后的程序状态

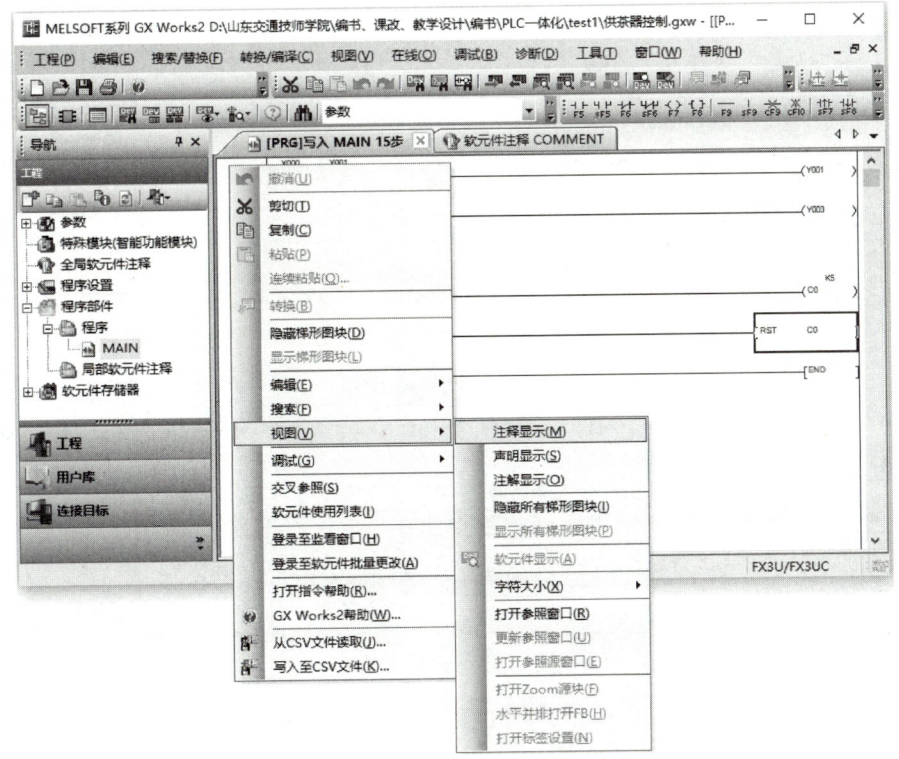

图 2-91 程序注释显示选择

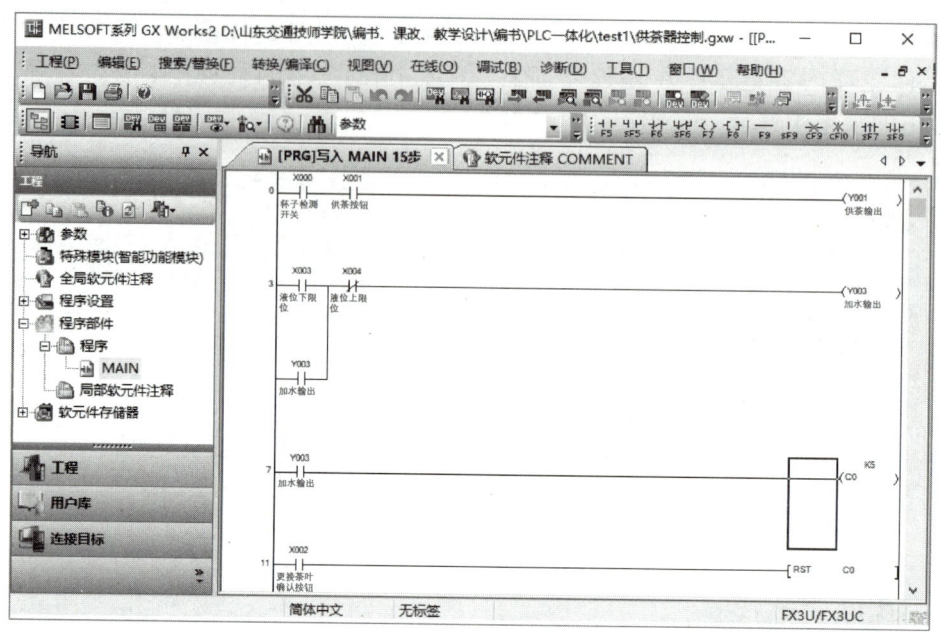

图 2-92　程序注释显示

3）程序存储。通过"工程"菜单中的"保存"功能进行程序保存。

在"工程另存为"对话框中首先选择文件"保存在"的位置，命名"文件名"及"标题"，然后单击"保存"按钮进行保存，如图 2-93 所示。

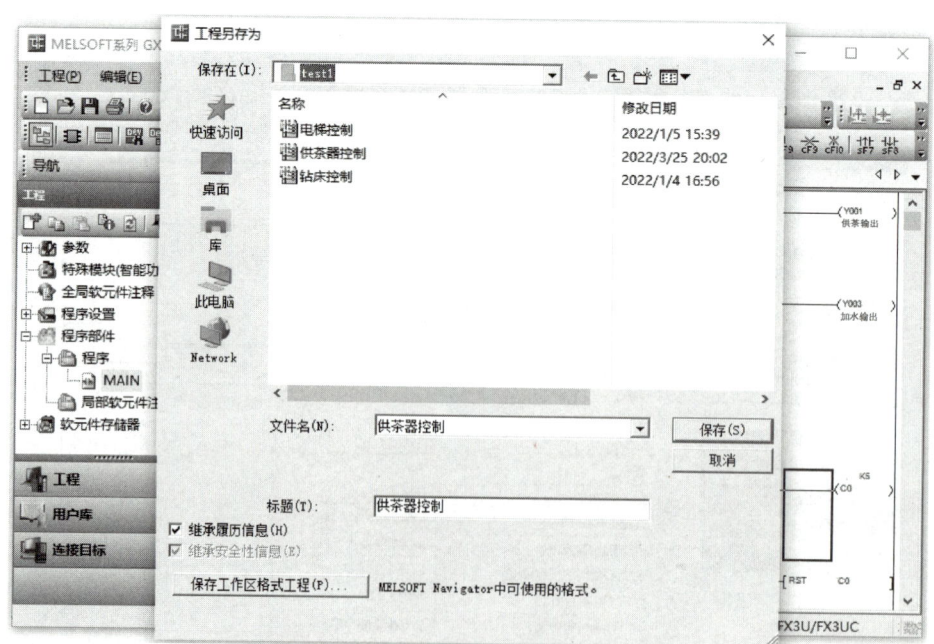

图 2-93　程序保存

2. 程序模拟仿真

单击"调试"菜单中的"模拟开始/停止"命令，进行仿真，如图 2-94 所示。

项目2 基本控制指令的应用

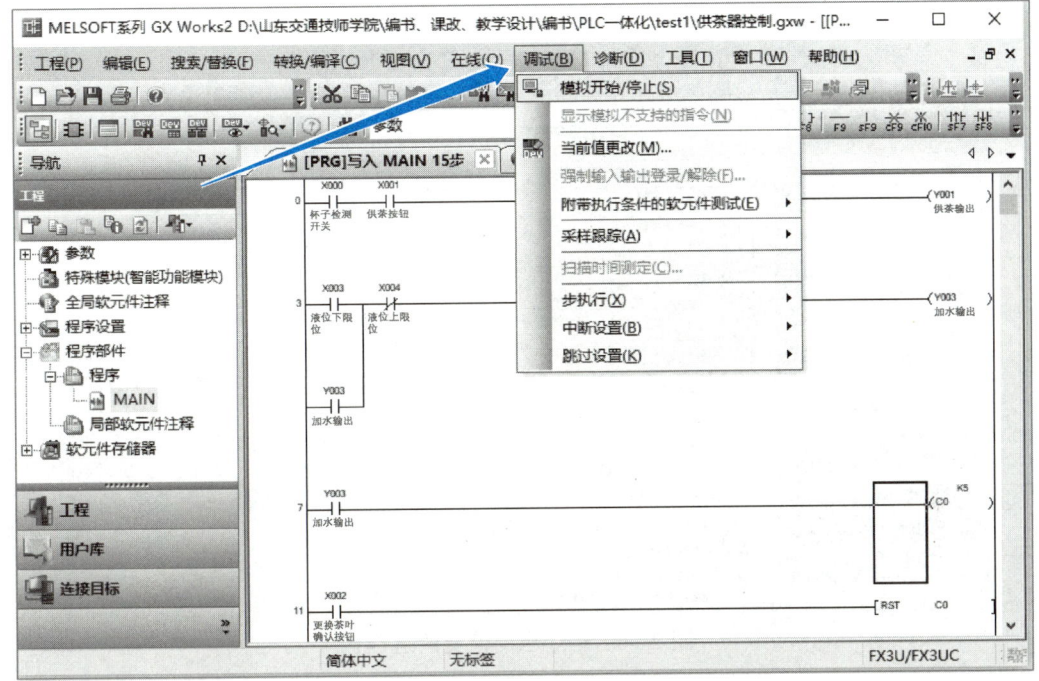

图 2-94 程序模拟开始

弹出仿真写入界面,进行仿真写入,如图 2-95 所示。

PLC 写入完成后,关闭"PLC 写入"对话框,保留 GX 模拟装置。

右击,在弹出的菜单中选择"调试"→"当前值更改"选项,如图 2-96 所示。

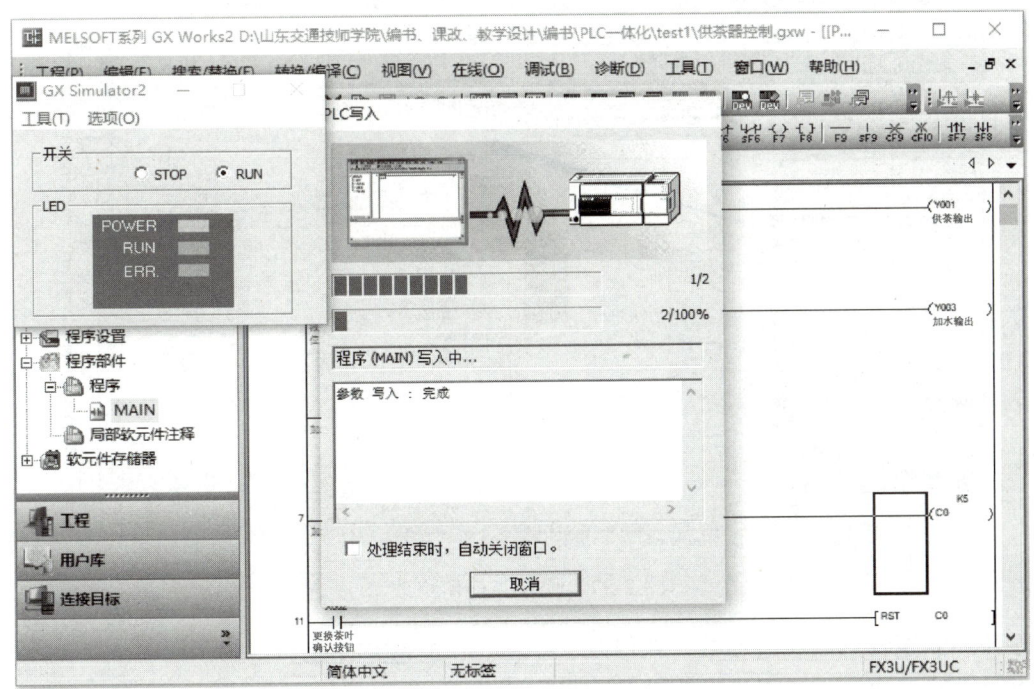

图 2-95 程序仿真写入

89

PLC 技术及应用（三菱 FX3U 系列）

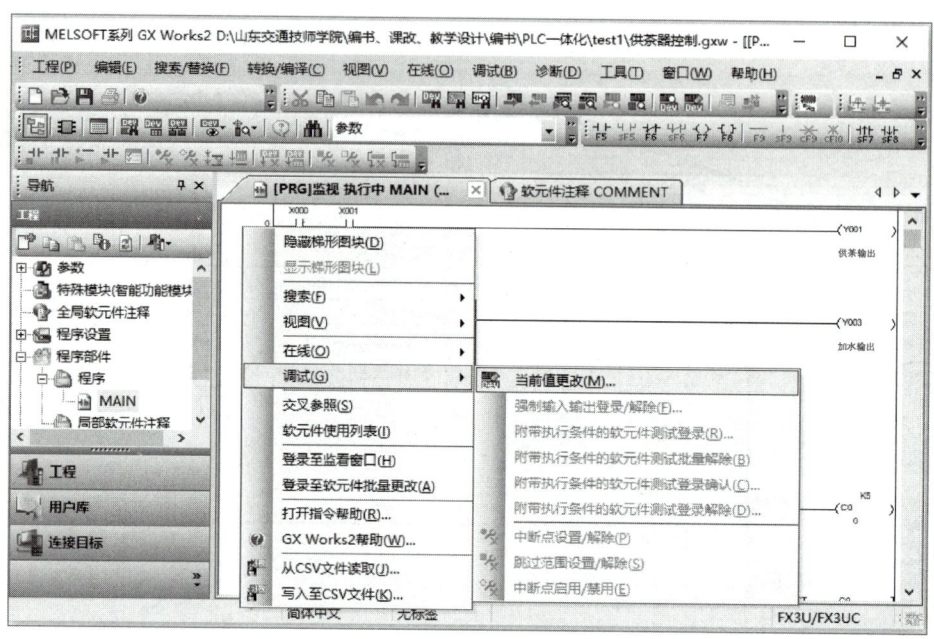

图 2-96　程序当前值更改选择

在弹出的"当前值更改"界面中，首先选择"软元件/标签"选项卡确定需要修改的软元件，然后通过"ON""OFF"或"ON/OFF 取反"按钮修改软元件的当前值，如图 2-97 所示。

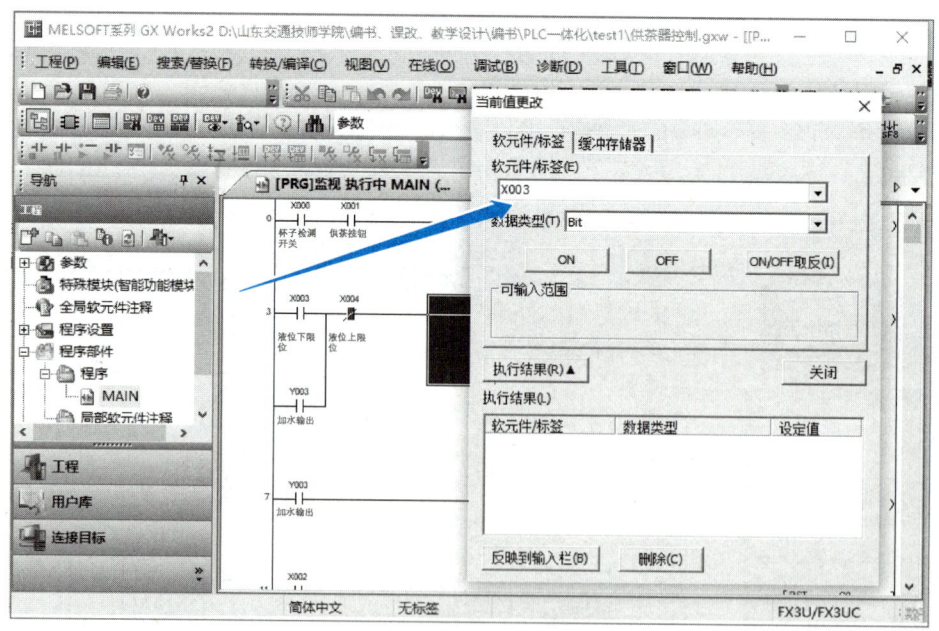

图 2-97　程序当前值更改

按照控制逻辑修改相应参数，在修改软元件当前值的过程中，观察输出信号的状态变化是否满足工艺控制要求。

3. 程序下载

程序仿真测试完成后，连接 PLC 进行程序下载。

项目 2　基本控制指令的应用

4. 程序调试

在做好安全措施的前提下进行通电调试，并将测试结果填入表 2-18 中。

表 2-18　程序调试 PLC 状态显示

步骤	调试内容	观察内容	调试结果
1	观察 PLC 指示灯状态	POWER 灯	
		RUN 灯	
		IN 灯	
		OUT 灯	
2	将"RUN/STOP"开关拨到 RUN	RUN 灯	
3	触发起动检测	IN 灯	
		OUT 灯	
		供茶输出 KA1	
		加水输出 KA2	
		换茶指示 HL	
		杯子检测开关 SQ1	
		液位上限位 LS1	
		液位下限位 LS2	
4	触发停止检测	IN 灯	
		OUT 灯	
		供茶输出 KA1	
		加水输出 KA2	
		换茶指示 HL	

任务测评

根据任务实施过程及任务完成结果进行测评，并填写表 2-19。

表 2-19　任务测评

评价内容	分值	评价标准	小组评价	教师评价
I/O 分配表	10	正确描述输入 / 输出信号，无遗漏		
PLC 控制 I/O 接线图绘制	10	供茶器控制 PLC 控制 I/O 接线图绘制规范，无错误		
硬件电路连接	10	供茶器自动供茶电路连接正确，无故障		
程序编写及调试	30	能独立完成程序编辑，无错误		
	10	程序模拟能实现基本控制要求		
	20	程序调试无错误，实现供茶控制要求		
安全文明生产	10	遵守规章制度，满足 7S 管理要求		

项目 3　顺序控制指令的应用

在项目 2 各个任务的程序设计中采用的是经验设计法，使用经验设计法设计时，由于各系统输入量与输出量的关系复杂多样，对联锁、互锁的要求也各不相同，因此在实际设计过程中，常常难以做到游刃有余。在日常生活和工业控制领域，许多控制过程都是按一定的顺序进行的，如搬运机械手的运动控制、包装生产线的控制、交通信号灯的控制、自动门的控制等，对于这样的控制，可以采用步进顺序控制的设计方法来实现。

在采用步进顺序控制进行程序设计时，常使用顺序功能图，顺序功能图有三种不同的结构：单序列结构、并行序列结构和选择序列结构。在本项目中通过 3 个任务分别介绍以上 3 种结构的编程方法。

任务 1　运料小车自动往返 PLC 控制

学习目标

知识目标：

1. 掌握状态继电器的功能及类型。
2. 掌握顺控步进指令的功能，并能正确应用。
3. 掌握顺序功能图的组成要素。

能力目标：

1. 能根据控制要求，灵活地运用顺序功能图，实现运料小车自动往返循环控制的程序设计。
2. 能够通过 GX Works2 编程软件，采用 SFC 输入法进行编程并仿真。
3. 能够完成运料小车自动往返 PLC 控制系统的电路安装与调试。

素质目标：

1. 勇于创新，挑战自我。
2. 严格要求，精益求精。

工作任务

在自动化生产线上经常使用运料小车来进行物料的运送，本任务为运送物料的小车两地自动往返控制。运料小车工作示意图如图 3-1 所示。

本任务的主要内容是：采用 PLC 控制系统实现运料小车在仓库 A 和 B 两地间的自动往返循环控制。其控制要求如下：

1）运料小车在初始位置时停在仓库 B，当按下起动按钮 SB2 时，小车开始装料，10s 后运料小车载着物料前往仓库 A，直到运料小车到达仓库 A 并撞压行程开关 SQ1 后，运料小车开始卸料，8s 后卸料完成，运料小车返回仓库 B。

2）运料小车返回仓库 B 并撞压行程开关 SQ2 后停止并继续装料，10s 后继续运料，如此自动循环。

3）若需小车停下，则按下停止按钮 SB1。

项目3 顺序控制指令的应用

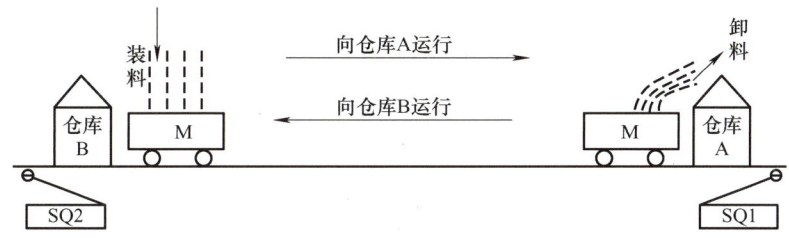

图 3-1 运料小车工作示意图

任务分析

小车自动往返控制的设计可采用经验设计法，也可采用步进顺序控制的设计方法。在采用经验设计法进行设计的过程中，需要考虑电动机正反转的自动切换及自锁、互锁的设计，过程相对烦琐。本任务的流程图如图 3-2 所示，通过流程图可以看到，本任务中运料小车的运行是按一定的顺序自动、有序进行的，所以可以采用步进顺序控制中的单序列结构顺序功能图进行设计。在本任务中，学习单序列结构顺序功能图的编程方法，并通过该种编程方法完成运料小车两地自动往返控制的程序设计。

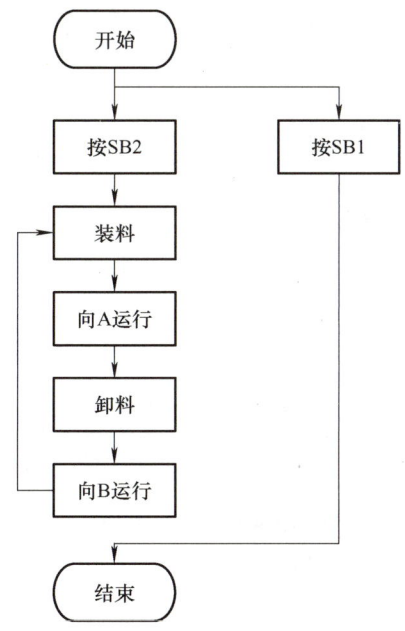

图 3-2 运料小车自动往返流程图

相关知识

一、状态继电器 S

状态继电器 S 是利用步进顺序控制进行编程所需的重要软元件，它是用来记录系统运行状态的，使用时需与步进梯形图指令 STL 组合使用。FX3U 系列 PLC 的状态继电器共有 4095 个，其类型有通用型、断电保持型和报警用三大类，其类型和编号见表 3-1。

使用状态继电器时的注意事项如下：

1）状态继电器与辅助继电器一样有无数的常开和常闭触点。

2）状态继电器不与步进梯形图指令 STL 配合使用时，可像辅助继电器 M 一样使用。

3）FX3U 系列 PLC 可通过参数设定将 S0～S499 设置为有断电保持功能的状态继电器。

二、步进梯形图指令

步进梯形图指令有两条，即步进梯形图开始（STL）和步进梯形图结束（RET），其指令功能见表 3-2。

使用 STL 指令时的注意事项如下：

1）与 STL 触点相连的触点应使用 LD 或 LDI 指令，即使用 STL 指令时左母线右移至 STL 触点的右侧，该母线变为临时母线。RET 指令表示顺控结束，左母线返回原位。

表 3-1　FX3U 系列 PLC 的状态继电器类型和编号

类别	元件编号	点数	用途
通用状态继电器	S0～S499	500	用于顺序功能图的初始（S0～S9）状态及中间状态
断电保持状态继电器	S500～S899 S100～S4095	3496	具有断电保持功能，断电重启后，可继续执行
报警用状态继电器	S900～S999	100	用于故障诊断和报警

表 3-2　步进梯形图指令功能

助记符	功能	梯形图符号	软元件对象	程序步
STL	步进梯形图开始	─┤ STL 对象软元件 ├─	S	1
RET	步进梯形图结束	─────┤ RET ├───	—	1

2）STL 触点要通过置位指令激活。STL 触点激活，与之相连的电路接通；STL 触点未激活，与之相连的电路未接通。

3）STL 触点无常闭触点，与其他触点不存在 AND、OR 关系。

4）STL 指令不能与 MC、MCR 指令一起使用，也不能用于子程序和中断程序中。

三、顺序功能图（SFC）

1. 顺序功能图的组成

顺序功能图（SFC），又称为状态转移图，它是用状态继电器（S）来描述工步状态的工艺流程图。顺序功能图由状态步、有向连线（转换方向）、转换、转换条件以及动作或命令五部分组成，如图 3-3 所示。

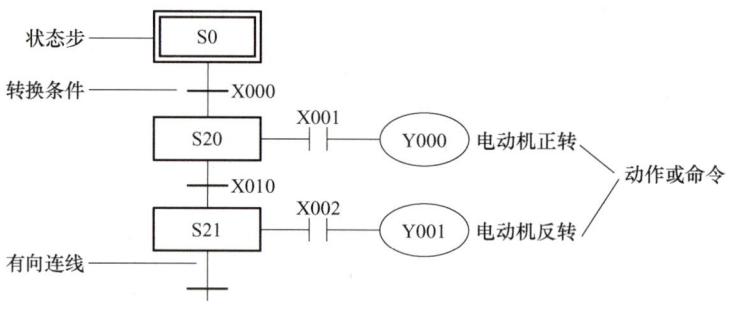

图 3-3　顺序功能图的组成

（1）状态步　顺序控制设计法最基本的思想是将系统的一个工作周期划分为若干个顺序相连的阶段，这些阶段称为状态步，可以用编程元件 M 和 S 来代表各步。

状态步又称为步或状态，指控制系统的一个工作状态，可分为初始状态步和一般状态步，如图 3-4 所示。

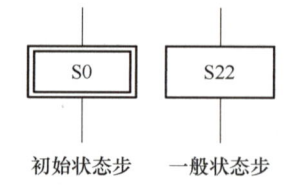

图 3-4　初始状态步和一般状态步

项目 3 顺序控制指令的应用

状态步用状态框表示，框内为状态继电器编号，这些编号可连续，也可不连续。其中初始状态步用双线矩形框表示，是 SFC 的第一个状态步，即系统等待起动命令的状态。一般状态步用单线矩形框表示，除初始状态步之外，其他均为一般状态步。

状态步一旦被激活，就处于活动状态，被称为活动步，该步的动作和命令均得到执行。未被激活的状态步，其命令与动作不能被执行。

在 SFC 中，当下一个状态被激活时，前一个状态变为不活动步。如图 3-3 所示，当 S20 状态步被激活时，里面的指令均得到执行，此时初始步 S0 已变为不活动步。

（2）与状态步对应的动作或命令 一个步可以有多个动作，也可以没有任何动作。如果某一步有多个动作，可以用图 3-5 中的两种画法来表示。

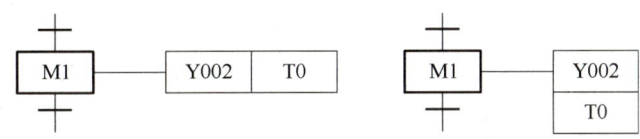

图 3-5 状态步对应的动作或命令

（3）有向连线 在顺序功能图中，将代表各步的矩形框按它们成为活动步的先后顺序排列，并用有向连线将它们连接起来。

有向连线是指两个状态之间的连线，表示了状态的转移方向，其方向一般默认为从上到下、从左向右，此时表示有向连线的箭头可以省略；若不是按照从上到下、从左向右的方向，应在有向连线上用箭头注明方向。

如图 3-6 所示，顺序功能图中状态 S0 与 S20 之间按从上到下的顺序进行，有向连线的箭头可以省略，而状态 S20 跳转到状态 S0 的有向连线应带有箭头。

（4）转换 转换用有向连线上与有向连线垂直的短画线来表示，转换将相邻两步分隔开。

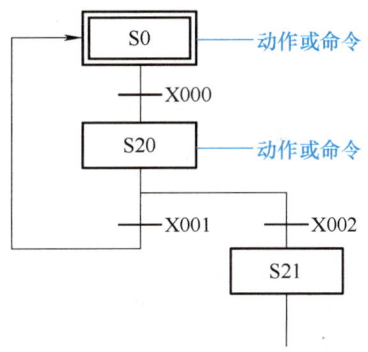

图 3-6 顺序功能图有向连接的画法

（5）转换条件 转换条件可以用文字语言、图形符号、布尔代数表达式或逻辑符号标注在表示转换的短线的旁边，使用得最多的是布尔代数表达式。转换条件的表示方式如图 3-7 所示。

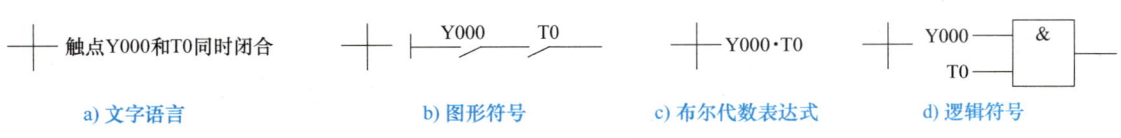

a) 文字语言　　　b) 图形符号　　　c) 布尔代数表达式　　　d) 逻辑符号

图 3-7 转换条件的表示方式

由一个状态步向下一个状态步转换时，必须满足两个条件：该转换的前级步为活动步；满足转换条件。图3-8中，当S20为活动步且满足转换条件X001时，S21转换为活动步。

2. 绘制顺序功能图时的注意事项

1）两个步之间必须用一个转换隔开，两个步绝对不能直接相连。

2）两个转换之间必须用一个步隔开，两个转换也不能直接相连。

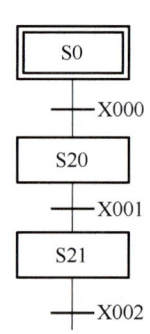

图3-8 转换条件

3）顺序功能图中的初始步一般对应于系统等待起动的初始状态，初始步是必不可少的。

4）自动控制系统应能多次重复执行同一工艺过程，因此在顺序功能图中一般应有由步和有向连线组成的闭环，即在完成一次工艺过程的全部操作之后，应从最后一步返回初始步，系统停留在初始状态。

5）在顺序功能图中，只有当某一步的前级步是活动步时，该步才有可能变成活动步。如果用没有断电保持功能的编程元件代表各步，进入RUN工作方式时，它们均处于OFF状态，必须用初始化脉冲M8002的常开触点作为转换条件，将初始步预置为活动步，若顺序功能图中没有活动步，系统将无法工作。

6）顺序功能图是用来描述自动工作过程的，如果系统有自动、手动两种工作方式，这时还应在系统由手动工作方式进入自动工作方式时，用一个适当的信号将初始步设置为活动步。

3. 顺序功能图的单序列结构

顺序功能图的结构有三种：单序列结构、并行序列结构、选择序列结构。其中最简单的结构是单序列结构，单序列结构是指顺序功能图中各步按顺序排列，每一步后面只有一个转换，每个转换后面只有一步，所有步按顺序相继被激活，执行相应的命令或动作。在整个控制过程中，除转换瞬间（在此过渡期间，两个状态同时处于活动状态），只能有一个状态步处于激活状态，其命令和动作正在被执行。单序列结构顺序功能图如图3-9所示。

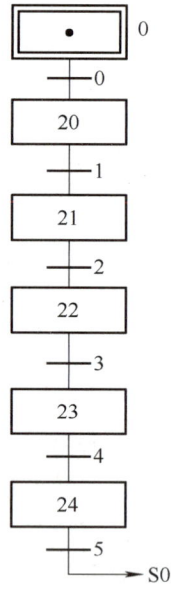

图3-9 单序列结构顺序功能图

任务实施

一、绘制I/O分配表

为了用PLC控制器来实现任务，根据任务分析可知，PLC需要4个输入点、2个输出点，其I/O通道地址分配见表3-3。

项目 3 顺序控制指令的应用

表 3-3 运料小车自动往返控制 I/O 通道地址分配

输入信号			输出信号		
作用	输入元件	输入继电器	作用	输出元件	输出继电器
停止按钮	SB1	X000	小车右行	KM1	Y000
起动按钮	SB2	X001	小车左行	KM2	Y001
行程开关	SQ1	X002			
行程开关	SQ2	X003			

二、绘制 PLC I/O 接线图

运料小车 PLC 控制 I/O 接线图如图 3-10 所示。

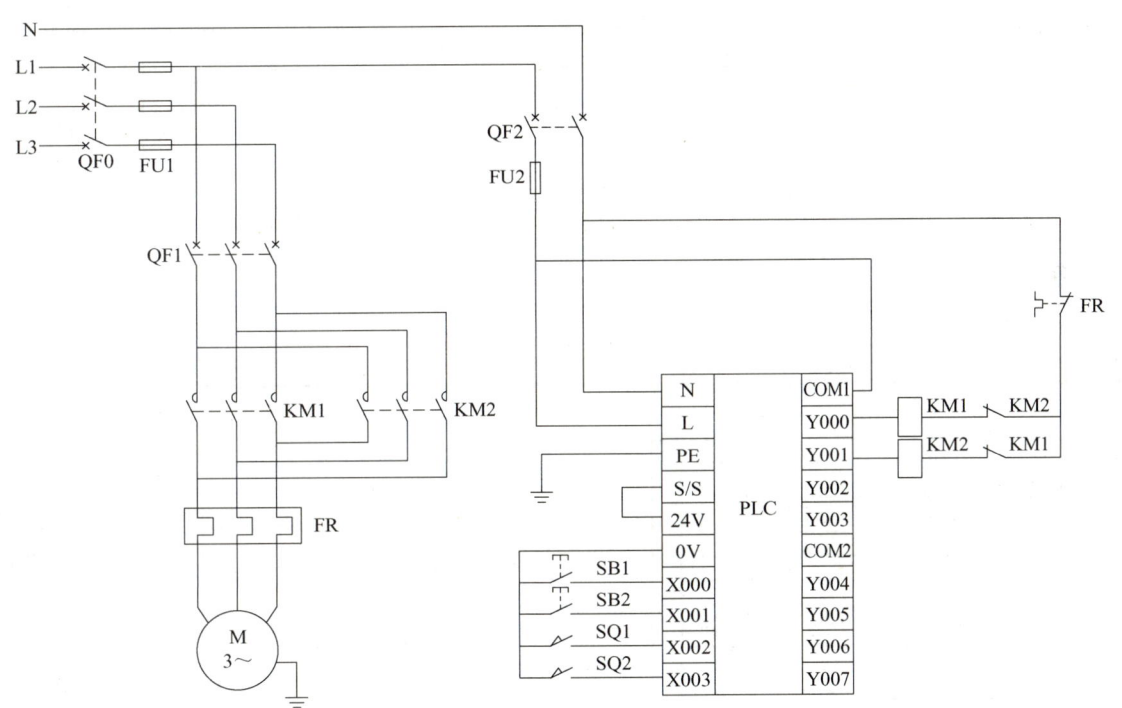

图 3-10 运料小车 PLC 控制 I/O 接线图

三、电气元件选型及工具材料准备

在控制任务中,设定运料小车拖动电动机的功率为 7.5kW,根据对控制过程的分析,在完成 I/O 分配表及 PLC I/O 接线图绘制后,需要根据实际情况准备任务所需的实训设备及工具材料,见表 3-4。

四、绘制电气元件布置图

运料小车自动往返控制电气元件布置图如图 3-11 所示。

表 3-4　运料小车控制设备及工具材料清单

序号	类别	名称	型号	数量	单位
1	电气元件	断路器	NXB-63 D20 3P	2	只
2		断路器	NXB-63 D10 2P	1	只
3		交流接触器	NXC-18 220V 50Hz	2	只
4		热继电器	NXR-25 12～18A	1	只
5		按钮		2	个
6		行程开关	YBLX-ME-8108	2	个
7	工具设备仪表	电动机	7.5kW	1	台
8		PLC	FX3U-24MR/ES	1	台
9		编程计算机		1	台
10		编程电缆	USB 口	1	条
11		线号机	硕方	1	台
12		万用表		1	台
13		工具设备仪表		若干	个
14		电气导轨	DIN35	1	m
15		十字槽螺钉旋具	6×80	1	把
16		活扳手		1	把
17	耗材	网孔板		1	个
18		螺栓	M4	若干	个
19		线槽	50×50	2	m
20		冷压端子		若干	个
21		导线	BV2.5mm^2	若干	m
22		导线	BVR1.0mm^2	若干	m

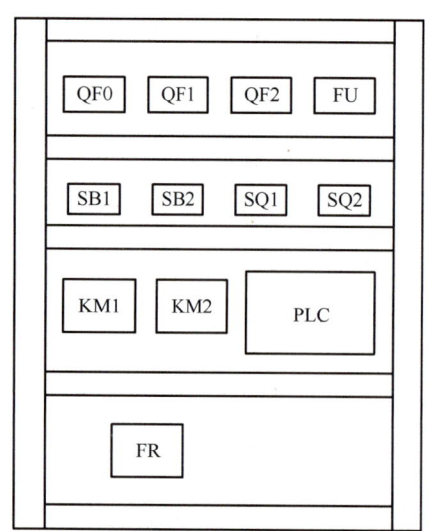

图 3-11　运料小车自动往返控制电气元件布置图

五、电路安装与布线

根据电气元件布置图进行电气元件的安装与固定，并根据 PLC 控制 I/O 接线图进行布线。

1. 检查元器件

根据表 3-4 配齐元器件，检查元器件的规格是否符合要求，并用万用表检测元器件是否完好。

2. 安装元器件

根据元器件安装工艺要求，安装并固定好本任务所需元器件。

3. 布线

根据 PLC 控制 I/O 接线图对各个电气元

项目 3 顺序控制指令的应用

件进行布线。

4. 自检

对照接线图检查接线是否无误，使用万用表检测电路的阻值是否与设计相符。

六、程序设计

由任务分析可知，本任务可采用单序列结构顺序功能图进行设计，设计方法及步骤如下：

1. 顺序功能图步的划分

通过对本任务的控制要求进行分析，运料小车自动往返控制的工作过程可分为：原位、装料、小车右行、卸料和小车左行5步，各步状态通过状态继电器 S 进行记录。

1）原位（S0）：运料小车初始停留位置。

2）装料（S20）：按下起动按钮 SB2，装料时间 10s。

3）小车右行（S21）：电动机正转，到达仓库 A 碰撞行程开关 SQ1。

4）卸料（S22）：小车卸料时间 8s。

5）小车左行（S23）：电动机反转，到达仓库 B 碰撞行程开关 SQ2。

2. 顺序功能图中步的绘制

根据上述步的划分，进行步的绘制，如图 3-12 所示。

3. 转换条件和动作的绘制

根据控制要求分析，绘制各步的转换条件和动作，如图 3-13 所示。

4. 初始条件的确定

PLC 进入程序运行状态时，S23 不是活动步，虽然满足转换条件 X003，但 S0 无法变为活动步，其后所有步均无法工作。因此，在开始时需要给 S0 激活信号 M8002，而且此信号在激活 S0 后就不能再出现，否则会同时出现两个活动步。综合以上分析，可画出小车自动往返控制的完整顺序功能图，如图 3-14 所示。

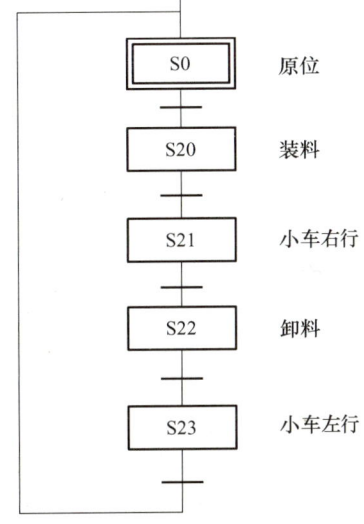

图 3-12 运料小车自动往返控制步的绘制

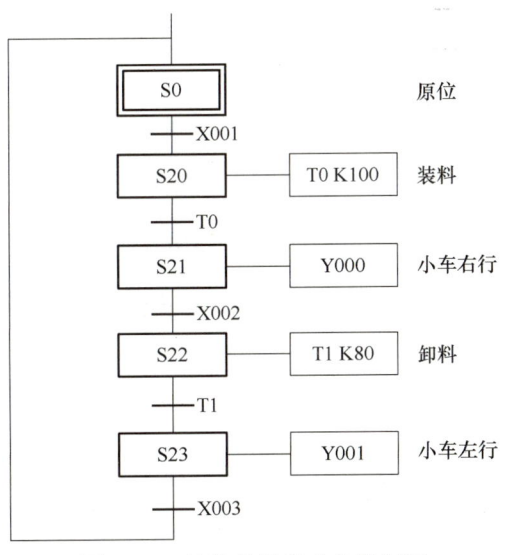

图 3-13 转换条件和动作绘制图

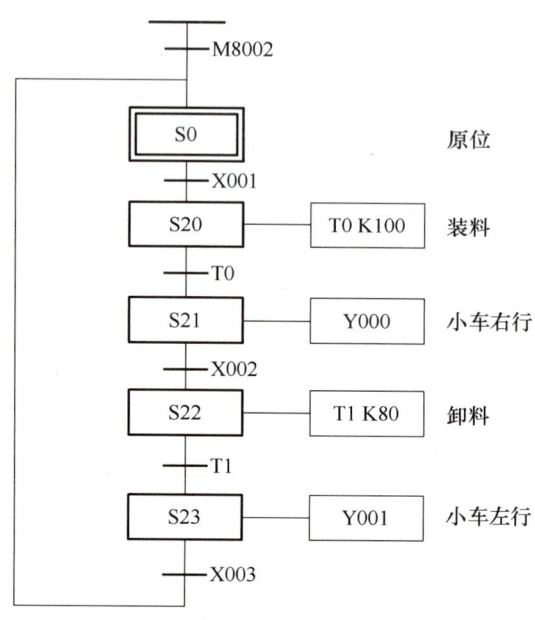

图 3-14 运料小车自动往返控制顺序功能图

七、PLC 程序输入及调试

1. 程序输入

（1）打开 GX Works2 编程软件　双击 GX Works2 的图标，打开 GX Works2 编程软件。

（2）新建工程　创建新工程，出现"新建"对话框，对该对话框进行设置，设置内容如图 3-15 所示。

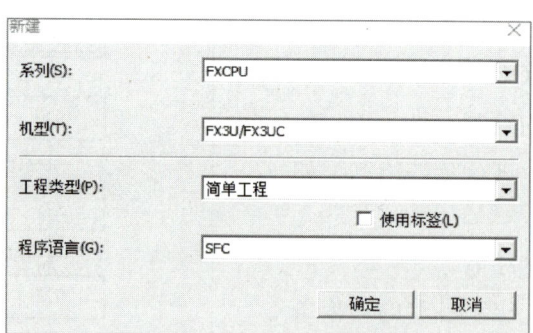

图 3-15　"新建"对话框

（3）建立程序初始化状态　单击"新建"对话框的"确定"按钮，出现"块信息设置"对话框，如图 3-16 所示。在该对话框"标题"中输入"程序初始化"，"块类型"选择"梯形图块"，单击"执行"按钮，进入图 3-17 所示界面。

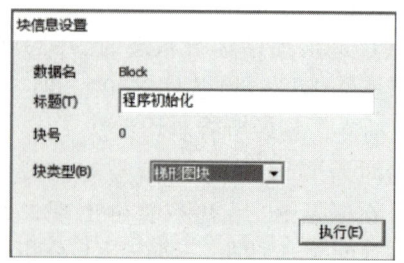

图 3-16　"块信息设置"对话框

项目 3　顺序控制指令的应用

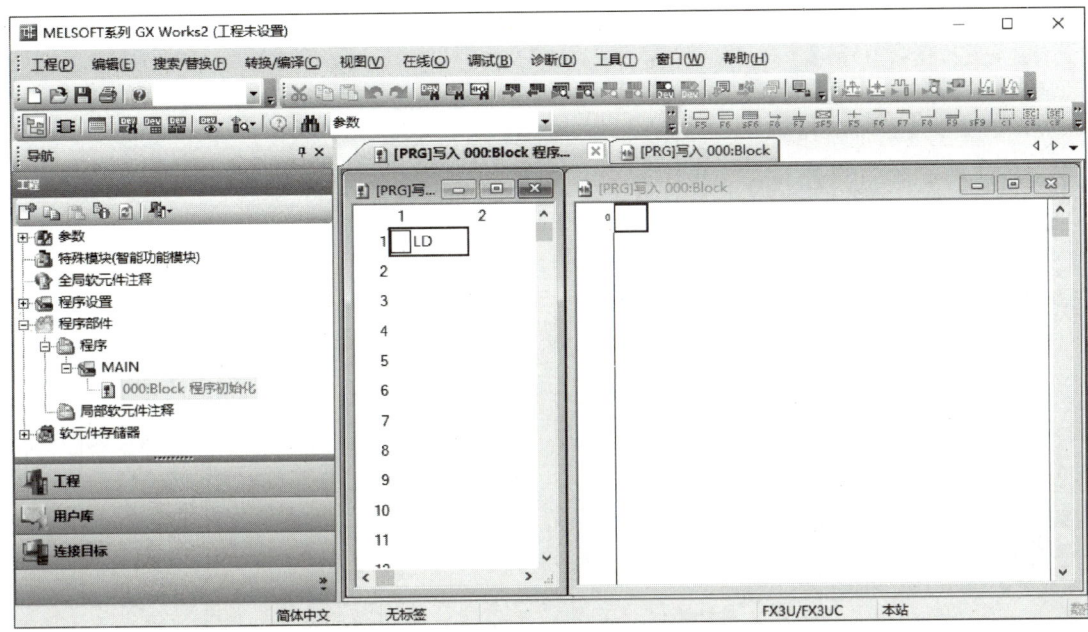

图 3-17　程序初始化梯形图编程界面

1）初始化梯形图的输入。在图 3-17 所示的编程界面中输入初始化脉冲指令 M8002 及置位指令 SET S0，如图 3-18 所示。

2）起动、停止控制梯形图的输入。利用"起－保－停"的编程方法，输入起动、停止控制梯形图，如图 3-19 所示。

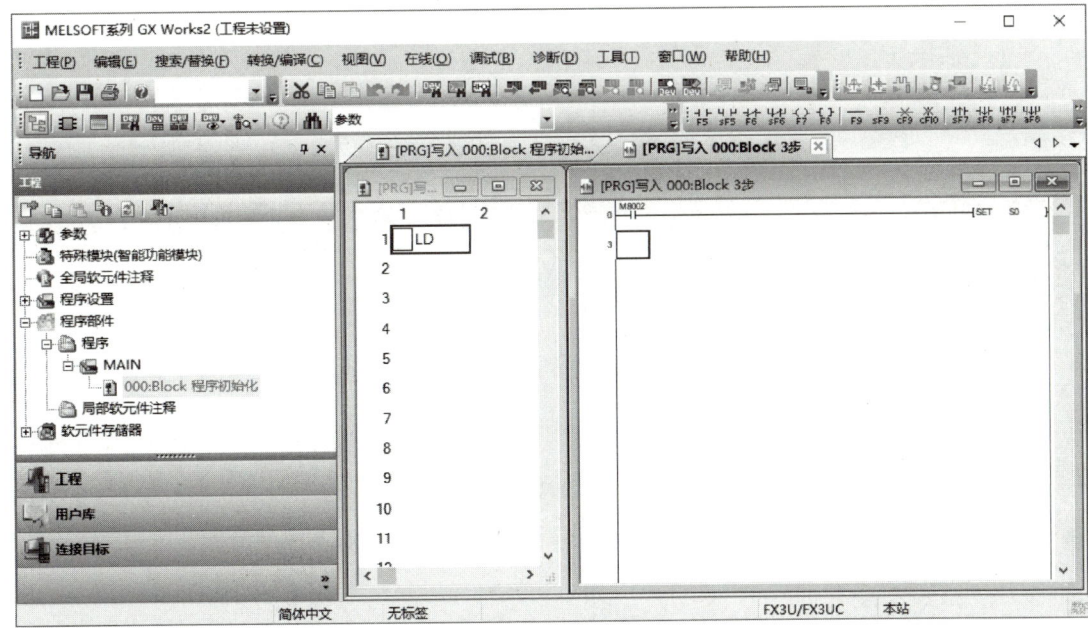

图 3-18　初始化梯形图的输入界面

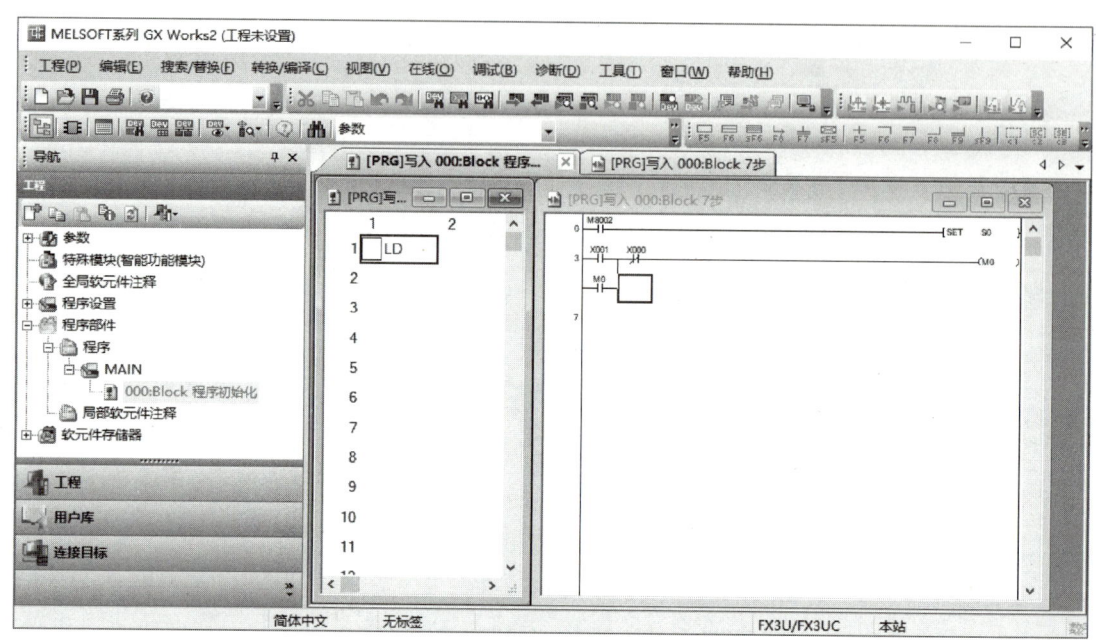

图 3-19 起动、停止控制梯形图输入界面

(4) 顺序功能图的输入

1) SFC 数据块的建立。右击导航中"程序"下的"MAIN",出现图 3-20 所示界面。选择"打开 SFC 块列表",弹出图 3-21 所示窗口。然后双击"NO.0"黑色框,出现"块信息设置"对话框,如图 3-22 所示,在"标题"内输入"运料小车自动往返控制",将"块类型"选择为"SFC 块",单击"执行"按钮,进入图 3-23 所示界面。

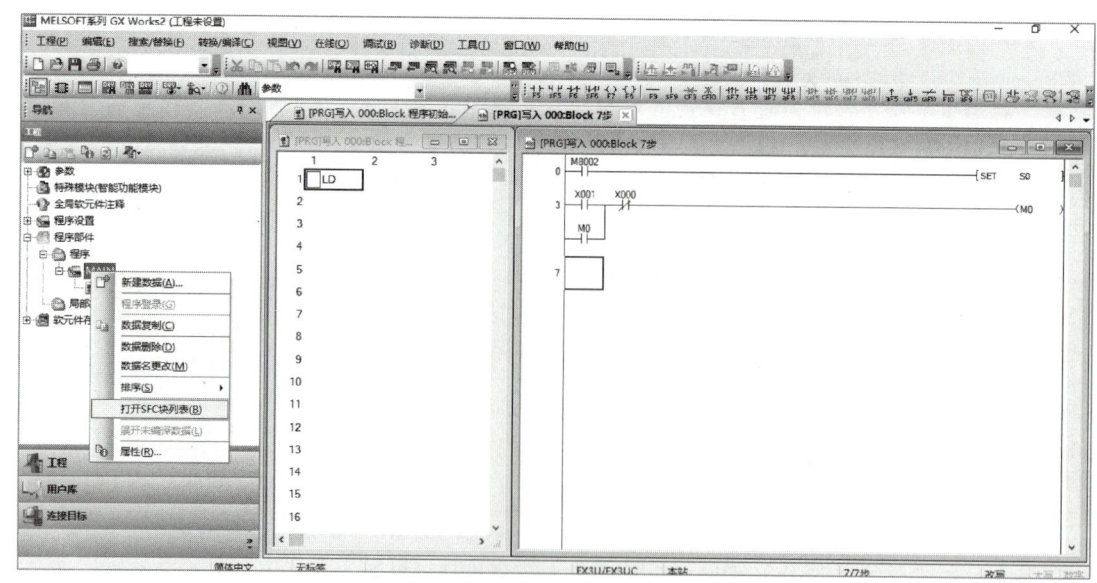

图 3-20 新建程序块界面

项目 3 顺序控制指令的应用

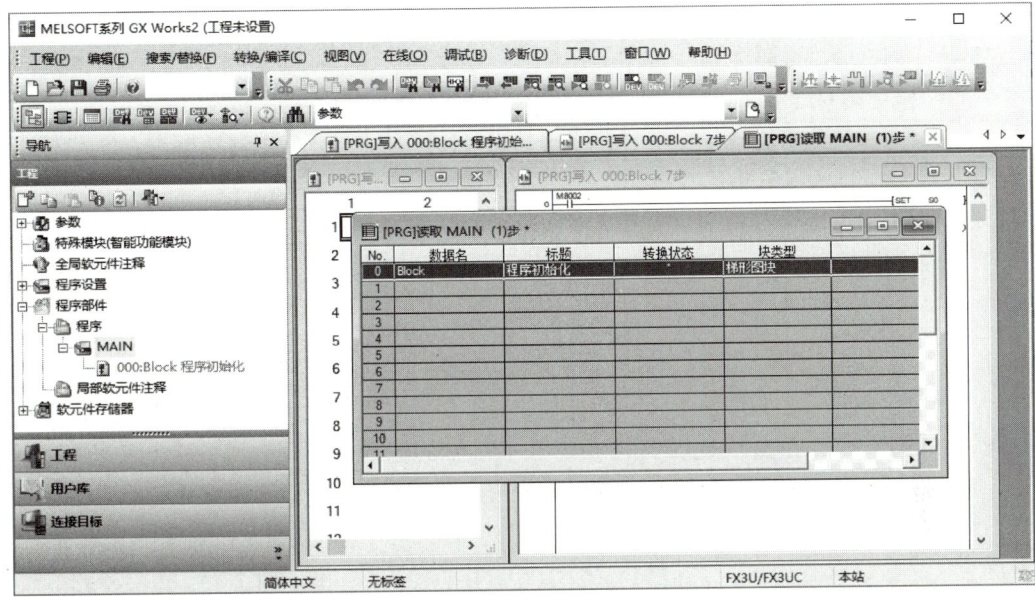

图 3-21 SFC 块列表

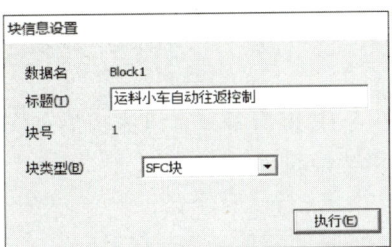

图 3-22 "块信息设置"对话框

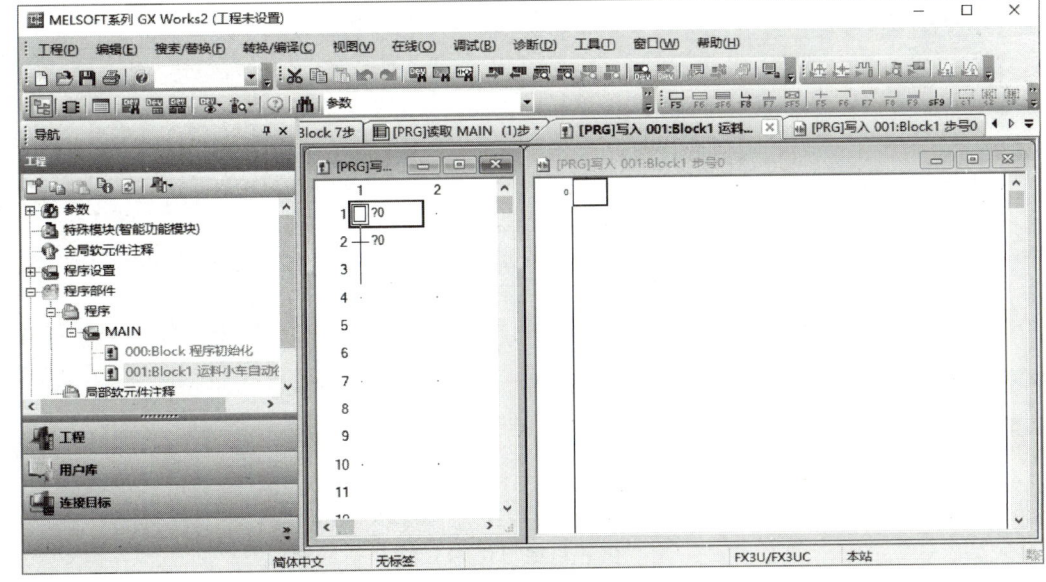

图 3-23 SFC 编程界面

2）SFC 块中步符号的输入。将光标移至图 3-23 所示 SFC 块的第 4 行，单击快捷工具栏中的"🔲"图标，出现图 3-24 所示的"SFC 符号输入"对话框，将对话框中的步号改为"20"，单击"确定"按钮，完成步符号的输入。

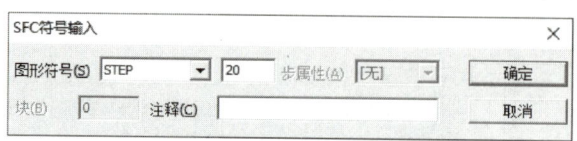

图 3-24　SFC 块中步符号的输入

3）SFC 块中转换符号的输入。将光标移至 SFC 块的第 5 行，单击快捷工具栏中的"古"图标，出现图 3-25 所示的"SFC 符号输入"对话框，单击"确定"按钮完成转换符号的输入。

图 3-25　SFC 块中转换符号的输入

4）运用上述输入法将本任务中其余各步和转换符号输入，其余各步和转换符号输入完成后如图 3-26 所示。

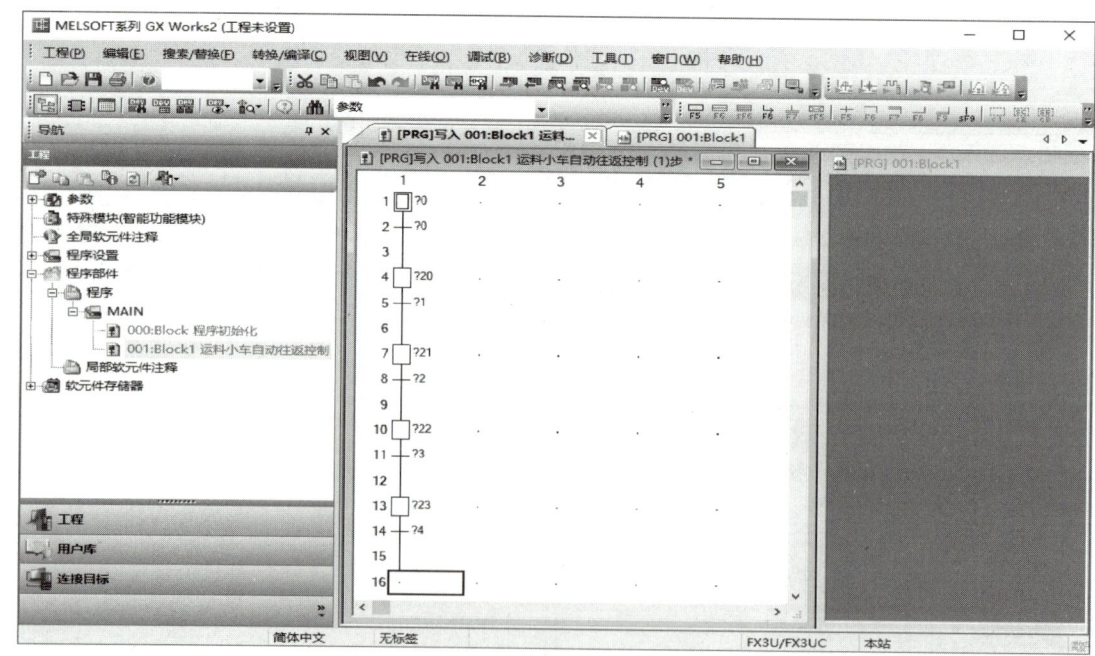

图 3-26　输入步和转换符号后的 SFC 块界面

项目3 顺序控制指令的应用

5)跳转(JUMP)符号的输入。在图 3-26 所示界面中,单击快捷工具栏中的"⬚"图标,弹出图 3-27 所示对话框,在"步属性"前的方框中输入"0",单击"确定"按钮,完整的 SFC 块输入界面如图 3-28 所示。

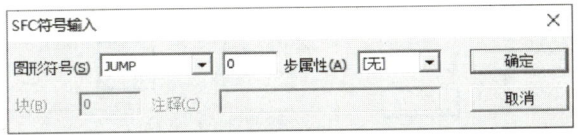

图 3-27 跳转符号的输入

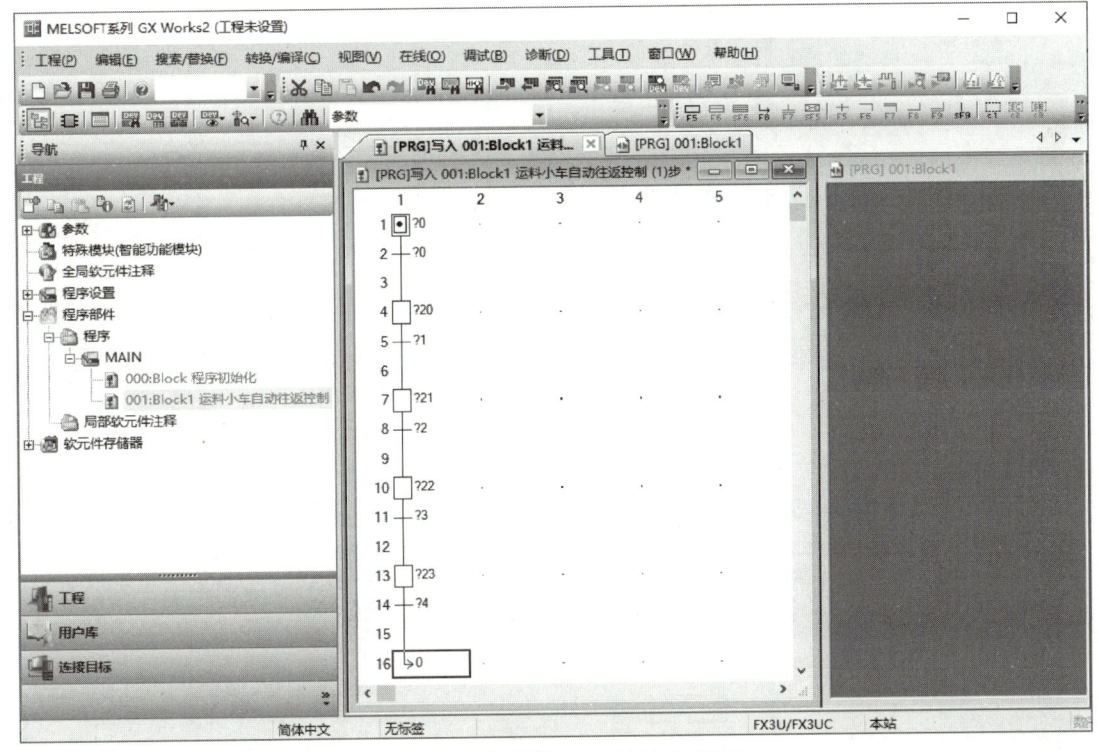

图 3-28 完整的 SFC 块输入界面

6)转换条件梯形图的输入。由于启动转换条件是通过辅助继电器 M0 的常开触点闭合来实现的,因此,在第一个转换条件中输入 M0 的常开触点即可。先将光标移至图 3-28 所示界面的第 2 行,然后双击右侧梯形图编辑栏的蓝线框,输入 M0 常开触点,如图 3-29 所示。单击"确定"按钮后,接着单击快捷工具栏中的"⬚"图标,出现图 3-30 界面。单击图 3-30 所示界面中的"确定"按钮,接着执行"转换/编译"→"转换"命令,出现图 3-31 所示界面。

7)SFC 块中步命令梯形图的输入。将光标移至图 3-31 所示界面的第 4 行,然后双击右侧梯形图编辑栏的蓝线框,单击快捷工具栏中的"⬚"图标,在"梯形图输入"对话框中输入"T0 K100",输入完毕后对梯形图进行变换,变换完成后的界面如图 3-32 所示。

8)按上述方法依次输入其余步的转换条件及命令。转换条件及命令全部输入完毕后的界面如图 3-33 所示。

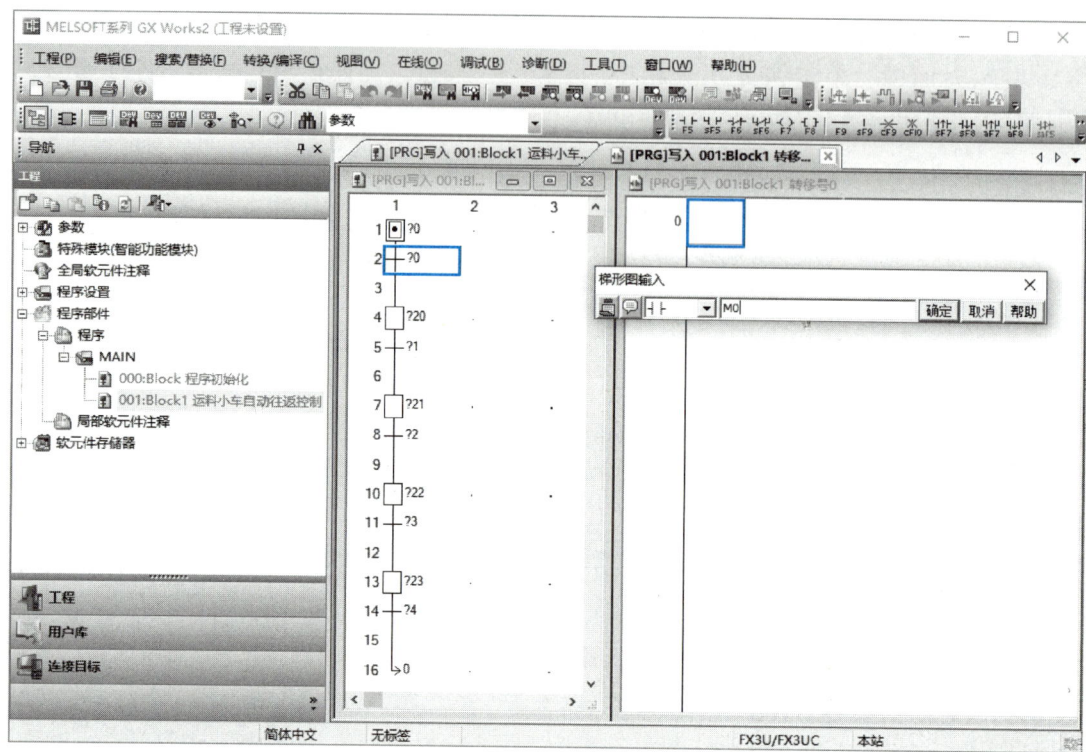

图 3-29 转换条件梯形图的输入界面（1）

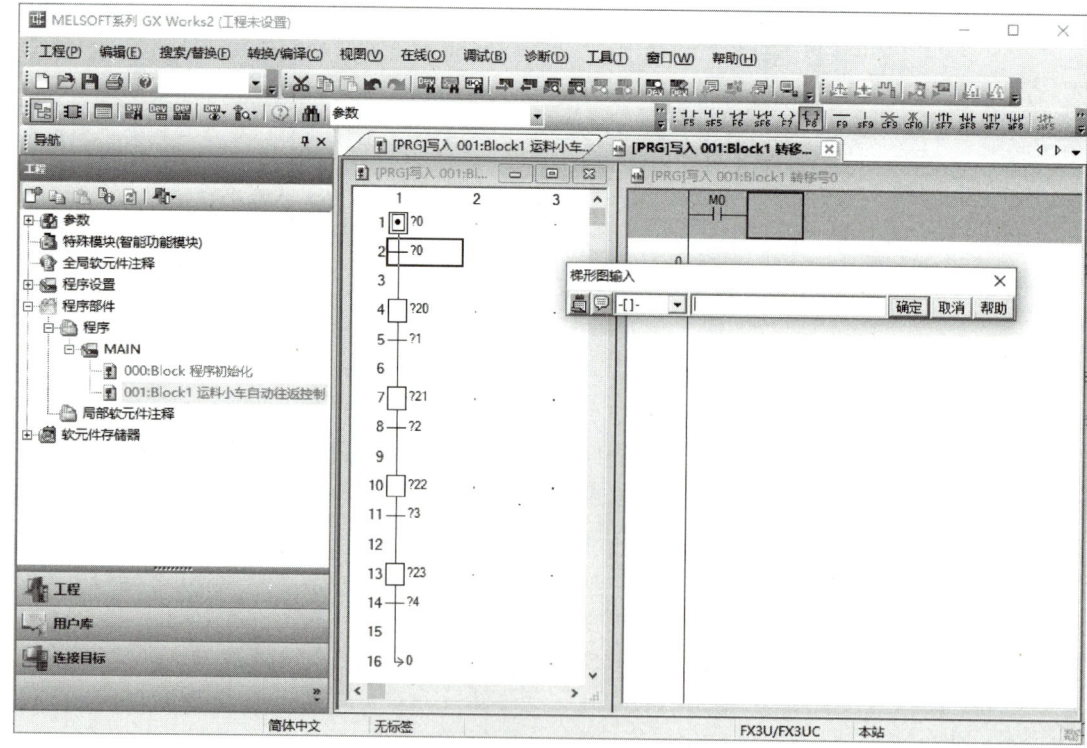

图 3-30 转换条件梯形图的输入界面（2）

项目 3 顺序控制指令的应用

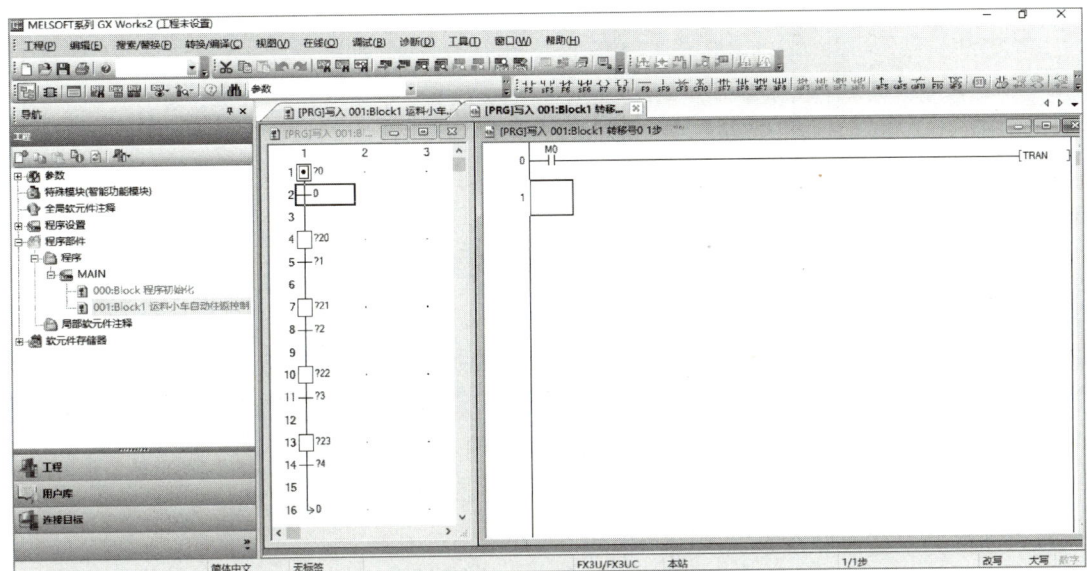

图 3-31 转换条件梯形图的输入界面（3）

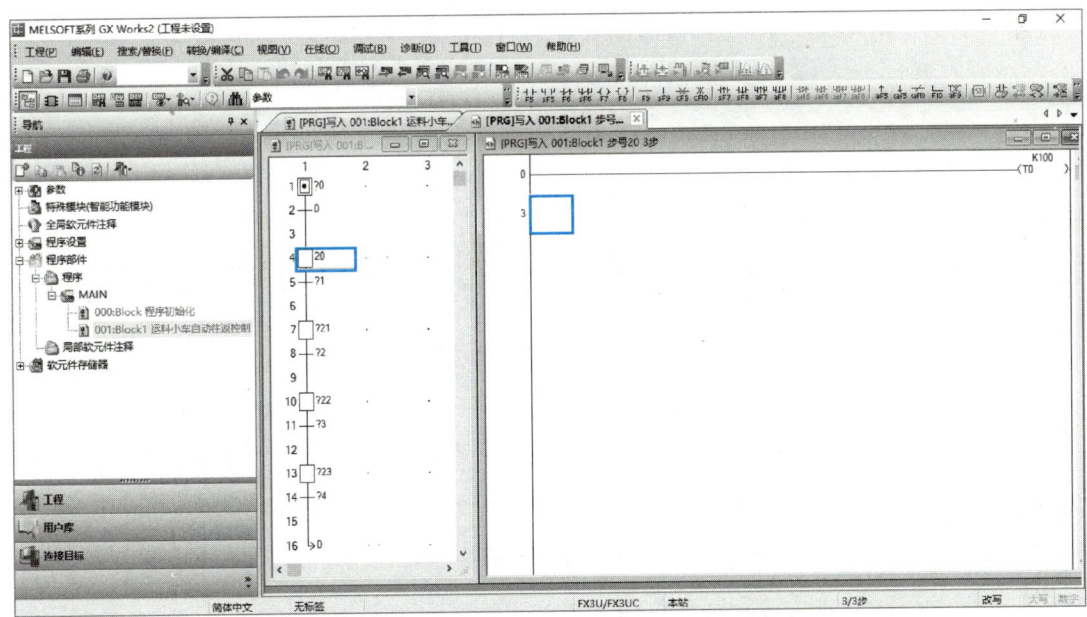

图 3-32 SFC 块中步命令梯形图的输入

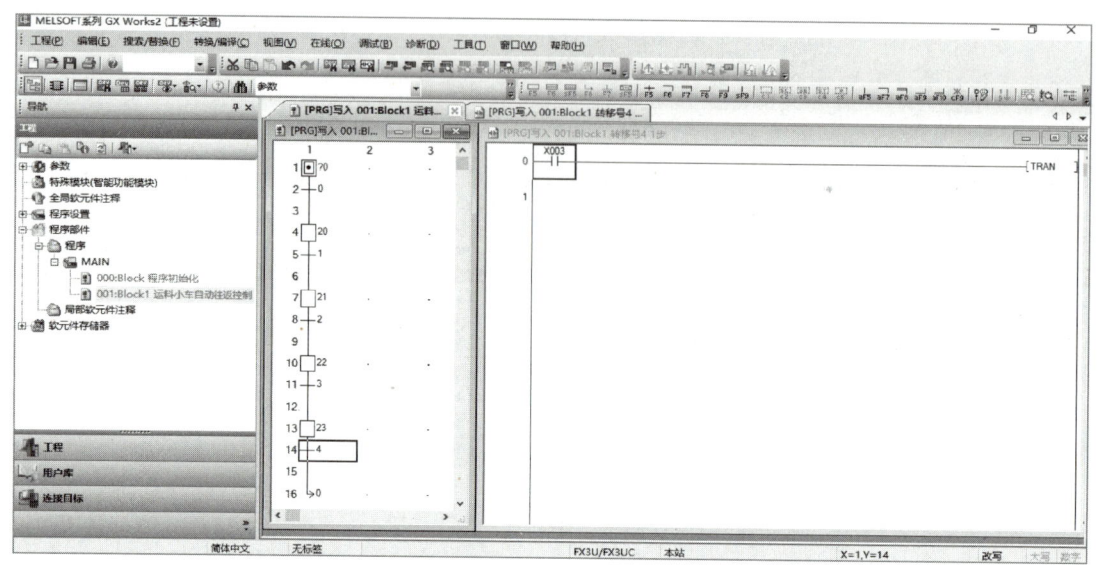

图 3-33 转换条件及命令全部输入完毕后的界面

9) SFC 向梯形图的转换。执行"工程"→"工程类型更改"命令,弹出"工程类型更改"对话框,如图 3-34 所示,"更改类型"选择"更改程序语言类型",单击"确定"按钮,出现图 3-35 所示界面。

在图 3-35 所示界面左侧的导航栏中双击"程序"下的"MAIN",出现转换后的梯形图程序,如图 3-36~图 3-38 所示。

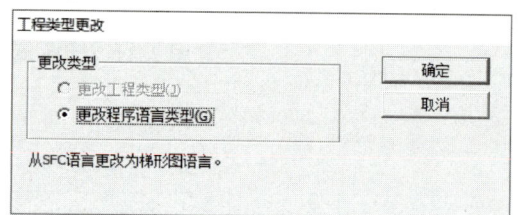

图 3-34 "工程类型更改"对话框

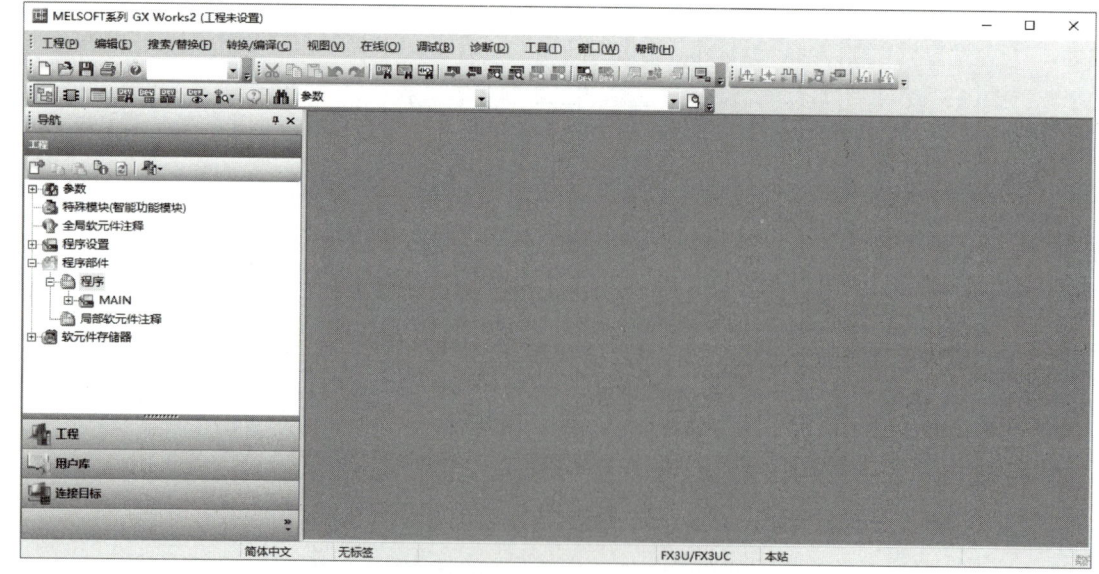

图 3-35 更改程序语言类型后的界面

项目 3　顺序控制指令的应用

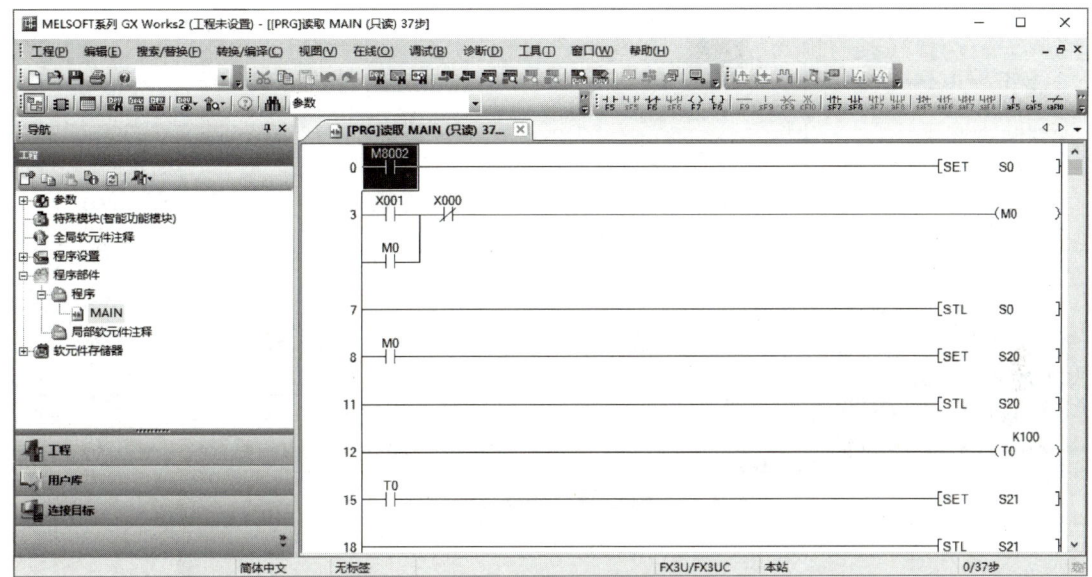

图 3-36　SFC 转换成梯形图界面（1）

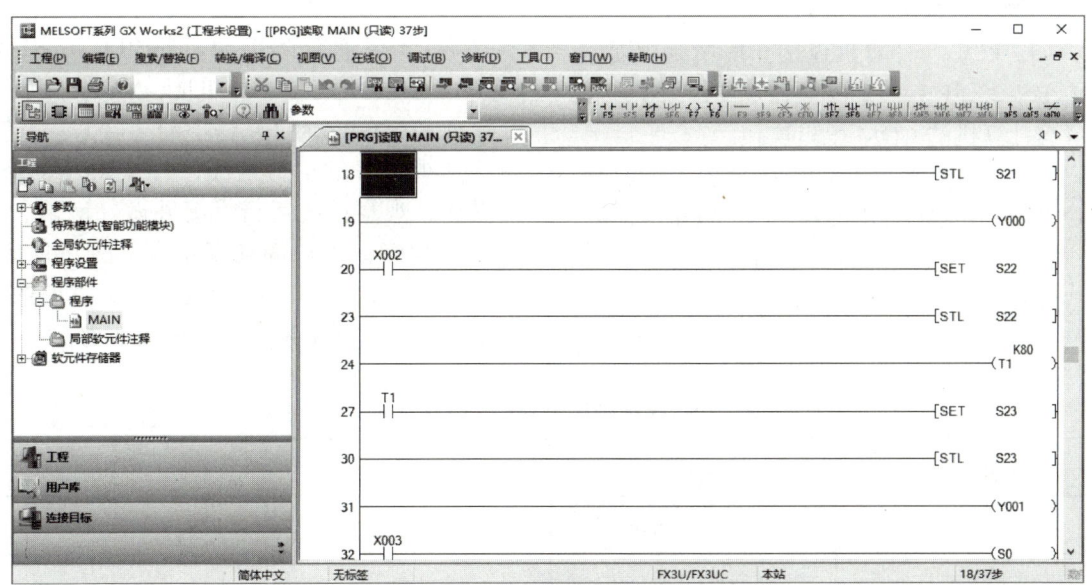

图 3-37　SFC 转换成梯形图界面（2）

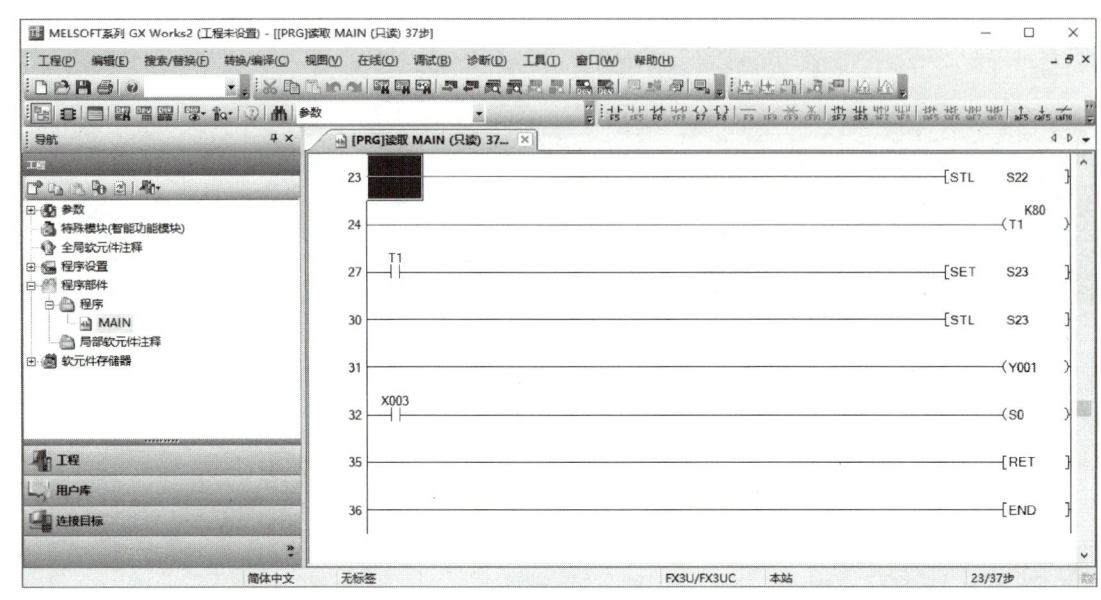

图 3-38 SFC 转换成梯形图界面（3）

2. 程序仿真

仿真运行的方法可参照前面任务所述的方法，自行进行仿真，在此不再赘述。

3. 程序下载

（1）PLC 与计算机连接　使用专用通信电缆 RS-232/RS-422 转换器将 PLC 的编程接口与计算机的 COM 串口连接。

（2）程序写入　先接通系统电源，将 PLC 的 RUN/STOP 开关拨到"STOP"的位置，然后通过 GX Works2 软件"在线"菜单的"PLC 写入"命令，就可以把仿真成功的程序写入 PLC 中。

4. 通电调试

1）经自检无误后，在指导教师的指导下，方可通电调试。

2）先接通系统电源，将 PLC 的 RUN/STOP 开关拨到"RUN"的位置，然后通过计算机上 GX Works2 软件中的"监控/测试"命令监视程序的运行情况，再按照表 3-5 进行操作，观察系统运行情况并做好记录。如果出现故障，应立即切断电源，分析原因、检查电路或梯形图，排除故障后，方可进行重新调试，直到系统功能调试成功为止。

表 3-5　程序调试步骤及运行情况记录

调试步骤	调试内容	观察内容	调试结果
第一步	按下起动按钮 SB2	交流接触器 KM1、KM2	
第二步	按下行程开关 SQ1		
第三步	按下行程开关 SQ2		
第四步	按下停止按钮 SB1		

项目 3 顺序控制指令的应用

任务测评

根据任务实施过程及任务完成结果进行测评,并填写表3-6。

表3-6 任务测评

评价内容	分值	评价标准	小组评价	教师评价
PLC 控制 I/O 接线图绘制	20	小车自动往返控制 PLC 控制 I/O 接线图绘制规范,无错误		
硬件电路连接	20	电路连接正确,且工艺良好,布局合理		
运料小车程序编写及调试	20	能正确完成运料小车程序编辑		
	10	能正确实现运料小车程序模拟		
	20	能正确对运料小车程序进行测试		
安全文明生产	10	遵守规章制度,满足 7S 管理要求		

任务 2 自动门 PLC 控制

学习目标

知识目标:

1. 掌握选择序列结构顺序功能图的绘制方法。
2. 掌握通过顺序功能图进行步进选择序列顺序控制的设计方法。

能力目标:

1. 能够根据控制要求利用顺序功能图编写自动门 PLC 控制程序。
2. 能够独立完成自动门 PLC 控制任务的设计、硬件接线、编程及程序调试等工作。
3. 能够独立完成调试过程中的故障排查。

素质目标:

1. 强化专业技能,提升专业素质。
2. 强化综合素质,培养创新实践能力。

工作任务

自动平移门(简称自动门)是日常生活中常见的一种自动控制装置,以此为例,利用 PLC 顺序控制方法中的选择序列结构顺序功能图的编程方式来实现自动门自动开启和关闭控制,如图3-39所示。

图 3-39 自动门

本任务的控制要求如下:

在该工作任务中,首先通过对自动门动作过程的观察,对其动作过程进行分析。

1) 在未检测到人靠近的情况下,自动门保持关闭状态。

2) 当有人靠近并且进入检测范围后,传感器 SQ1 触发,自动门高速开启,并在开启过程中碰到接近开关 SQ2 时,由高速转为低速。当碰到开门极限位接近开关 SQ3 后,自动门停止。

3) 自动门停止后,如果传感器 SQ1 在

1s内未检测到人,则自动门高速关闭,在关闭过程中碰到接近开关SQ4后,自动门由高速转为低速关闭,并在碰到关门极限位接近开关SQ5后,停止关闭动作。

4)自动门在高速关门过程中,如果传感器SQ1触发,则自动门立即停止关门,并转为低速开门。

5)自动门在低速关门过程中,如果传感器SQ1触发,则自动门立即停止关门,并转为高速开门。

6)在实现自动门开启和关闭过程中,涉及电动机的正反转和电动机的调速控制,因此采用一台变频器来实现这两种功能。

自动门传感器及接近开关布置图如图3-40所示。

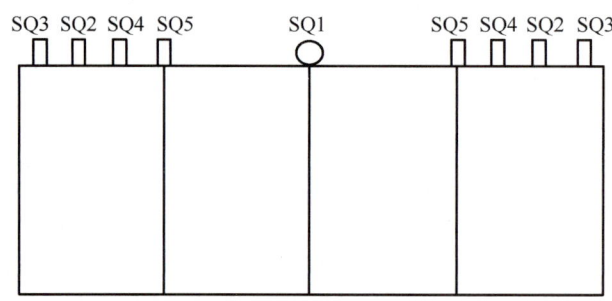

图3-40 自动门传感器及接近开关布置图

任务分析

在该工作任务中,通过对自动门动作过程的分析,画出其动作流程图,如图3-41所示。

根据上述对控制任务的分析,在任务中采用步进顺序控制中的选择序列结构顺序功能图来完成自动门控制系统的程序设计,并通过实现自动门的控制过程达到熟悉和掌握选择序列结构顺序功能图的编程方法。

相关知识

工序转移的基本类型为单流程形式的控制,对于单纯动作的顺序控制而言,只需要单流程就足够了,但是当接入各种各样的输入条件时,可以通过组合使用选择分支和合并分支流程,来简便地处理复杂条件。

根据条件对多个工序执行选择处理的分支称为选择序列。

一、选择序列结构编程方法

选择序列结构编程方法是从多个流程中选择执行其中的一个流程。其状态图如图3-42所示。

1. 选择序列分支编程

在图3-42中,步S20后有三个选择序列,当S20执行完成后,若转换条件X001满足,则执行步S21;若转换条件X002满足,则执行步S22;若转换条件X003满足,则执行步S23。

2. 选择序列合并编程

在图3-42中,步S27之前有三个选择序列,当步S24执行完成后,若转换条件X004满足,则执行步S27;当步S25执行完成后,若转换条件X005满足,则执行步S27;当步S26执行完成后,若转换条件X006满足,则执行S27步。

在执行过程中,只需正确确定每一步的转换条件和转换目标,就能够自然而然地实现选择序列的合并。

项目 3　顺序控制指令的应用

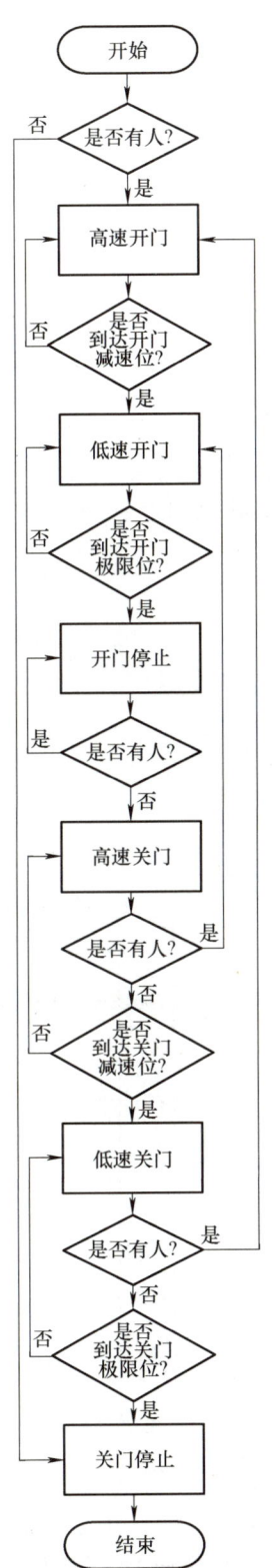

图 3-41　自动门动作流程图

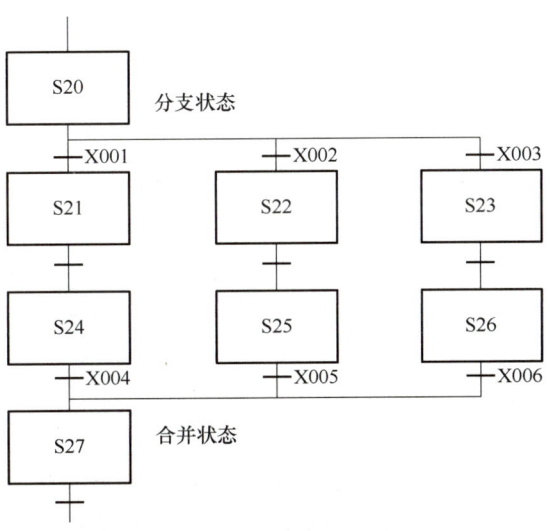

图 3-42　选择序列结构的状态图

二、选择序列结构顺序功能图的特点

1）各分支状态的转换由各自条件选择执行，不能同时进行两个或者两个以上的分支。

2）选择性分支流程在分支时先分支后条件。

3）选择性分支流程在合并时先条件后汇合。

4）FX 系列 PLC 的分支回路可最多允许 8 条，每列最多 250 个状态。

任务实施

一、绘制 I/O 分配表

根据对自动门动作过程的分析，在任务中检测人的传感器、进行换速的接近开关以及实现自动门开门到位停止和关门到位停止的接近开关，作为输入信号接入 PLC 的输入端；开门启动信号、关门启动信号、高速信号和低速信号作为输出信号接入 PLC 的输出端。根据上述分析，自动门 PLC 控制 I/O 分配见表 3-7。

表 3-7 自动门 PLC 控制 I/O 分配

输入信号			输出信号		
输入元件	作用	输入继电器	输出元件	作用	输出继电器
传感器 SQ1	检测人	X000	STF	开门动作	Y000
接近开关 SQ2	开门减速位	X001	STR	关门动作	Y001
接近开关 SQ3	开门极限位	X002	RH	高速动作	Y002
接近开关 SQ4	关门减速位	X003	RL	低速动作	Y003
接近开关 SQ5	关门极限位	X004			

二、绘制 PLC 控制 I/O 接线图

自动门在运行过程中采用变频器拖动电动机进行控制，PLC 通过给定变频器正反转信号及高低速信号，实现自动门开门、关门动作及高速与低速的转换。

PLC 控制 I/O 接线图如图 3-43 所示。

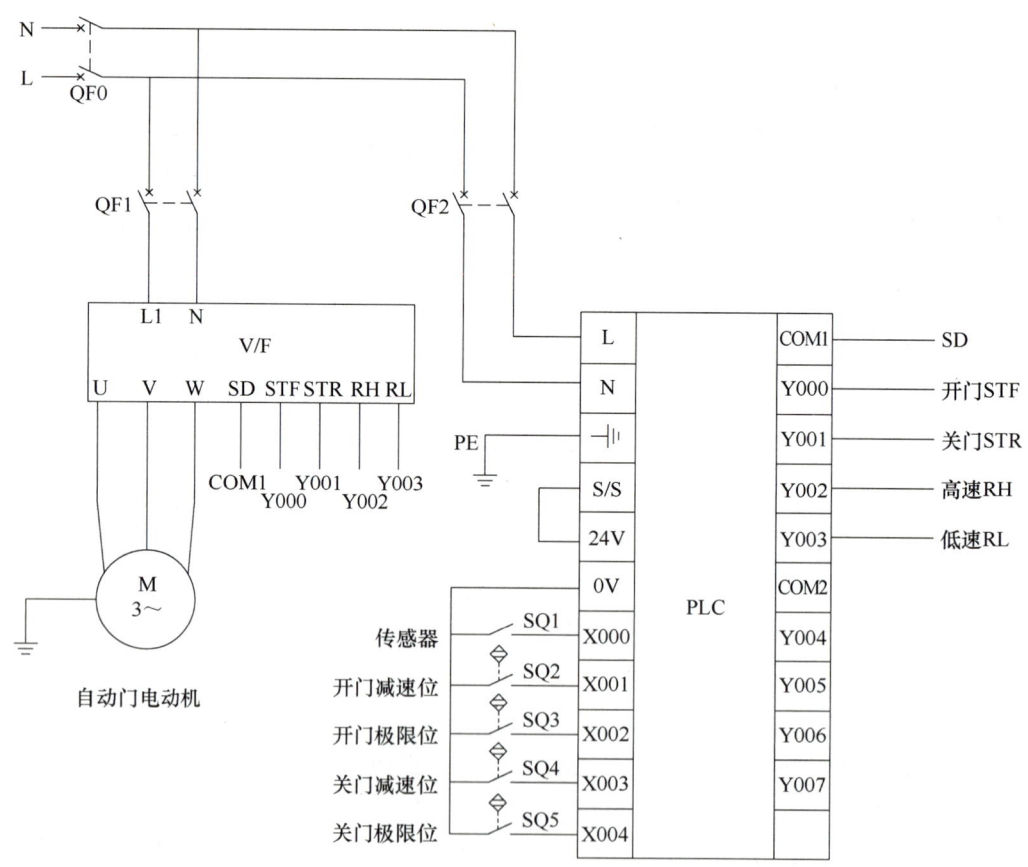

图 3-43 PLC 控制 I/O 接线图

三、电气元件选型及工具材料准备

在任务控制过程中采用电动机控制自动门的开启与关闭，并采用变频器控制自动门的运行速度，在完成 I/O 分配表及电气控制接线图绘制后，需要根据实际情况准备本任务所需要的实训设备及工具材料，见表 3-8。

项目3 顺序控制指令的应用

表 3-8 自动门控制实训设备及工具材料清单

序号	类别	名称	说明	数量	单位
1	电气元件	断路器	NXB-63 D20 2P	2	只
2		断路器	NXB-63 D6 2P	1	只
3		传感器	NP2-BA	1	个
4		接近开关		4	个
5	工具设备仪表	变频器	FR-D720S-0.75K-CHT	1	台
6		电动机	0.75kW	1	台
7		PLC	FX3U-16MR/ES	1	台
8		编程计算机		1	台
9		编程电缆	USB 口	1	条
10		线号机	硕方	1	台
11		万用表		1	台
12		端子排		若干	个
13		电气导轨	DIN35	1	m
14		十字槽螺钉旋具		1	把
15		网孔板		1	个
16	耗材	螺栓	M4×10	若干	个
17		线槽	50mm×50mm	2	m
18		U形冷压端子	U 形 SNB1.25-3	若干	个
19		导线	BV2.5mm²	若干	m
20		导线	BVR1.0mm²	若干	m
21		电缆	4×2.5mm²	若干	m

四、绘制电气元件布置图

根据电气控制接线图及实训设备工具材料清单，领取本任务所需电气元件及材料，并在网孔板上利用电气导轨和螺栓对电气元件进行安装和固定，其布置图如图 3-44 所示。

五、电路安装与布线

根据电气元件布置图进行电气元件的安装与固定，并根据 PLC 控制 I/O 接线图进行布线。

1. 检查电气元件

对照 PLC 控制 I/O 接线图及电气元件布置图核对电气元件的数量及型号。

2. 安装电气元件

根据电气元件安装工艺要求，安装并固定好本任务所需电气元件。

3. 布线

根据 PLC 控制 I/O 接线图对各个电气元件进行布线。

4. 检查

布线完成后，送电前根据 PLC 控制 I/O 接线图，利用万用表检查电路。检查无任何问题后逐级闭合各个断路器，并用万用表检测电压是否正常。

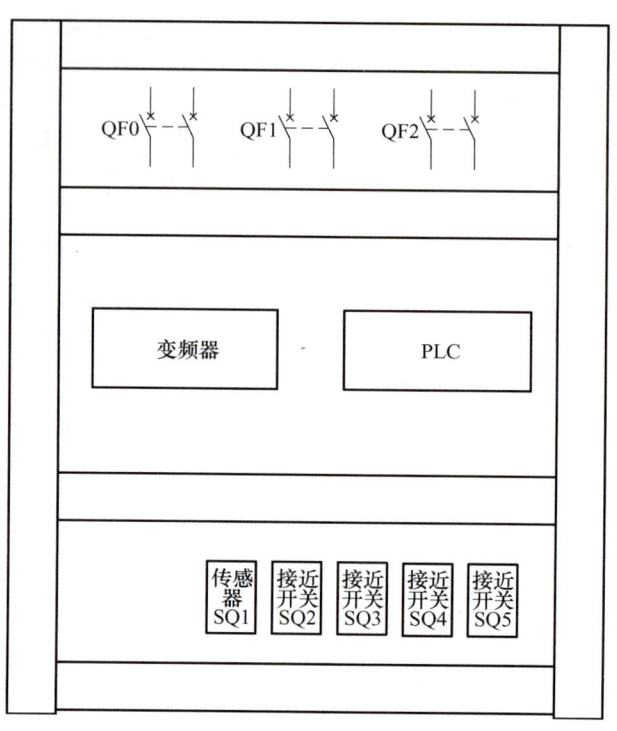

图 3-44 自动门控制电气元件布置图

六、程序设计

通过对自动门动作过程的分析，可得出自动门在工作过程中主要存在以下三种选择：

1. 关门期间无人进出

在该控制过程中，自动门按照高速开门、低速开门、开门停止、计时、高速关门、低速关门和关门停止的动作顺序执行。

2. 高速关门期间有人进出

在该控制过程中，自动门开门过程不变，关门时按照高速关门、检测到人、关门停止、低速开门、开门停止和关门的动作顺序执行。

3. 低速关门期间有人进出

在该控制过程中，自动门开门过程不变，关门时按照高速关门、低速关门、检测到人、关门停止、高速开门、低速开门、停止和关门的动作顺序执行。

根据上述自动门的控制过程，其状态转移图如图 3-45 所示。

七、程序编辑及调试

1. 程序编辑

（1）打开 GX Works2 编程软件　在计算机桌面找到 GX Works2 的图标，双击打开。

（2）新建工程　在"新建"对话框中根据硬件及软件情况进行设置，如图 3-46 所示。设置内容如下："系列"选择"FXCPU"；"机型"选择"FX3U/FX3UC"；"工程类型"选择"简单工程"；"程序语言"选择"SFC"。

（3）块信息设置　完成新建工程设置后，单击"确定"按钮，弹出"块信息设置"对话框，如图 3-47 所示。在该对话框的"标题"中输入"初始化"，选择"块类型"为"梯形图块"，完成后单击"执行"按钮，进入工程。

项目3 顺序控制指令的应用

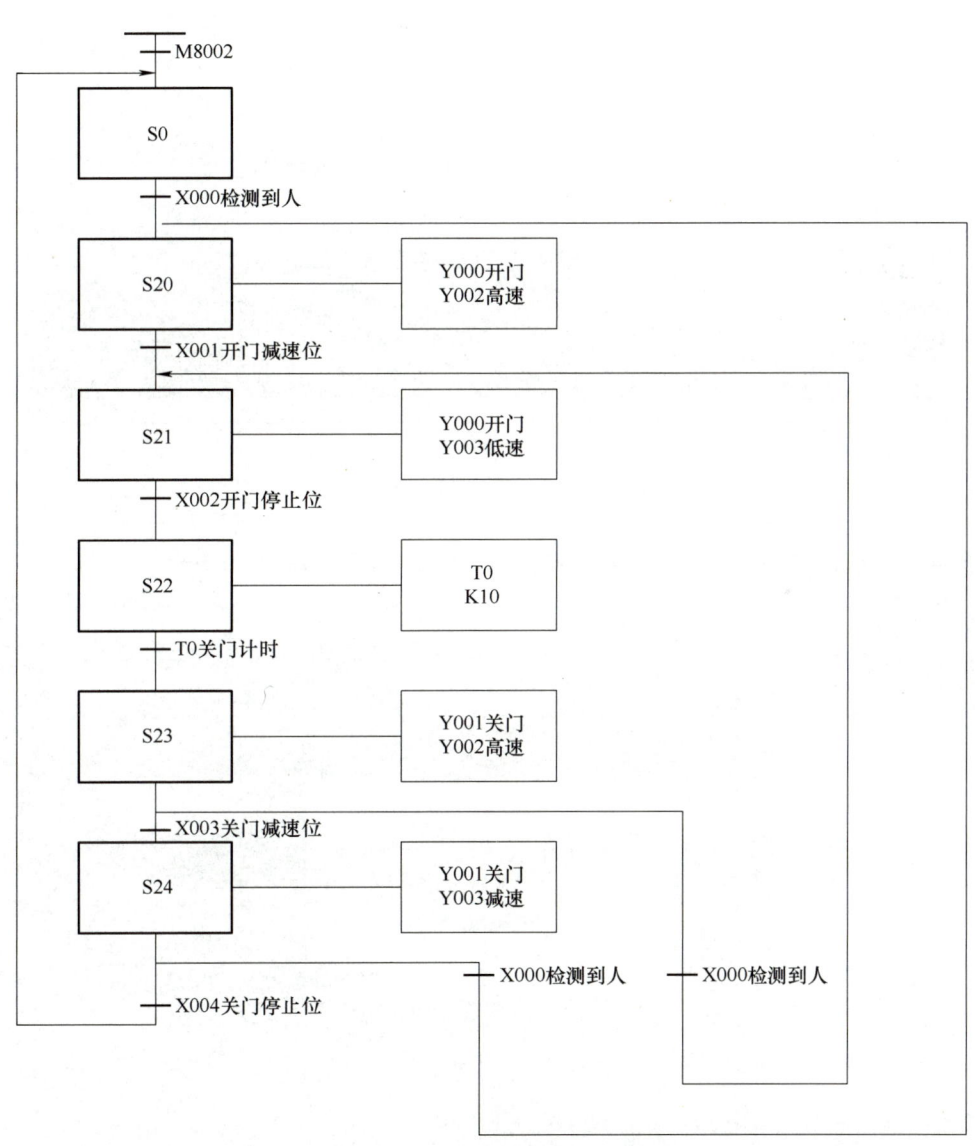

图 3-45 自动门控制状态转移图

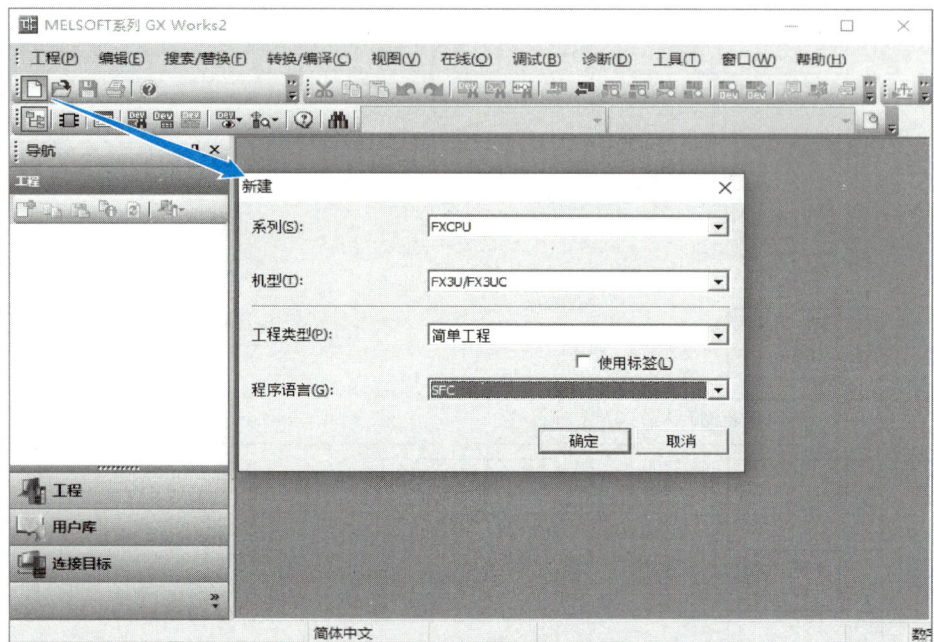

图 3-46　新建工程设置

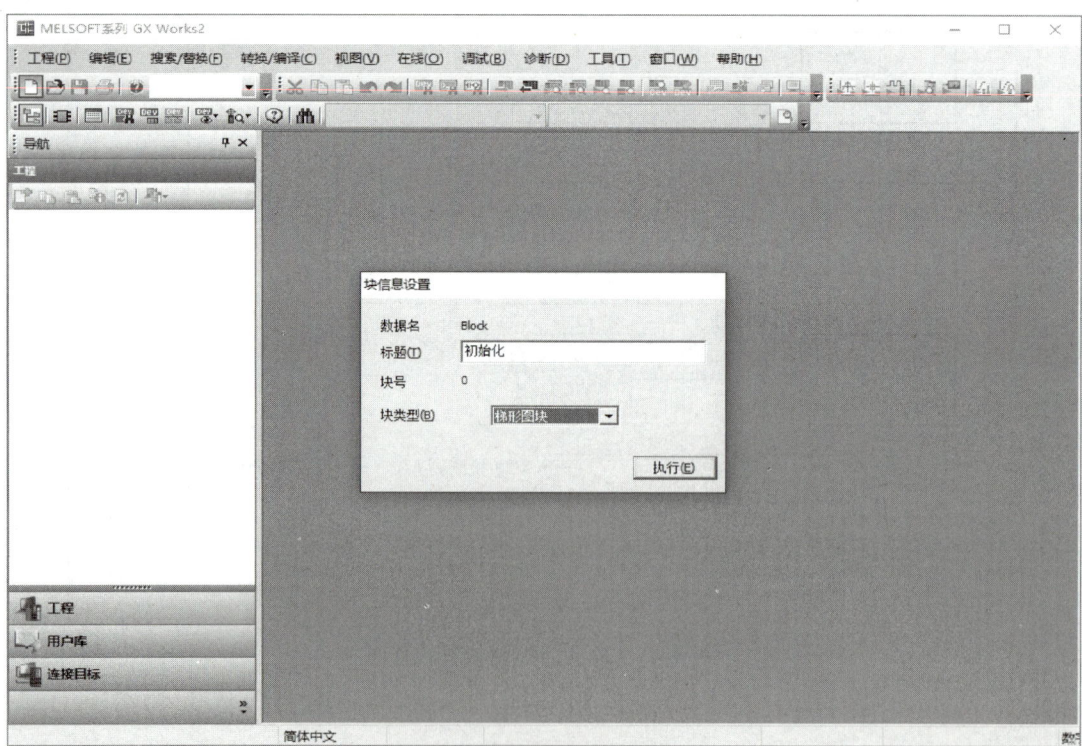

图 3-47　块信息设置

项目 3 顺序控制指令的应用

（4）状态转移图块设置 在导航栏中右击"MAIN"，在弹出的菜单中选择"新建数据"，弹出"新建数据"对话框，对新建数据进行设置，如图 3-48 所示，设置内容如下："数据类型"选择"程序"；"数据名"选择"Block1"。

设置完成后单击"确定"按钮，弹出"块信息设置"对话框，设置完成后单击"执行"按钮，设置内容如图 3-49 所示。

执行完成后，在导航栏"MAIN"下显示新建数据"001：Block1 自动门状态转移图"。

（5）全局软元件注释 从软件左侧导航栏中定义输入/输出信号对应的软元件，全局软元件注释的设置流程如图 3-50 所示。

1）在全局软元件注释中定义输入软元件，如图 3-51 所示。

2）在全局软元件注释中定义输出软元件，如图 3-52 所示。

（6）程序输入

1）初始化程序输入。

① 双击导航栏中的"000：Block0 初始化"，弹出"[PRG] 写入 000：Block 初始化（1）步"窗口，如图 3-53 所示，在该窗口中进行初始化程序的编写。

② 利用特殊用途辅助继电器 M8002 和初始状态继电器进行程序初始化程序的编辑，如图 3-54 所示。

2）自动门状态转移图程序输入。双击导航栏中的"001：Block1 自动门状态转移图"，弹出自动门状态转移图 SFC 写入模式，在该模式下按照图 3-45 绘制的自动门控制状态转移图，进行程序输入。

① 初始状态继电器输入。将光标移至图 3-55 中状态转移图的第 1 行，双击后弹出"SFC 符号输入"对话框，"图形符号"选择"STEP 0"，在"注释"中输入"初始化程序"。填写完成后单击"确定"按钮，光标自动进入第 2 行。

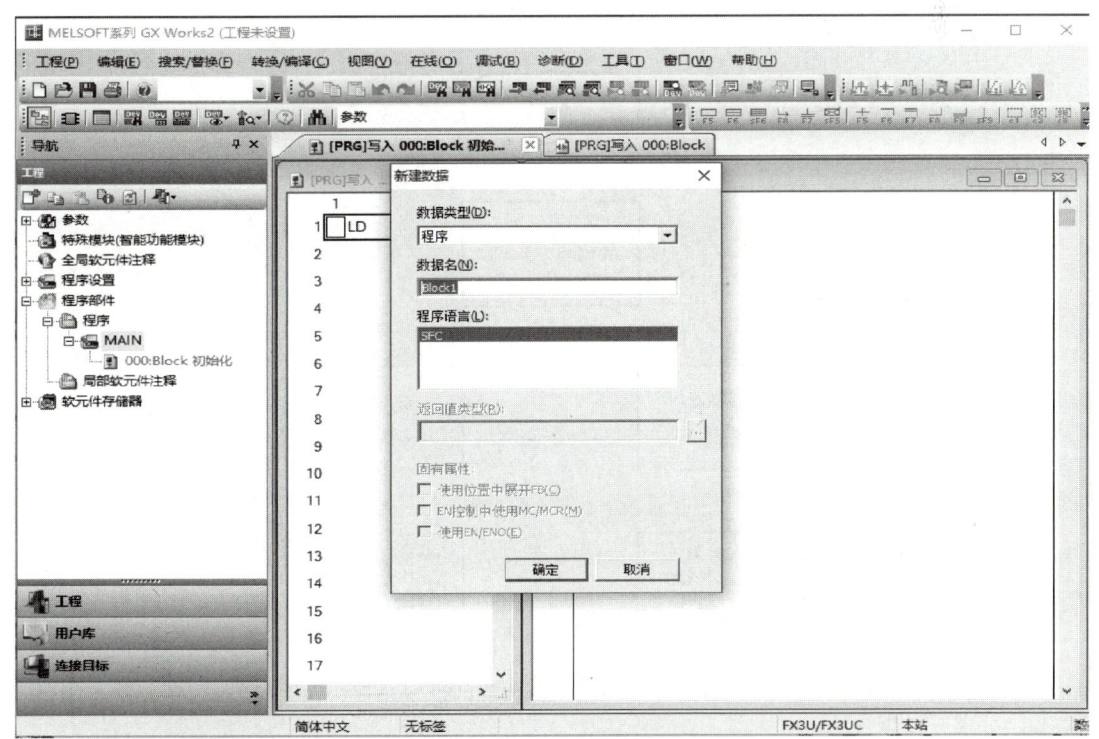

图 3-48 新建数据设置

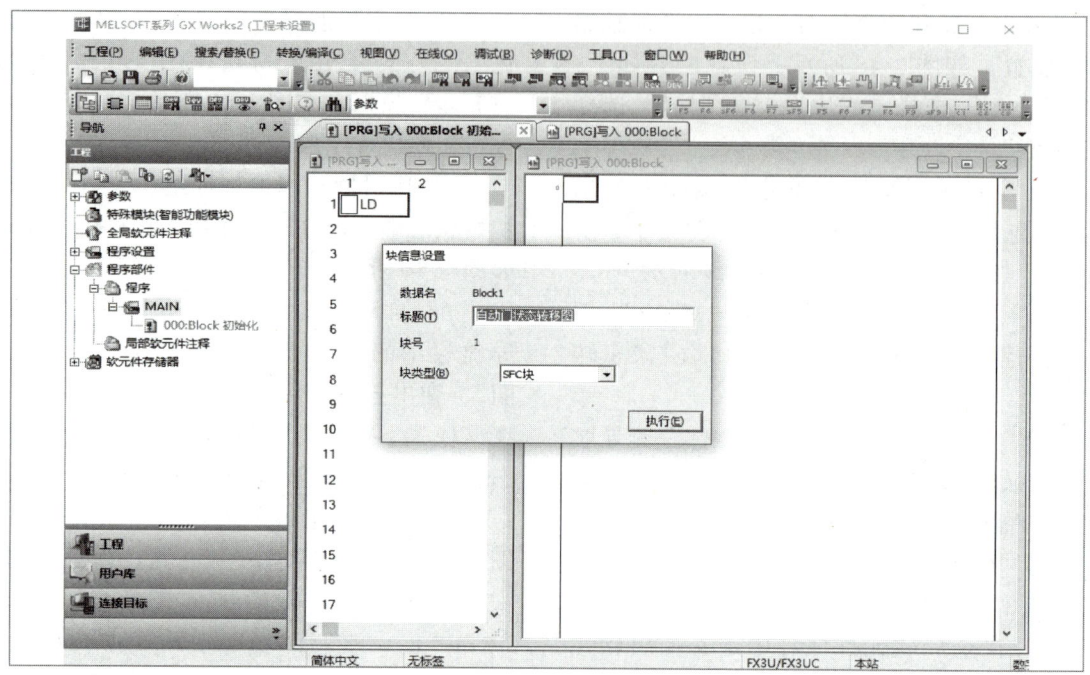

图 3-49 块信息设置

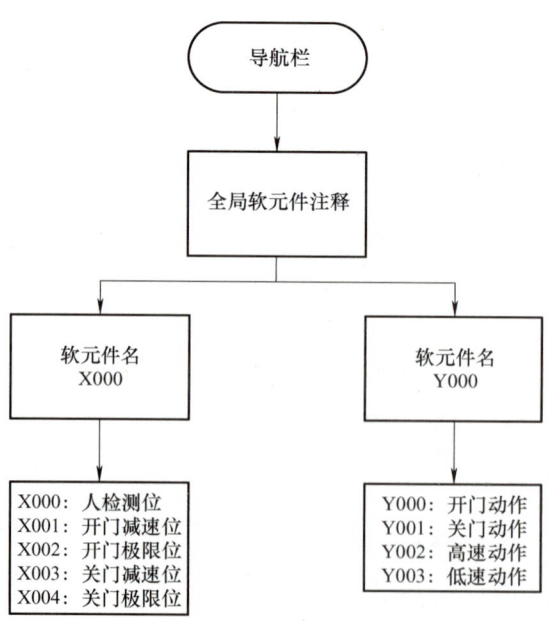

图 3-50 全局软元件注释的设置流程

项目 3　顺序控制指令的应用

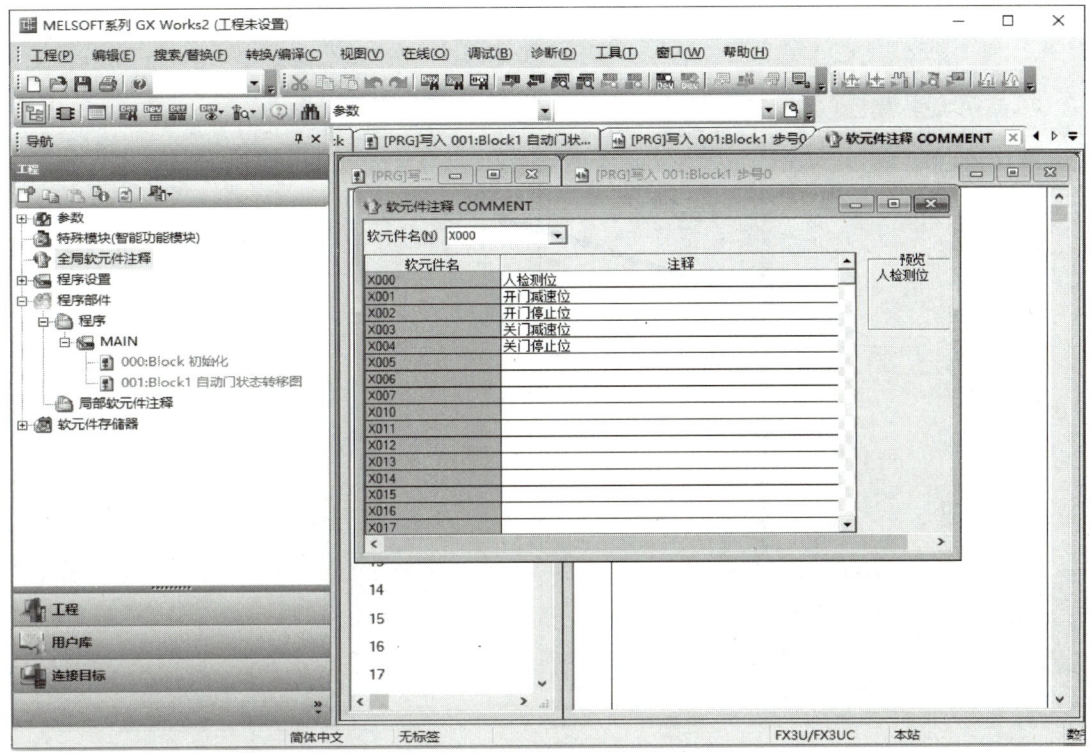

图 3-51　定义输入软元件

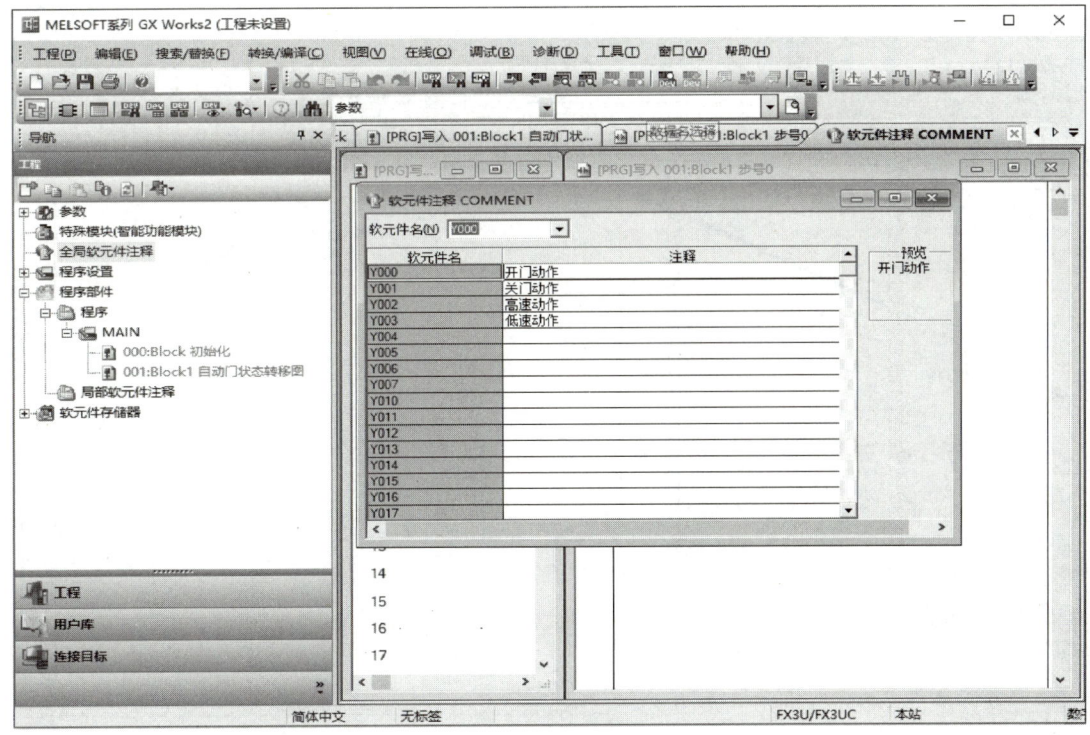

图 3-52　定义输出软元件

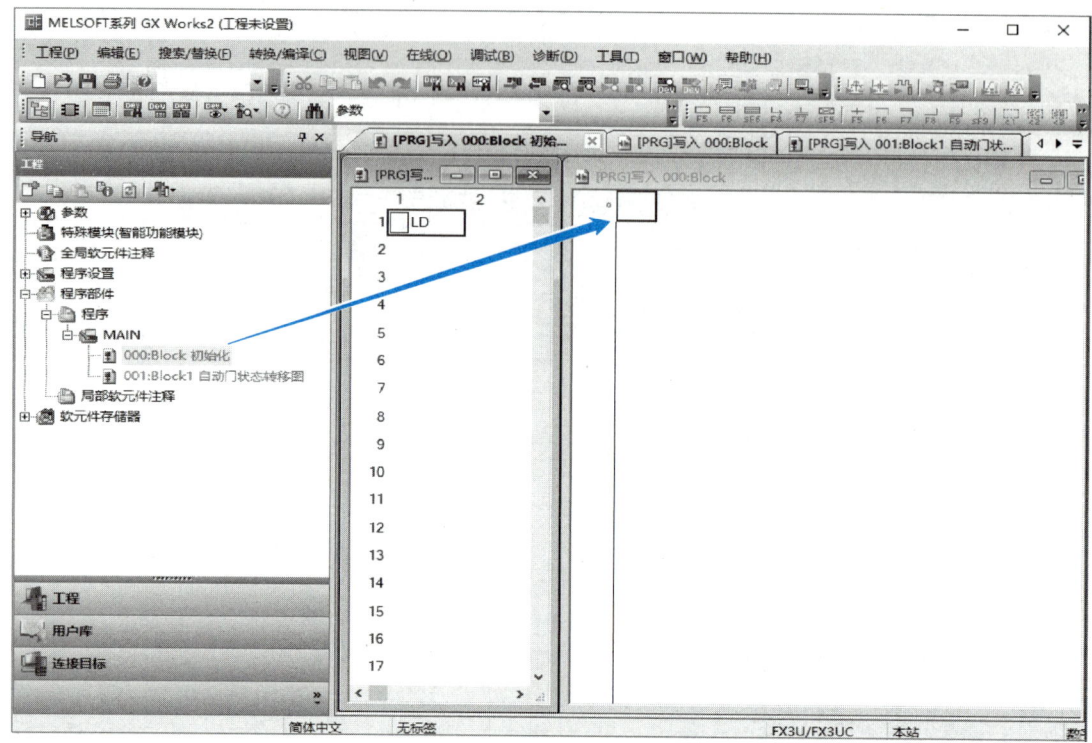

图 3-53 初始化程序输入界面

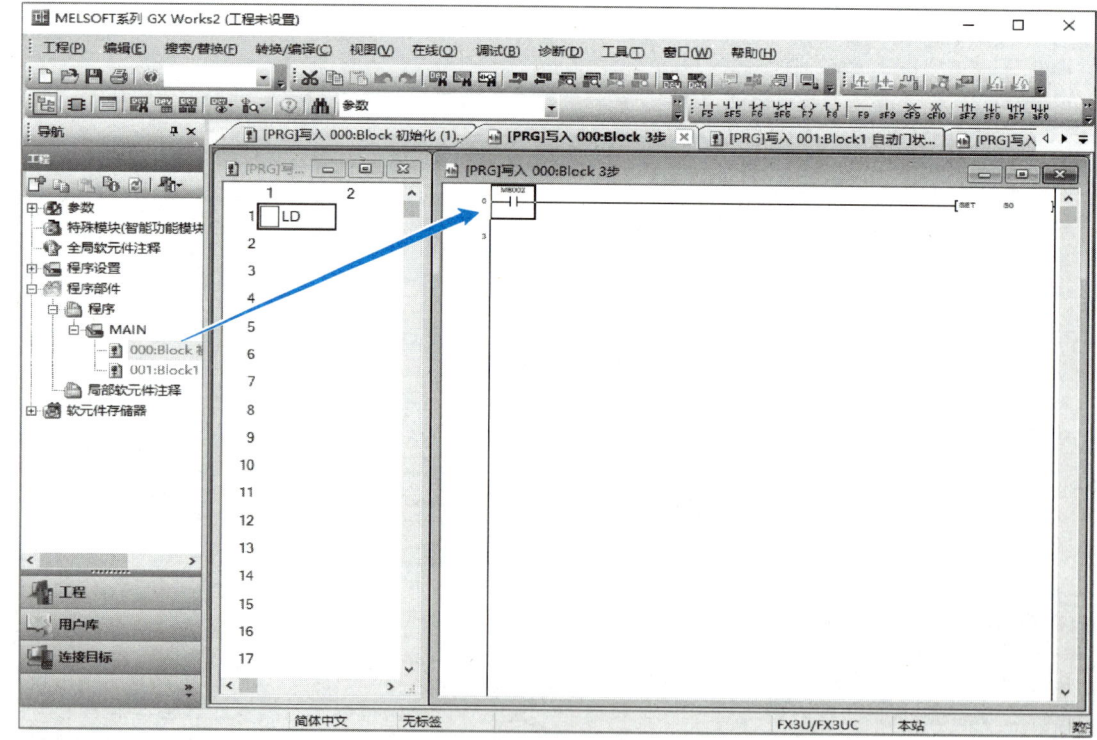

图 3-54 初始化程序输入

项目 3　顺序控制指令的应用

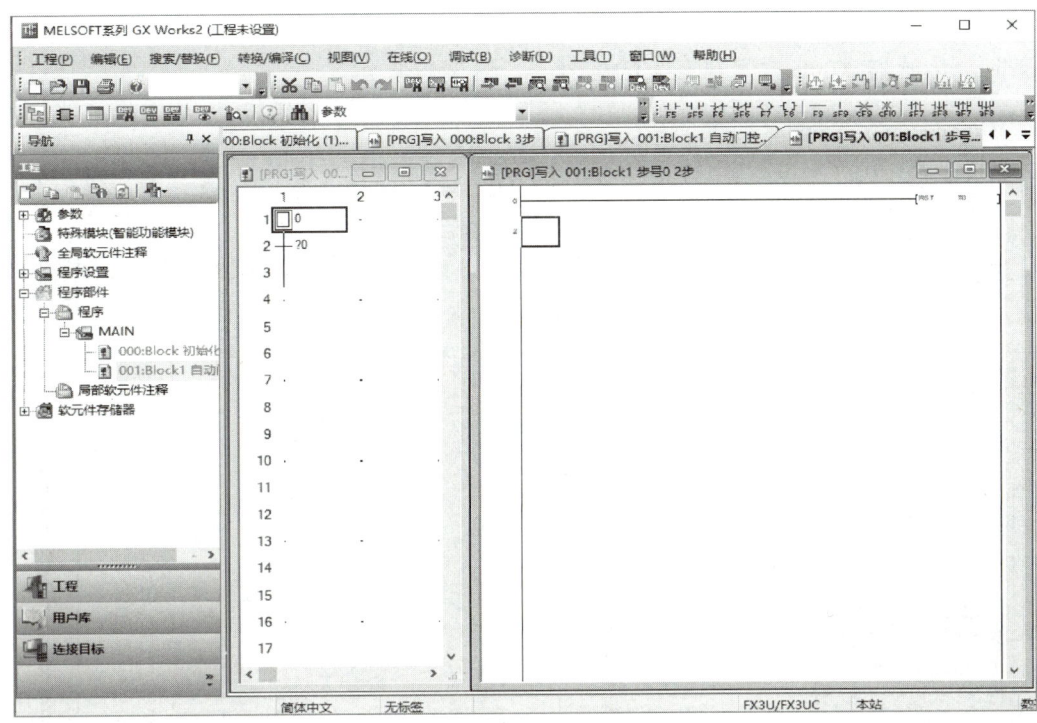

图 3-55　初始状态继电器输入

② 自动门启动程序编辑。当传感器 X000 检测到人之后，自动门开始启动，并进入下一步 S20。启动信号程序输入如图 3-56 所示。

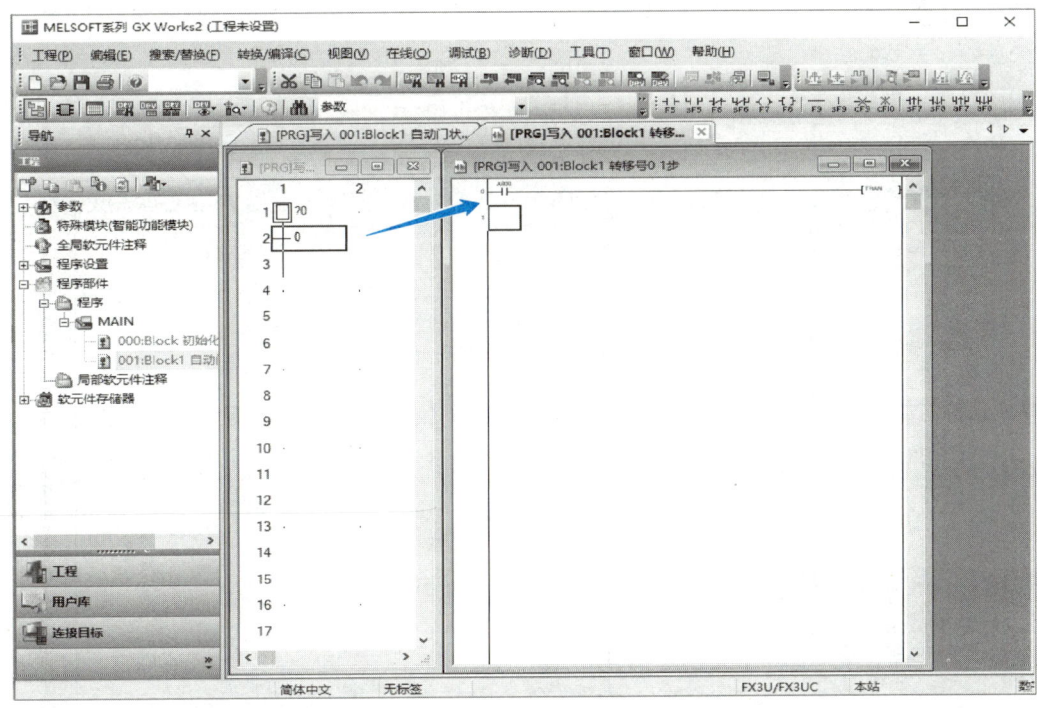

图 3-56　启动信号程序输入

123

③ 自动门高速程序输入。当自动门在关闭状态时，传感器 X000 检测到有人的信号后，自动门启动高速开门模式，程序编辑如图 3-57 所示。

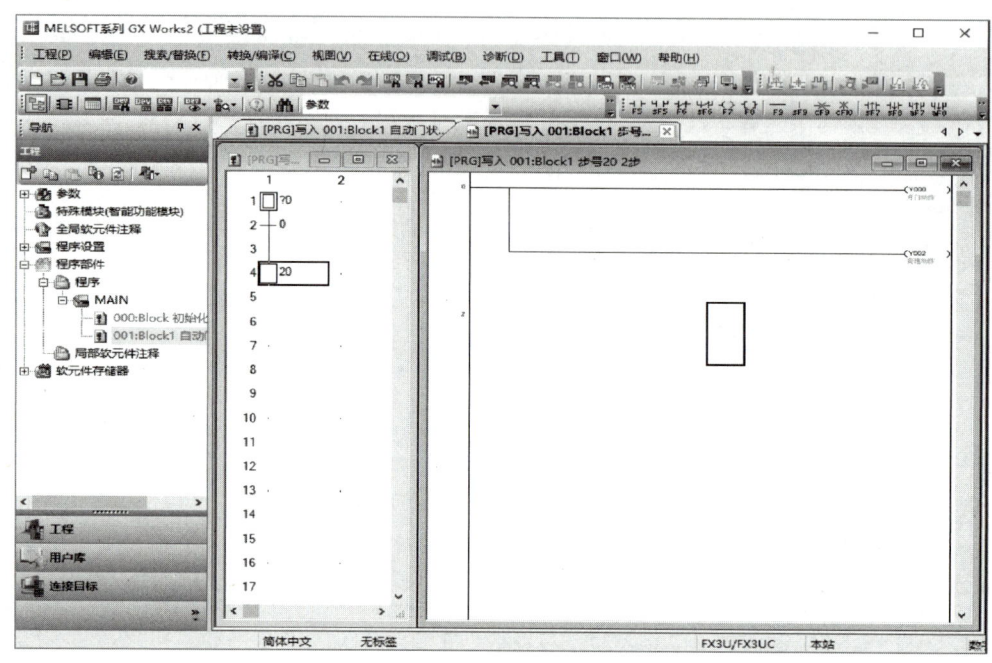

图 3-57　高速开门程序

④ 自动门减速条件输入。自动门在开门过程中遇到减速接近开关 X001 时进入下一步 S21，开门减速切换程序编辑如图 3-58 所示。

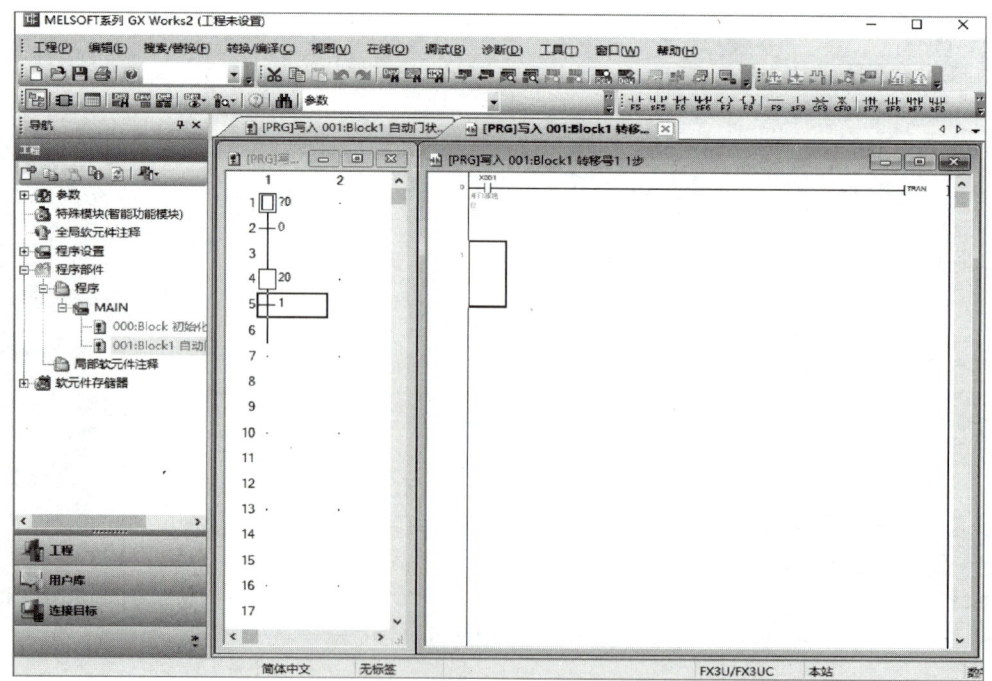

图 3-58　开门减速切换程序

项目 3 顺序控制指令的应用

⑤ 开门减速运行程序输入。当自动门触发减速接近开关后，自动门进入减速运行模式 S21，减速运行程序编辑如图 3-59 所示。

⑥ 自动门停止程序输入。自动门在触发开门极限位接近开关 X002 后，自动门进入停止状态，停止程序编辑如图 3-60 所示。

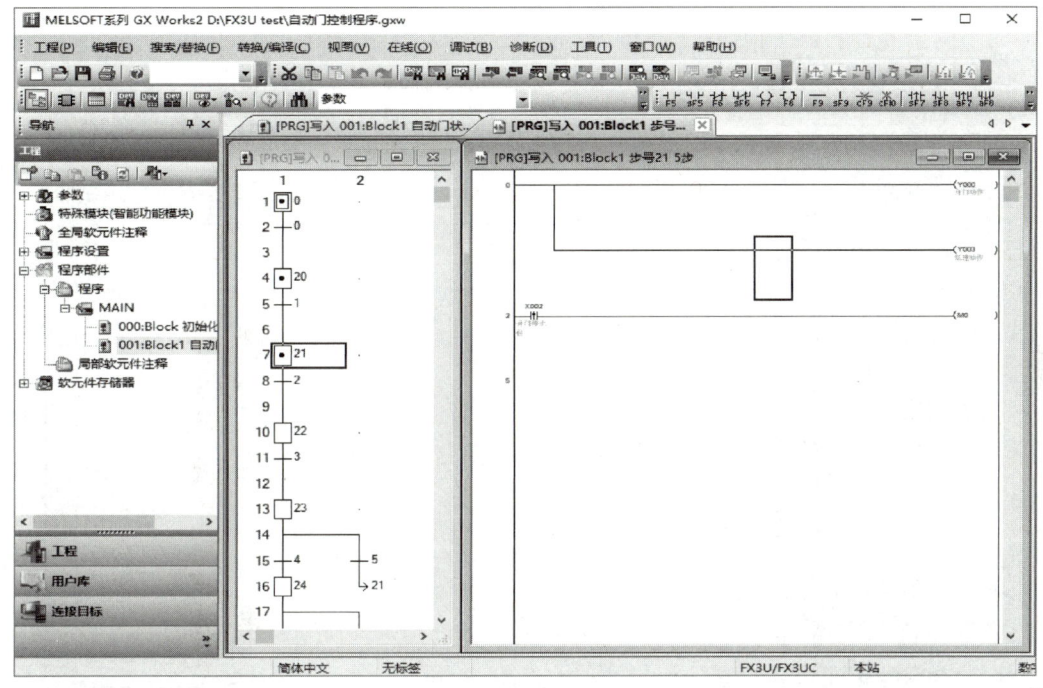

图 3-59 减速运行程序

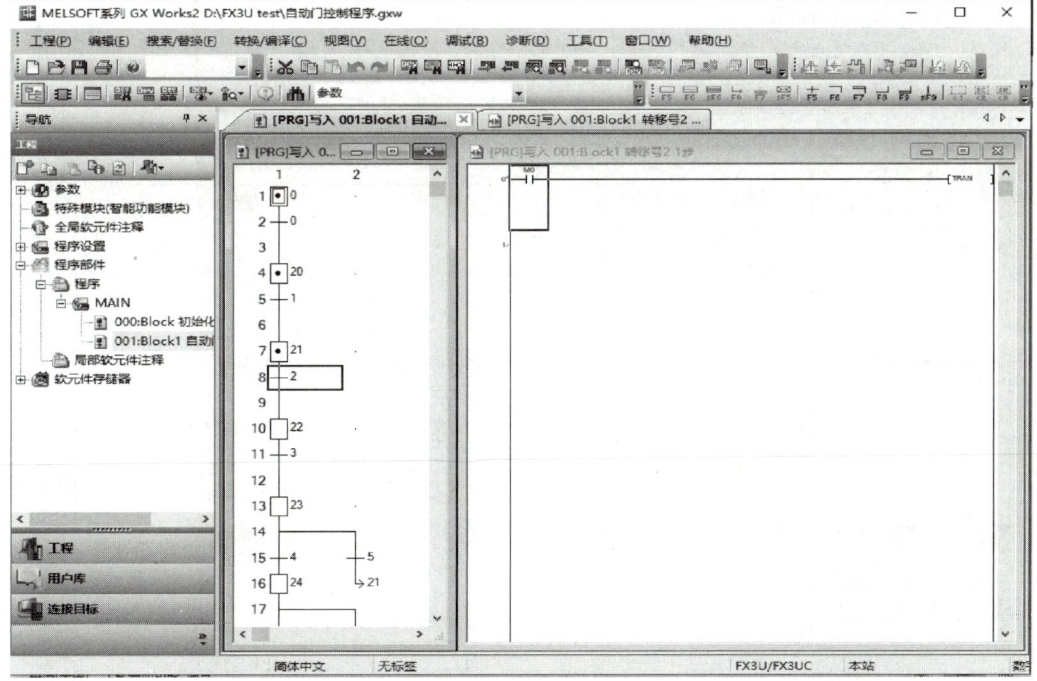

图 3-60 停止程序

⑦ 自动门停止计时程序输入。自动门在触发 X002 后，自动门由低速开门状态转为停止状态，并启动停止计时模式 S22，计时时间为 1s。停止计时程序编辑如图 3-61 所示。

⑧ 自动门关门触发程序。在自动门停止计时结束后，利用定时器的常开辅助触点，启动自动门高速返回模式 S23，关门触发程序编辑如图 3-62 所示。

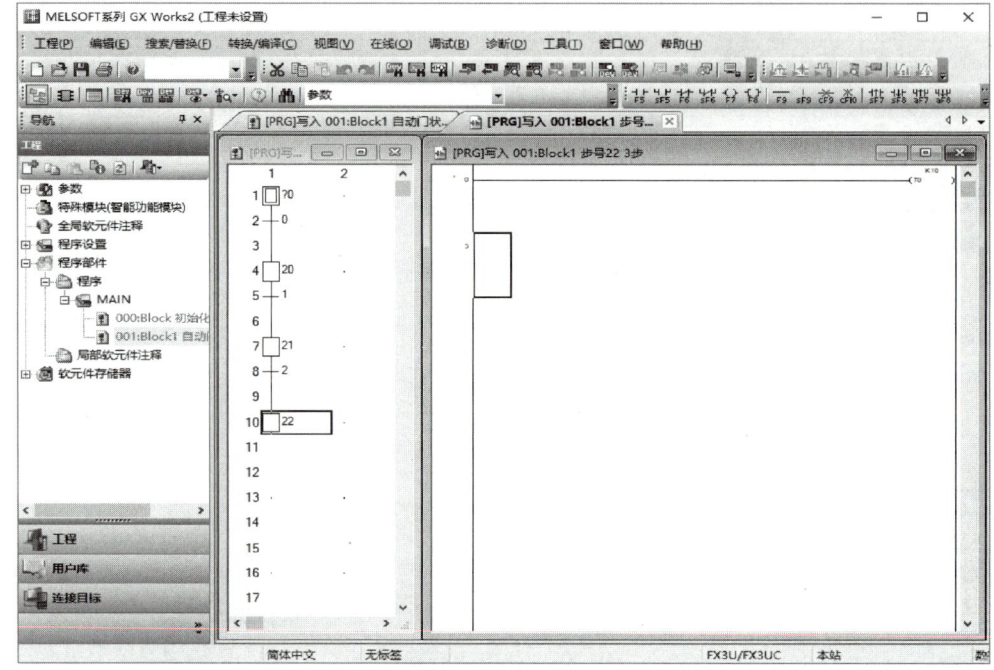

图 3-61　停止计时程序

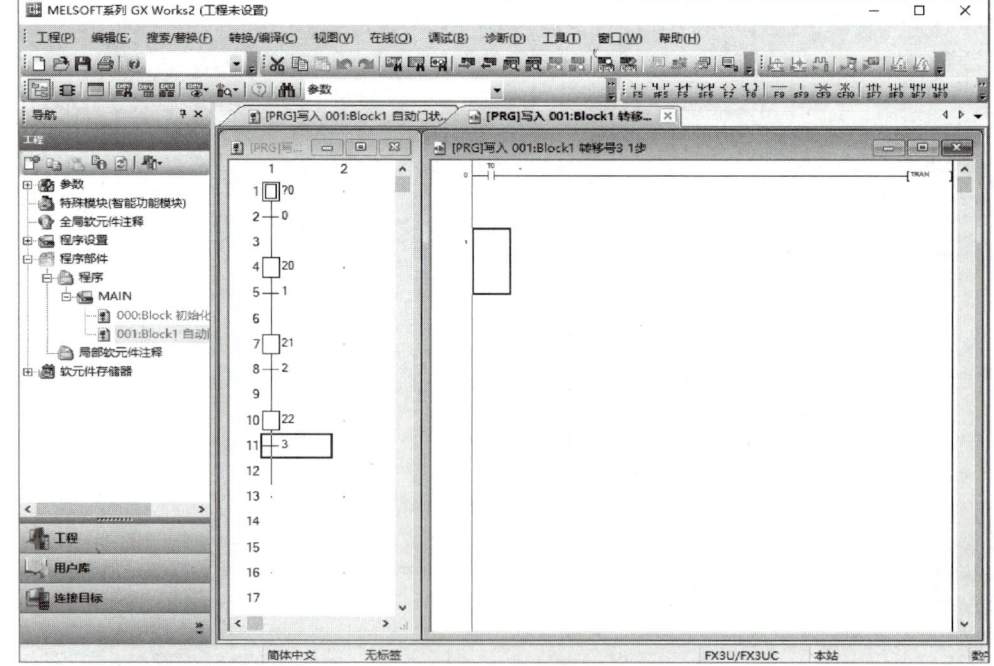

图 3-62　关门触发程序

项目3 顺序控制指令的应用

⑨ 自动门高速关门程序输入。当自动门开门停止计时结束后,启动高速关门模式S23,同时输出高速信号和关门信号,高速关门程序编辑如图3-63所示。

⑩ 自动门关门减速程序输入。自动门在高速关门过程中传感器X000未检测到人的情况下,触发关门减速接近开关X003后,自动门启动低速关门模式S24,如图3-64所示。

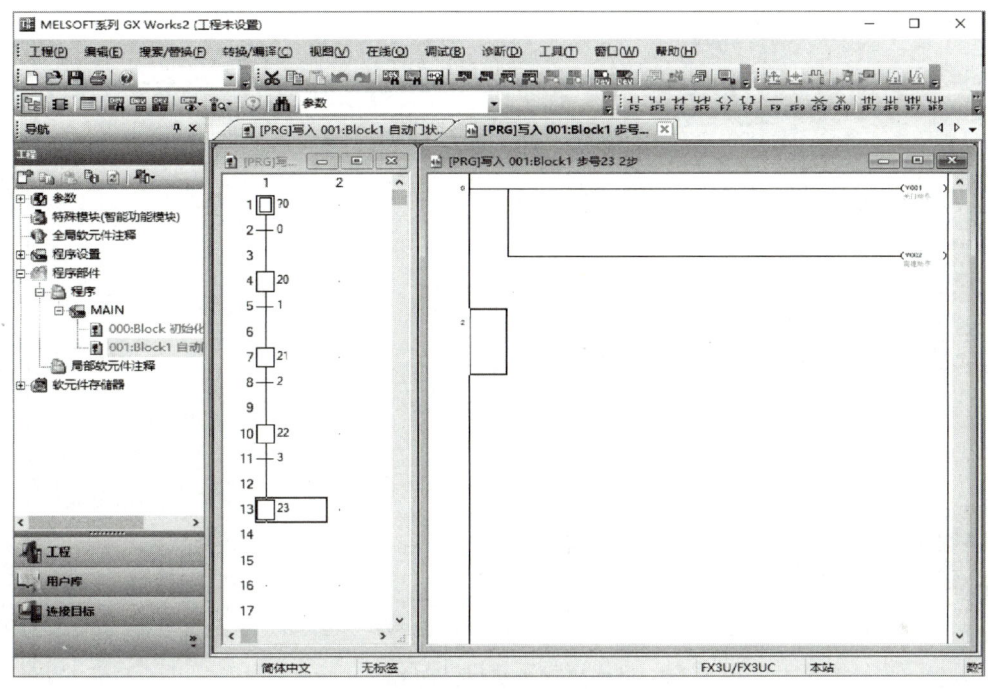

图 3-63 高速关门程序

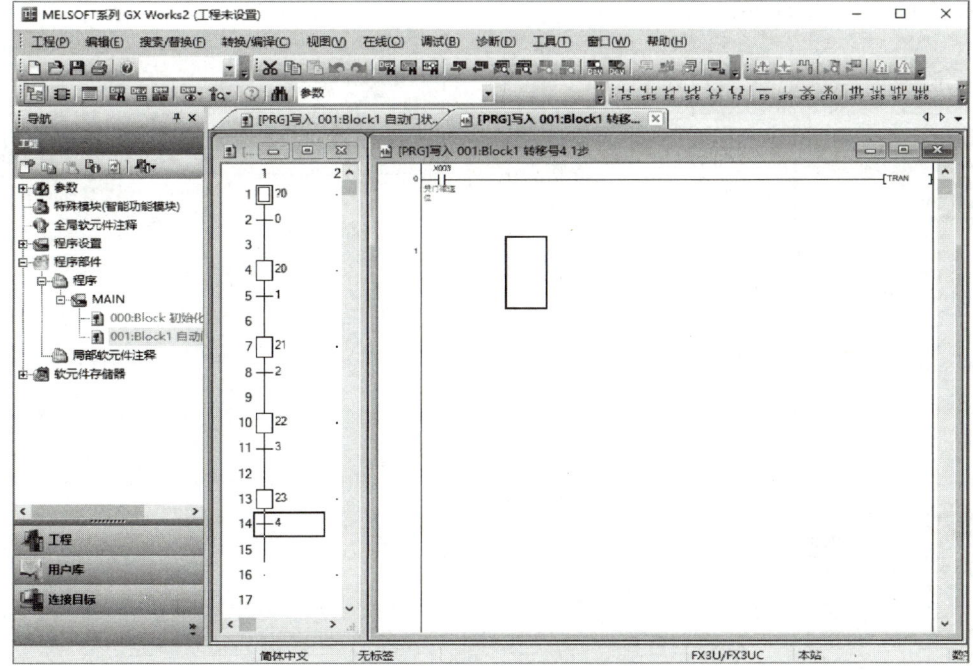

图 3-64 低速关门程序(1)

在自动门高速关门过程中，传感器 X000 检测到人时，自动门需要由高速关门状态 S23 转换为低速开门状态 S21。其转换程序编辑如图 3-65 所示。

⑪ 自动门低速关门程序输入。自动门在触发低速关门接近开关 X003 后，启动低速关门模式 S23，将关门运行速度由高速切换为低速。其程序编辑如图 3-66 所示。

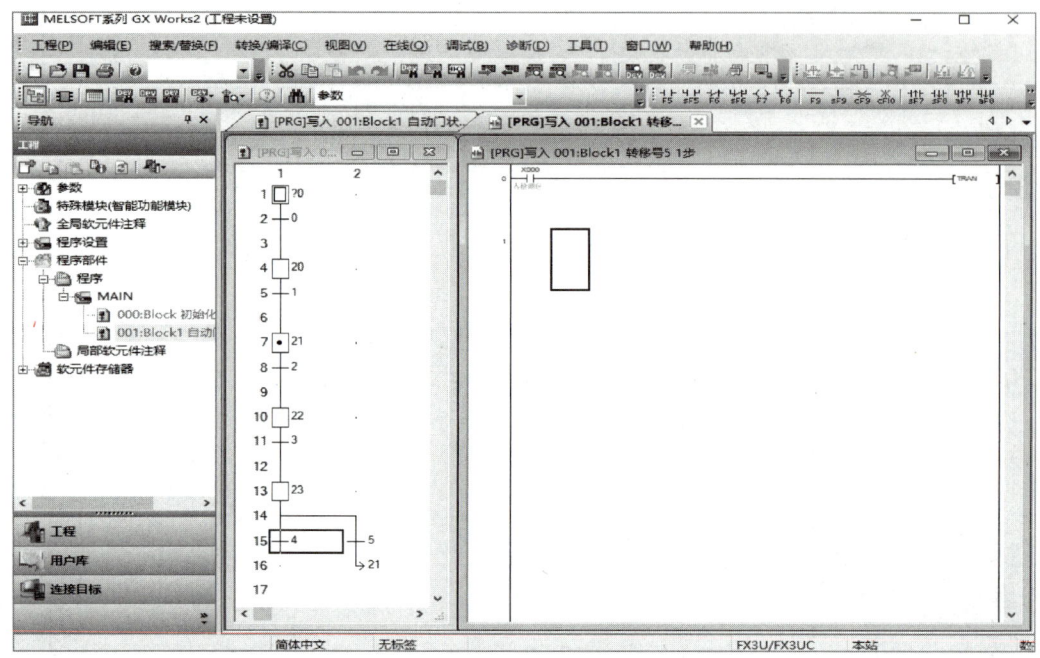

图 3-65　自动门高速关门转换低速开门程序

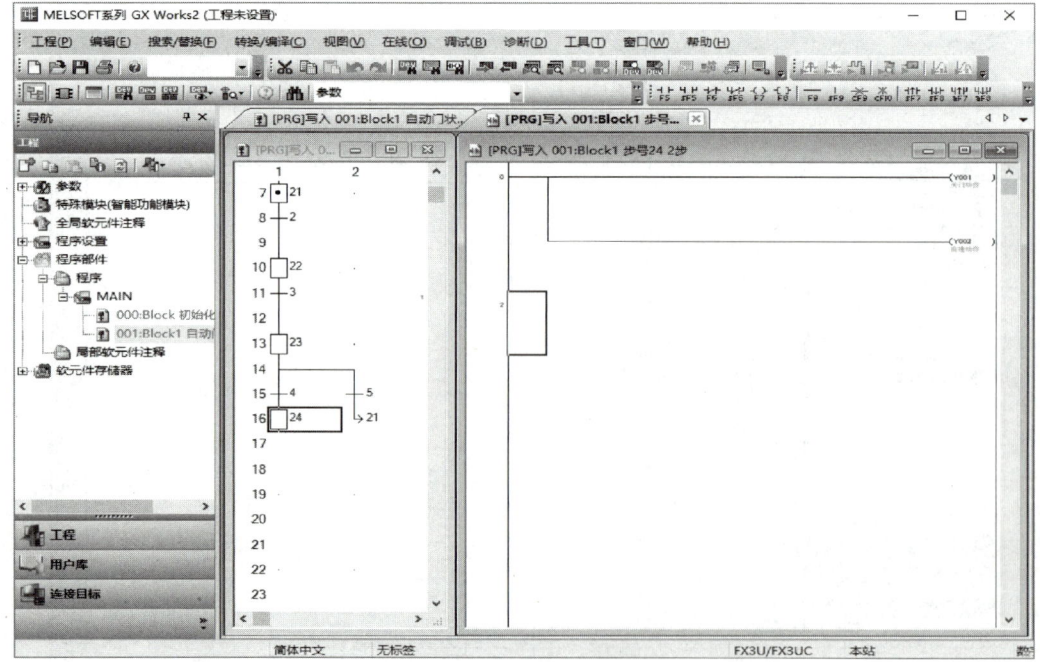

图 3-66　低速关门程序（2）

⑫ 自动门停止程序输入。自动门在低速关门过程中,当触发接近开关 X004 后,自动门程序跳转至 S0。其程序编辑如图 3-67 所示。

自动门在低速关门过程中,若检测人的传感器 X000 检测到人,则自动门由低速关门运行状态切换为高速开门运行状态,执行高速开门程序 S21。其程序编辑如图 3-68 所示。

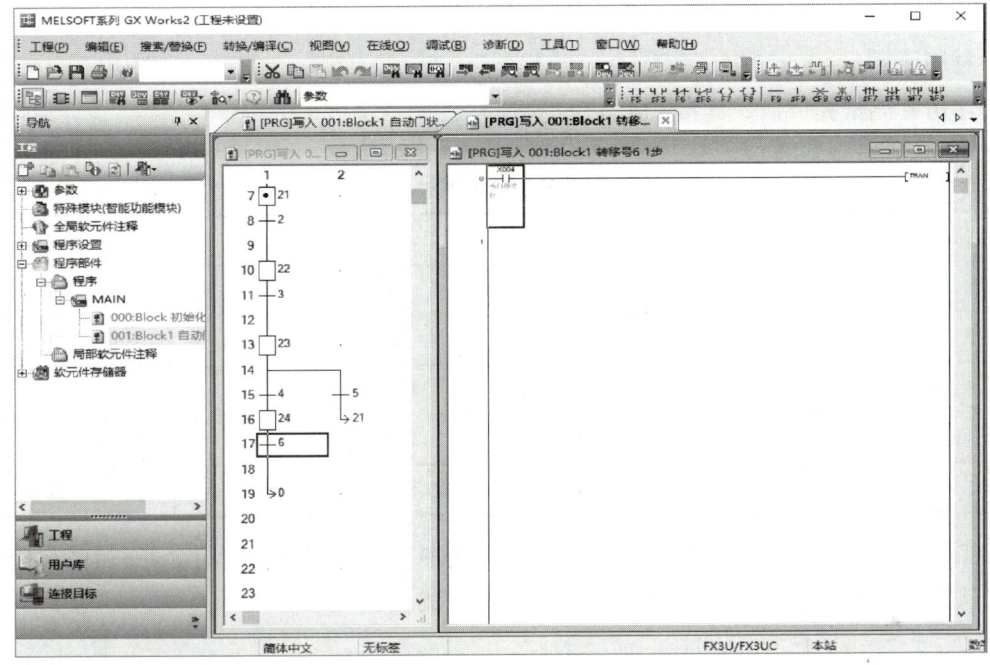

图 3-67 停止程序

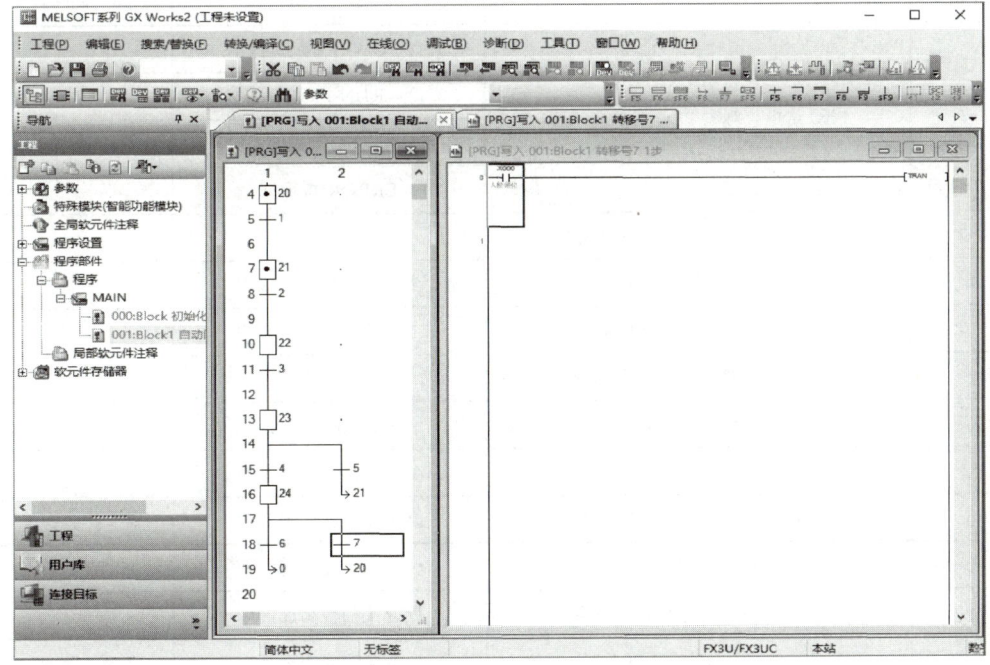

图 3-68 低速关门与高速开门切换程序

3）程序存储。程序编辑完成后，保存程序。

2. 程序模拟仿真

单击工具栏中的"模拟开始/停止"图标，对程序进行仿真测试。

3. 程序下载

程序仿真测试完成后，连接PLC进行程序下载。

4. 程序调试

（1）变频器参数设置　参照三菱通用变频器FR-D700使用手册，进行变频器参数选择及设置，见表3-9。

表3-9　变频器参数

序号	参数编号	名称	设定值
1	4	高速	40Hz
2	6	低速	15Hz
3	7	加速时间	0.5s
4	8	减速时间	0.2s
5	79	操作模式选择	2

（2）自动门控制程序调试　程序经模拟测试确认没有问题下载后，在做好安全准备的前提下，按照表3-10所示内容进行通电调试。

表3-10　程序调试PLC状态显示

调试步骤	调试内容	观察内容	调试结果
第1步	PLC送电，观察PLC指示灯状态	POWER 指示灯	
		RUN 指示灯	
		BATT 指示灯	
		ERROR 指示灯	
第2步	将"RUN/STOP"开关拨到RUN	RUN 指示灯	
第3步	触发人检测传感器 X000	变频器高速运行频率	
第4步	触发低速开门接近开关 X001	变频器低速运行频率	
第5步	触发开门极限位接近开关 X002	变频器停止运行	
第6步	观察定时器 T0	开门停止延时反向	
第7步	延时后自动关门	变频器高速运行频率	
第8步	高速关门触发人检测传感器	高速关门转低速开门	
第9步	高速关门触发 X003	变频器低速运行频率	
第10步	低速关门触发人检测传感器	低速关门转高速开门	
第11步	触发关门停止 X004	变频器停止运行	

项目 3　顺序控制指令的应用

任务测评

根据任务实施过程及任务完成结果进行测评，并填写表 3-11。

表 3-11　任务测评

评价内容	分值	评价标准	小组评价	教师评价
I/O 分配表	10	正确描述自动门 I/O 信号，无遗漏		
PLC 控制 I/O 接线图绘制	10	自动门 PLC 控制 I/O 接线图绘制规范，无错误		
硬件电路连接	10	自动门电路连接正确，变频器连接正确，无错误		
程序编写及调试	30	能独立完成自动门程序编辑，无错误		
	10	程序模拟能实现自动门动作过程		
	20	变频器参数设置正确，程序调试无错误，实现自动门的控制过程		
安全文明生产	10	遵守规章制度，满足 7S 管理要求		

任务 3　交通灯昼夜交替工作 PLC 控制

学习目标

知识目标：

1. 掌握并行序列结构顺序功能图（SFC）的画法。

2. 掌握通过顺序功能图进行步进顺序控制的设计方法。

能力目标：

1. 能根据控制要求画出顺序功能图。

2. 能灵活地将以转换为中心的顺序功能图转换成梯形图，实现十字路口交通灯控制系统的程序设计。

素质目标：

1. 能与他人合作，养成团队合作精神。

2. 提升勇于探索、创新实践的精神。

工作任务

图 3-69 所示为十字路口交通灯示意图，根据系统控制要求使用 PLC 顺序控制设计方法中的并行序列结构编程方法，完成昼夜交替工作的交通信号灯控制系统的程序设计及电路连接。

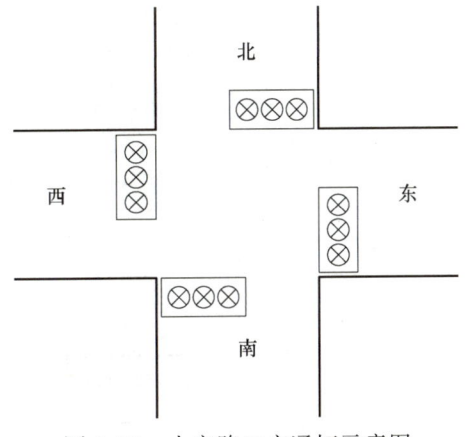

图 3-69　十字路口交通灯示意图

系统控制要求如下：

1）PLC通电，按下起动按钮，交通灯进入正常工作状态。东西方向绿灯亮，维持15s，同时南北方向红灯亮，维持20s。等15s后，东西方向绿灯闪亮，闪亮3s后熄灭，在东西绿灯熄灭时，东西黄灯亮，并维持2s。到2s时东西黄灯熄灭，东西红灯亮，同时，南北红灯熄灭，南北绿灯亮。东西红灯亮，维持15s，南北绿灯亮，维持10s，然后闪亮3s后熄灭。同时南北黄灯亮，维持2s后熄灭，这时南北红灯亮，东西绿灯亮，周而复始。

2）按下停止按钮，系统停止，所有灯全部熄灭。

3）按下夜间行驶按钮，系统东、南、西、北4个黄灯全部闪亮，其余灯全部熄灭，黄灯闪亮且按亮0.4s、暗0.6s的规律反复循环。

任务分析

通过对上述控制要求的分析可知，本任务的十字路口交通灯的控制是一个典型的由时间控制的顺序运行的循环过程，可以使用多种方法实现控制要求。本任务将通过并行序列结构顺序功能图的编程方法完成十字路口交通灯控制系统的编程设计。其工作流程图如图3-70所示。

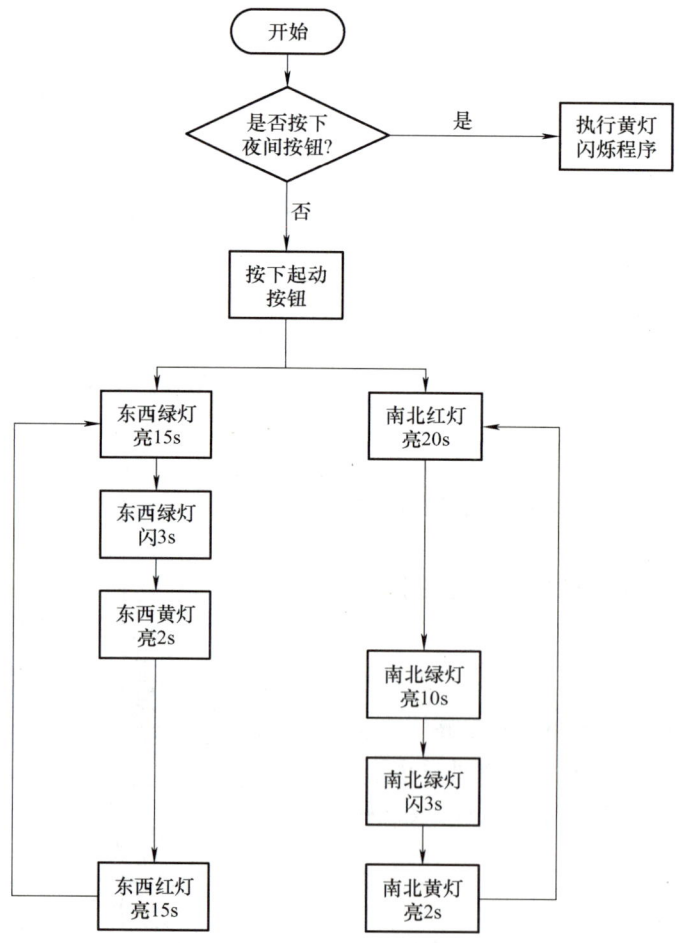

图3-70　昼夜交替工作的交通灯工作流程图

项目3 顺序控制指令的应用

> **相关知识**

一、并行序列结构形式的顺序功能图

在控制系统中,有很多控制是并行完成的。如流水线的各个工位上,尽管各工位的操作是不同的,但各工位上的动作却是并行发生的。工序转换的基本类型为单流程形式的控制。对于单纯动作的顺序控制而言,只需要单流程就足够了,但是当接入各种各样输入条件和操作者操作时,可以通过组合使用选择分支和并行分支流程,简便地处理复杂的条件。根据条件对多个工序执行选择处理用的分支称为选择分支,同时处理多个工序用的分支称为并行分支,也称为并行序列。

并行序列也有开始和结束之分。并行序列的开始称为分支,并行序列的结束称为合并。图3-71a所示为并行序列的分支,它是指转换实现后将同时使多个后续步激活,每个序列中活动步的进展将是独立的,区别于选择序列,并行序列的水平线用双线表示,同时要注意在编写转换条件后再分支。如果步20为活动步,且转换条件成立,则步21、31、41三步同时变为活动步,而步20变为不活动步;步21、31、41同时被激活后,每一序列接下来的转换将是独立的。

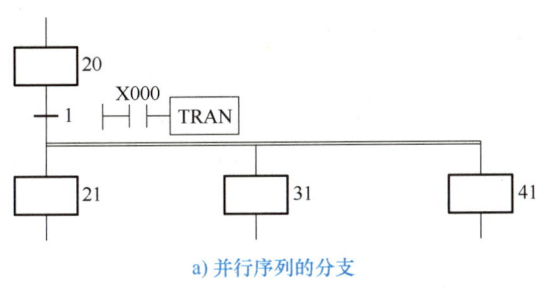

a) 并行序列的分支

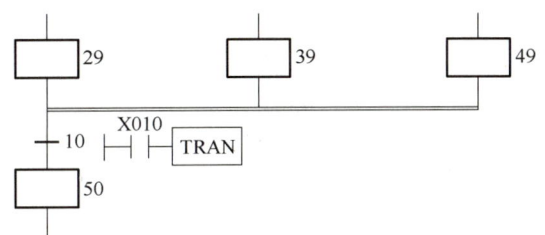

b) 并行序列的合并

图3-71 并行序列结构

图3-71b所示为并行序列的合并,同样使用双线表示并行序列的合并,转换条件放在双线之下。当直接连在双线上的所有前级步,即步29、39、49都为活动步,同时其顺序动作全部执行完成之后,且转换条件成立,才能使转换实现。即步50变为活动步,同时步29、39、49变为不活动步。

二、使用"起–保–停"电路实现并行序列的编程方法

1. 并行序列分支的编程方法

在并行序列中各单序列的第一步应同时变为活动步,使用"起–保–停"电路同样可以实现这一功能。如图3-72a所示,步M1之后有一个并行序列的分支,当步M1为活动步并且满足转换条件时,步M2和步M3同时变为活动步,即M2和M3应同时为ON;步M2和步M3的启动电路相同,都为逻辑关系式M1×X001,如图3-72b所示。

2. 并行列合并的编程方法

如图3-72a所示,步M8之前有一个并行序列的合并,该转换实现的条件是所有的前级步(即步M6和步M7)都是活动步和满足转换条件X006。由此可知,应将M6、M7和X006的常开触点串联,作为控制M8的"起–保–停"电路的启动电路,如图3-72c所示。

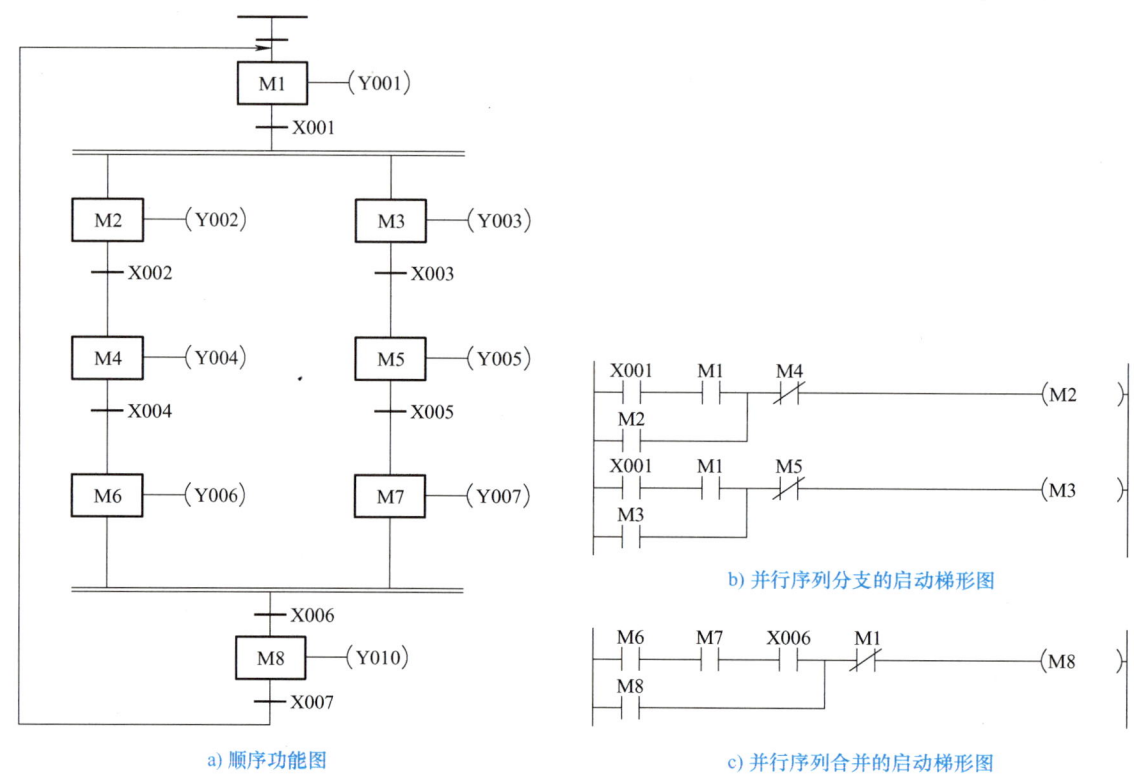

图 3-72 并行序列的编程方法实例（1）

三、以转换为中心的电路编程方法

1. 并行序列分支的编程方法

并行序列中各单序列的第一步应同时变为活动步。对这些步采用置位指令 SET 和步进开始指令 STL 及状态继电器 S，就可以实现这一要求。如图 3-73a 所示，步 S21 之后有一个并行序列的分支，当步 S21 为活动步并且满足转换条件时，步 S22 和步 S23 同时变为活动步，即 S22 和 S23 应同时为 ON，且步 S22 和步 S23 的启动电路相同，如图 3-73b 所示。

2. 并行序列合并的编程方法

在图 3-73a 所示的步 S28 之前有一个并行序列的合并，该转换实现的条件是所有的前级步（即步 S26 和步 S27）都是活动步和满足转换条件 X006。由此可知，应将步 S26、S27 作为控制步 S28 的步进开始，当转换条件 X006 得到满足时，就使 S28 变为活动步，如图 3-73c 所示。

四、并行序列编程法的基本编程原则

从上述的并行序列分支和并行序列合并的编程方法可知，在并行序列中，编程的原则与前面任务介绍的选择序列编程的原则基本一样，也是先进行状态转换处理，然后再处理动作。在状态转换处理中，先集中处理分支，然后处理分支内部状态转换，最后集中处理合并。

项目 3 顺序控制指令的应用

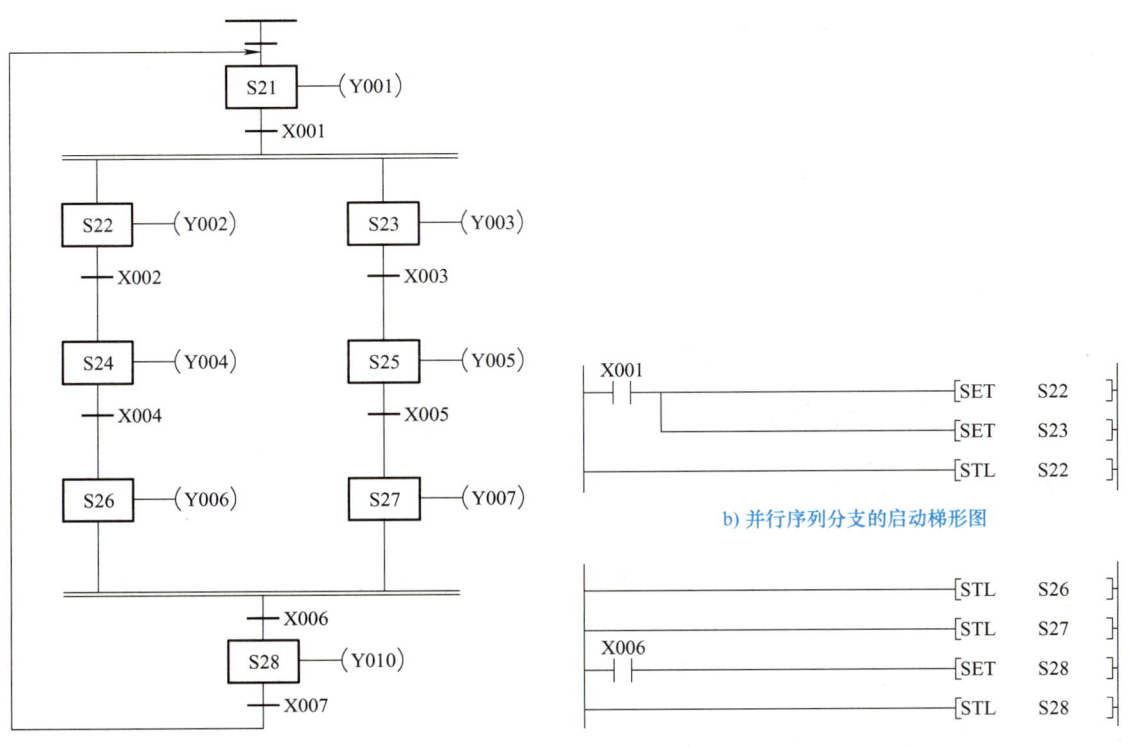

图 3-73 并行序列的编程方法实例（2）

🔷 任务实施

一、绘制 I/O 分配表

根据任务要求可知，PLC 需要 3 个输入点和 6 个输出点，其 I/O 分配见表 3-12。

表 3-12 交通灯昼夜交替工作 PLC 控制 I/O 分配

输入			输出		
元件代号	作用	输入继电器	元件代号	作用	输出继电器
SB1	起动按钮	X000	HL1	东西方向绿灯	Y000
SB2	夜间行驶按钮	X001	HL2	东西方向绿灯	Y000
SB3	停止按钮	X002	HL3	东西方向黄灯	Y001
			HL4	东西方向黄灯	Y001
			HL5	东西方向红灯	Y002
			HL6	东西方向红灯	Y002
			HL7	南北方向绿灯	Y003

（续）

输入			输出		
元件代号	作用	输入继电器	元件代号	作用	输出继电器
			HL8	南北方向绿灯	Y003
			HL9	南北方向黄灯	Y004
			HL10	南北方向黄灯	Y004
			HL11	南北方向红灯	Y005
			HL12	南北方向红灯	Y005

二、绘制 PLC 控制 I/O 接线图

十字路口交通灯的 PLC 控制 I/O 接线图如图 3-74 所示。

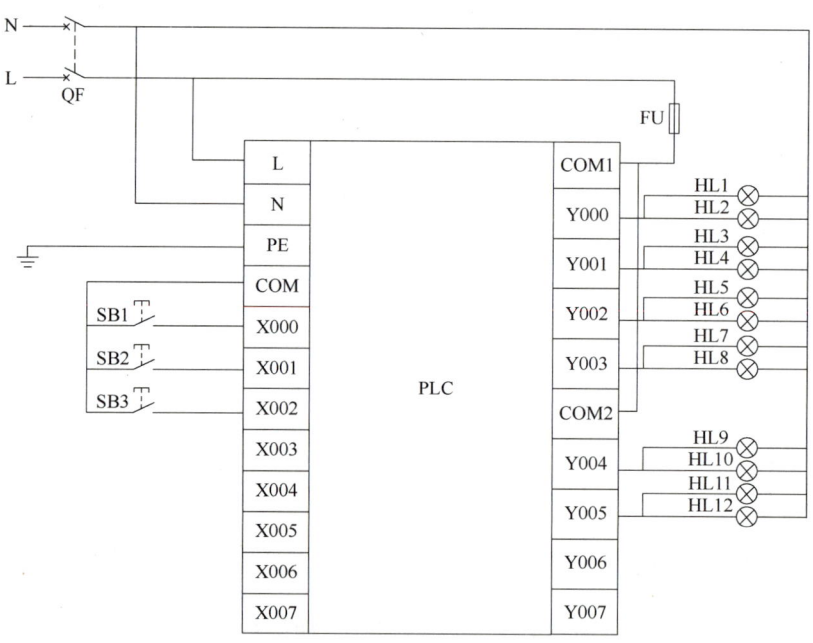

图 3-74　十字路口交通灯的 PLC 控制 I/O 接线图

三、电气元件选型及工具材料准备

实训设备及工具材料清单见表 3-13。

四、绘制电气元件布置图

交通灯电气元件布置图如图 3-75 所示。

五、电路安装与布线

根据电气元件布置图进行电气元件的安装与固定，并根据 PLC I/O 接线图进行布线。

1. 检查元器件

根据表 3-12 配齐元器件，检查元器件的规格是否符合要求，并用万用表检测元器件是否完好。

2. 安装元器件

根据元器件安装工艺要求，安装并固定好本任务所需元器件。

项目 3 顺序控制指令的应用

表 3-13 实训设备及工具材料清单

序号	分类	名称	型号规格	数量	单位	备注
1	电气元件	导轨	C45	0.3	m	
2		空气断路器	Multi9 C65N D20	1	只	
3		熔断器	RT28-32	6	只	
4		按钮	LA10-2H	1	只	
5		指示灯	红色	4	只	
6		指示灯	黄色	4	只	
7		指示灯	绿色	4	只	
8	工具设备仪表	电工常用工具		1		
9		万用表	MF47	1		
10		编程计算机		1		
11		接口单元		1		
12		通信电缆		1		
13		PLC	FX3U-48MR	1		
14		安装配电盘	600×900mm	1		
15	耗材	端子	D-20	20	只	
16		铜塑线	BV1.5mm²	10	m	主电路
17		铜塑线	BV1.0mm²	15	m	控制电路
18		软线	BVR7×0.75mm²	10	m	
19		紧固件	M4×20 螺杆	若干	只	
20			M4×12 螺杆	若干	只	
21			φ4mm 平垫圈	若干	只	
22			φ4mm 弹簧垫圈及 M4 螺母	若干	只	
23		号码管		若干	m	
24		号码笔		1	支	

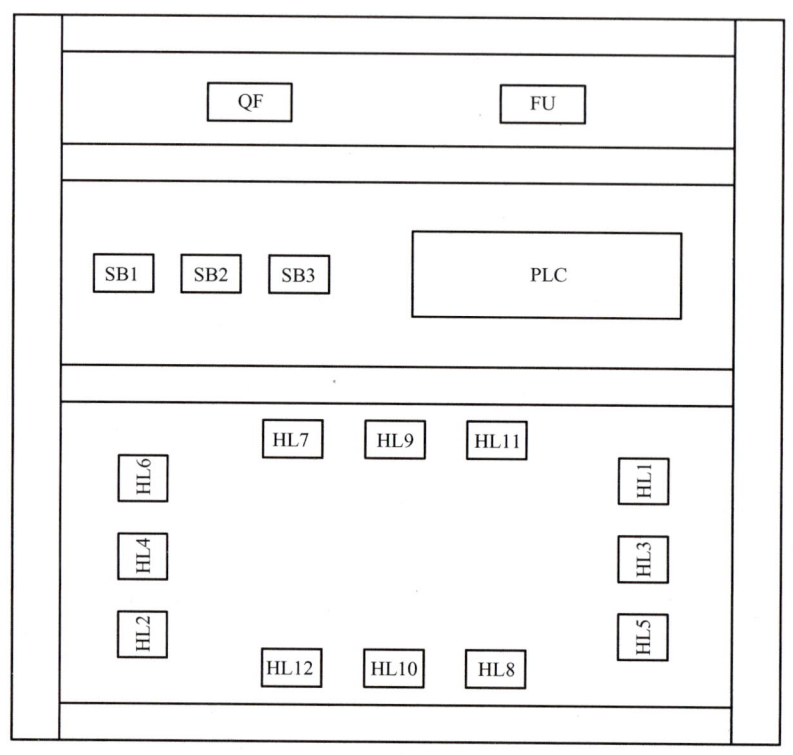

图 3-75　交通灯电气元件布置图

3. 布线

根据 PLC 控制 I/O 接线图对各元器件进行布线。

4. 自检

对照 PLC 控制 I/O 接线图检查接线是否无误，再使用万用表检测电路的阻值是否与设计相符。

六、程序设计

1. 编写初始化块

根据任务要求，在初始化程序块中完成交通灯昼夜交替程序，如图 3-76 所示。其中使用 M101 作为夜间模式指示标识，T30、T31 分别作为亮、暗交替计时器。

2. 使用并行序列 SFC 编写白天交通灯顺序功能图

根据 I/O 通道地址分配表及任务控制要求分析，将系统白天部分分成东西和南北两个方向根据时间分析工作步骤，其控制工序分析见表 3-14。

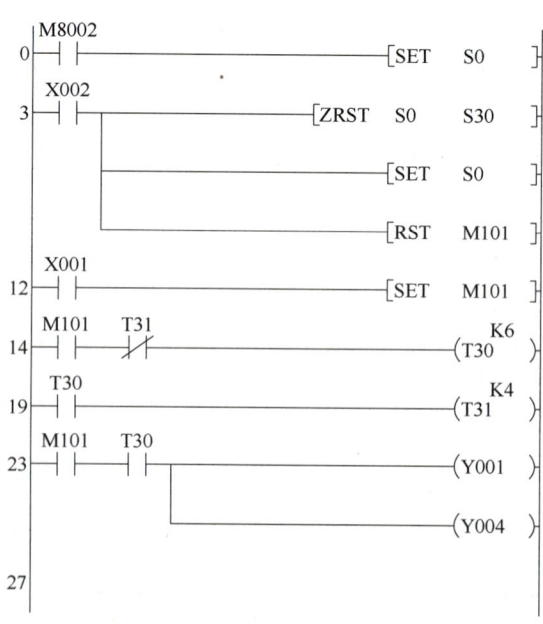

图 3-76　交通灯初始化程序块

项目3 顺序控制指令的应用

表 3-14 昼夜交替工作交通信号灯并行序列的控制工序分析

状态		初始状态 S0	S20	S21	S22	S23	S24	S25
东西方向	信号灯	所有灯全灭	绿灯 Y000 亮	绿灯 Y000 闪	黄灯 Y001 亮	红灯 Y002 亮		
	时间		15s	3s	2s	15s		
状态			S30			S31	S32	S33
南北方向	信号灯		红灯 Y005 亮			绿灯 Y003 亮	绿灯 Y003 闪	黄灯 Y004 亮
	时间		20s			10s	3s	2s

两个方向的交通灯是并行工作的,可以分别作为一个分支,根据表 3-14 可以采用并行序列分支的编程方法。绘制出顺序功能图,如图 3-77 所示。

3. 指令表

根据图 3-77 所示的顺序功能图,运用并行序列的指令编写方法,读者自行编写指令语句,此处不再赘述。

4. 梯形图

根据编写的顺序功能图,将其转换成梯形图,如图 3-78 所示。

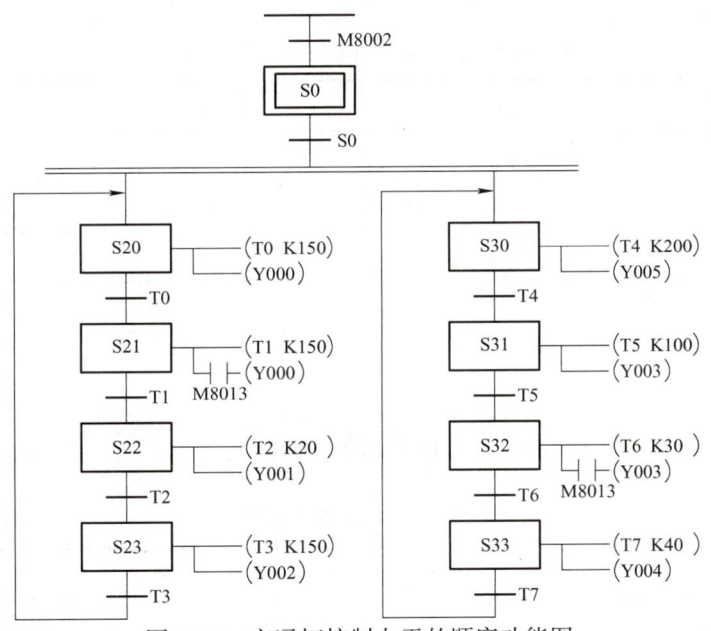

图 3-77 交通灯控制白天的顺序功能图

七、程序输入及调试

本任务的程序输入法有 3 种,即梯形图输入法、指令表输入法和顺序功能图输入法。在进行步进顺序控制编程设计时,一般都是采用顺序功能图输入法,因为采用顺序功能图输入法,用 STL 指令设计复杂系统梯形图时更能体现其优越性。

1. 程序输入

(1) 工程名的建立 启动 GX Works2 编程软件,先选择 PLC 的系列为"FXCPU",再选择机型为"FX3U/FX3UC",创建新文件,输入梯形图。

(2) 程序输入 输入方法可参照本项目

任务 2 所述的方法，在此不再赘述。需要说明的是，任务 2 中采用的是选择序列结构编程方法，而本任务采用的是并行序列结构编程方法，因此在程序输入时选用并行分支双实线画法，如图 3-79 所示。

昼夜交替十字路口交通灯的并行序列结构控制的完整 SFC 界面如图 3-80 所示。

2. 仿真运行

仿真运行可参照前面任务所述的方法进行。

3. 程序下载

（1）PLC 与计算机连接　使用专用通信电缆 RS-232/RS-422 转换器将 PLC 的编程接口与计算机的 COM 串口连接。

（2）程序写入　先接通系统电源，将 PLC 的 RUN/STOP 开关拨到"STOP"的位置，然后通过 GX Works2 软件中"在线"菜单的"PLC 写入"命令，就可以把仿真成功的程序写入 PLC 中。

4. 通电调试

1）经自检无误后，在指导教师的指导下，可通电调试。

2）先接通系统电源，将 PLC 的 RUN/STOP 开关拨到"RUN"的位置，然后通过计算机 GX Works2 软件中的"监控／测试"命令监视程序的运行情况，再按照表 3-15 进行操作，观察系统运行情况并做好记录。如果出现故障，应立即切断电源，分析原因、检查电路或梯形图，排除故障后，方可进行重新调试，直到系统功能调试成功为止。

表 3-15　程序调试步骤及运行情况记录

调试步骤	调试内容	观察内容	调试结果
第 1 步	接通 SB2	HL1～HL12 状态	
第 2 步	断开 SB2 接通 SB1		
第 3 步	接通 SB3		

任务测评

对任务实施的完成情况进行检查，并将结果填入表 3-16。

表 3-16　任务测评

评价内容	分值	评价标准	小组评价	教师评价
电气原理图绘制	20	能正确绘制电气原理图		
硬件电路连接	20	电路连接正确，且工艺良好，布局合理		
程序编写及调试	15	能正确编写初始化程序块		
	15	能使用并行序列完成交通灯控制的 SFC 程序编写		
	10	能正确实现程序模拟		
	10	可以正常下载运行程序		
安全文明生产	10	遵守规章制度，满足 7S 管理要求		

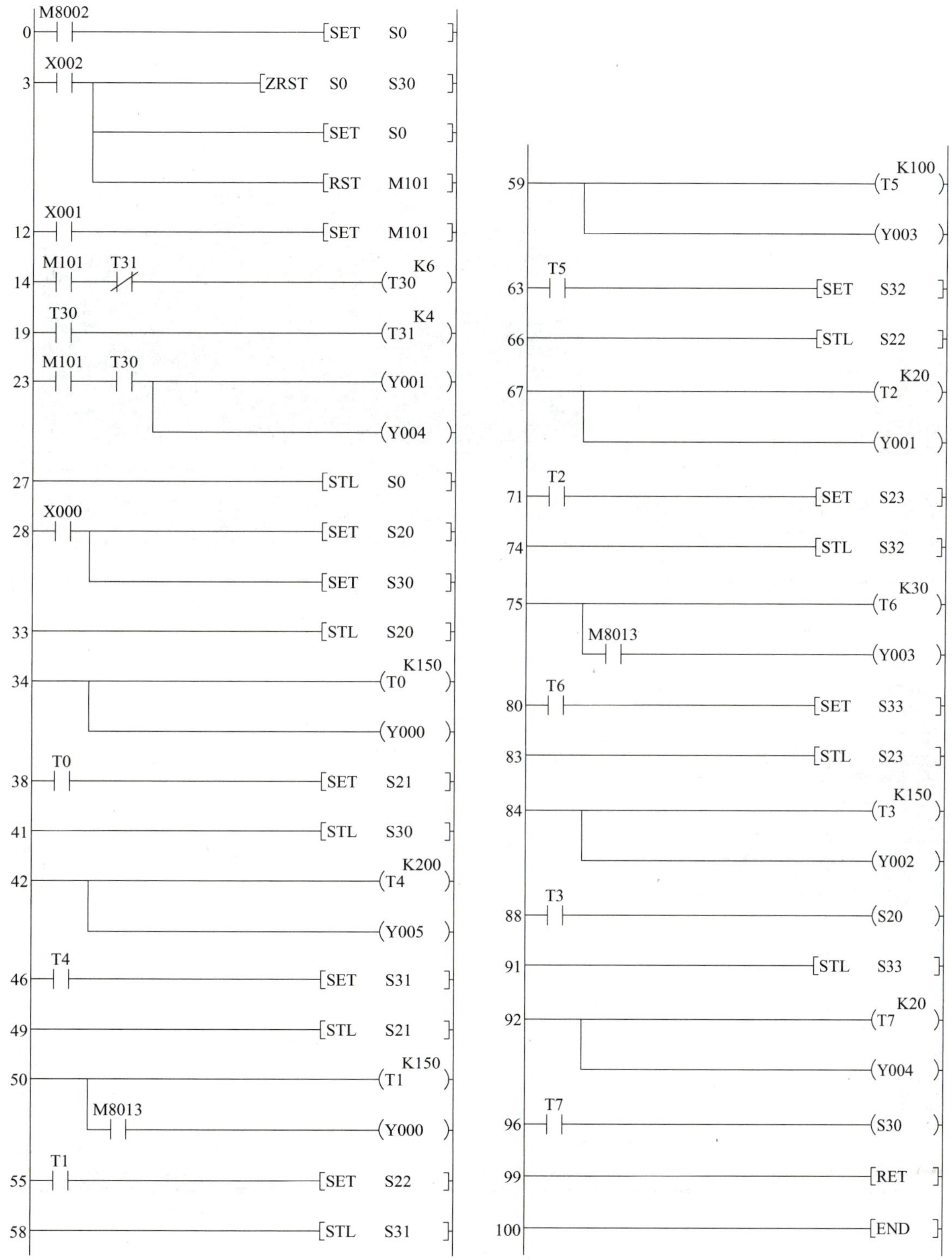

项目 3 顺序控制指令的应用

图 3-78 转化后的梯形图

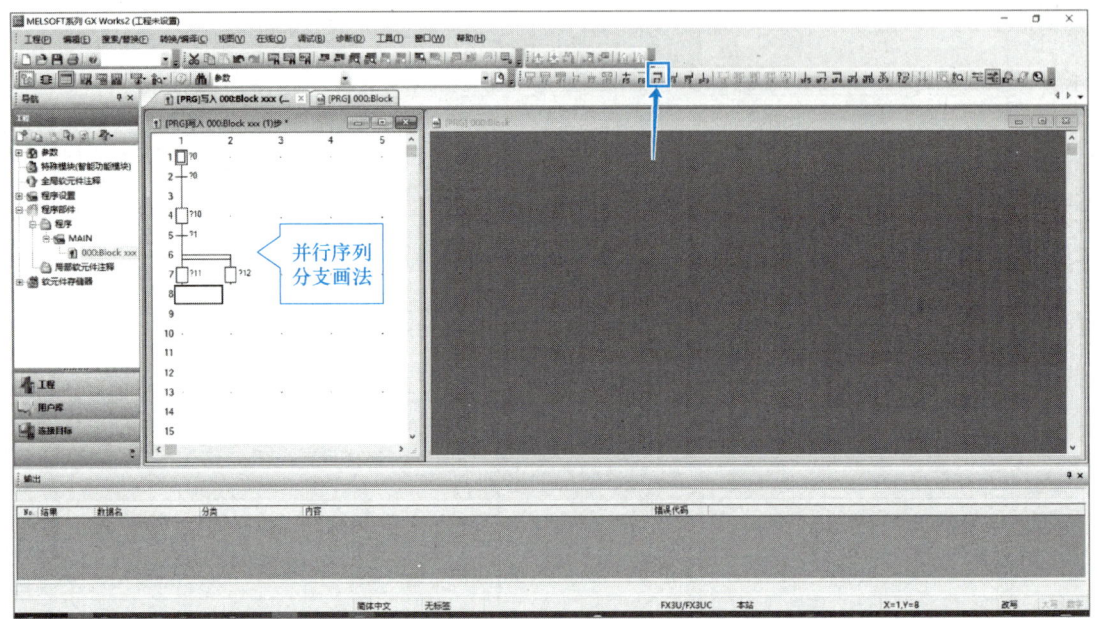

图 3-79 并行序列分支画法

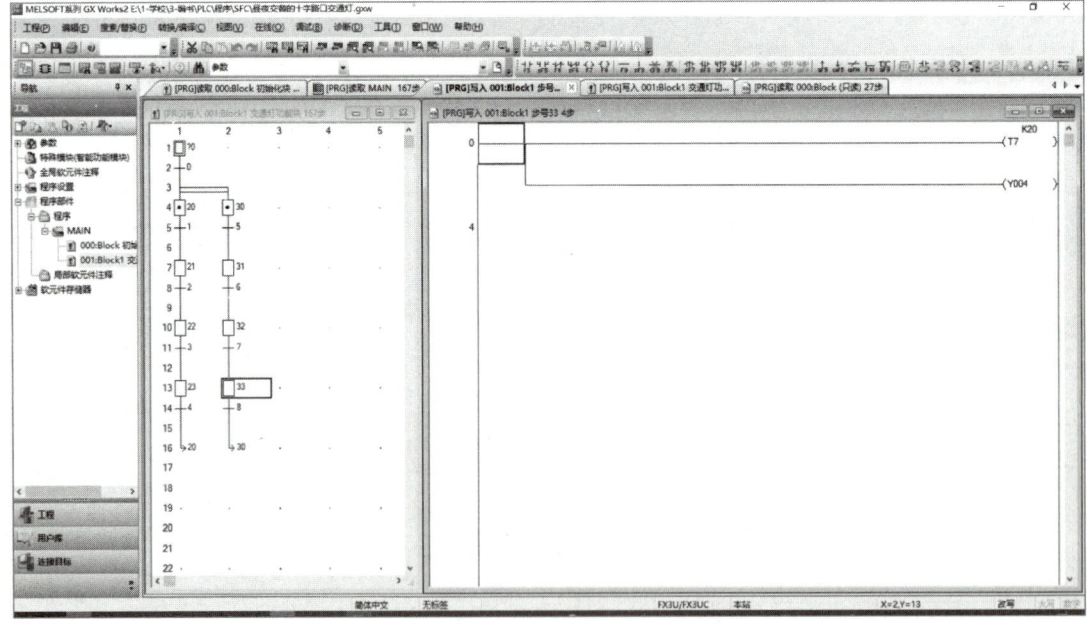

图 3-80 昼夜交替十字路口交通灯的并行序列结构控制的完整 SFC 界面

项目 4　功能指令的应用

PLC 功能指令又称为专用指令，FX 系列 PLC 具有丰富的功能指令，包括程序流向控制、传送与比较、算术与逻辑运算、循环与移位等 25 类功能指令。指令的类型不同，使用的场合也不同。合理安排程序的结构，可以有效提高程序的功能，实现某些技巧性运算，达到控制要求。

功能指令综合性比较强，一条指令即可实现以往需要大段程序才能完成的某种任务，如 PID 功能、表功能等，这类指令实际上就是一个个功能完整的子程序。有些功能指令内部电路比较复杂，某些指令一旦执行，功能指令内相关元件自动受控，相关状态与存储器自动分配，甚至相关辅助继电器与元件内部具有自动等效电路。

有的功能指令没有操作数，而大多数功能指令有 1～4 个操作数。[S] 表示源操作数，[D] 表示目标操作数，如果使用变址功能，则可表示为 [S•] 和 [D•]。当源或目标不止一个时，用 [S1•]、[S2•]、[D1•]、[D2•] 表示。

要学习应用功能指令，首先要掌握功能指令的表达形式。和基本指令不同，功能指令不含表达梯形图符号间相互关系的成分，而是直接表达指令要做什么，在梯形图中用功能框表示。功能框中分栏表示指令的名称、相关数据或数据的存储地址。

任何一种指令的学习与掌握都离不开实践。先学习别人的经验与成果，以任务为模板进行嫁接，为己所用，从而成为自己的知识。程序编制仅仅是开始，还需要反复调试，直到解决所有可能出现的实际问题。此外，有些指令存在工程上的一些习惯用法，只有在实践中不断摸索，才能灵活运用，本项目设置了 4 个任务以供读者学习、使用常见的功能指令。

任务 1　流水灯 PLC 控制

学习目标

知识目标：

1. 掌握数据寄存器的分类、功能。
2. 掌握数据传送、循环及移位等功能指令的功能及使用原则。

能力目标：

1. 能根据控制要求，灵活地应用数据传送、循环及移位等功能指令，完成已知控制系统的程序设计。
2. 能够进行流水灯 PLC 控制系统的线路安装与调试。

素质目标：

1. 强化专业技能，提升自我专业素质。
2. 强化综合素质，具有探索创新实践的精神。

工作任务

随着社会经济的不断繁荣和发展，各种

装饰彩灯、广告彩灯越来越多地出现在城市中。在大型晚会的现场，彩灯更是成为不可缺少的一道景观。小型彩灯多为采用霓虹灯管制作而成，还有的则是以荧光灯、白炽灯、LED 灯作为光源。其中，中小型彩灯的控制设备多为数字电路。而大型楼宇的轮廓装饰或大型晚会的灯光布景等，由于其变化多、功率大，数字电路难以胜任，更多的是应用 PLC 进行控制。图 4-1 所示为常见彩灯，这些彩灯的亮灭、闪烁时间及流动方向的控制均是通过 PLC 来完成的。

图 4-1　常见彩灯

在彩灯的应用中，装饰灯、广告灯、布景灯的变化多种多样，但就其工作模式而言，可分为 3 种主要类型：长明灯、流水灯及变换灯。长明灯的特点是只要灯投入工作，负载即长期接通，一般在彩灯中用以照明或衬托底色，没有频繁的动态切换过程，因此可用开关直接控制，不需要经过 PLC 控制。流水灯负载变化频率高，变换速度快，使人有眼花缭乱之感，分为多灯流动、单灯流动等情况。变换灯则包括字形变化、色彩变化、位置变化等，其主要特点是在整个工作过程中周期性地花样变化，但频率不高。流水灯及变换灯均适宜采用 PLC 控制。本次任务的主要内容是通过移位、数据传送等简单的功能指令实现流水灯的控制。

现有 HL1～HL8 共 8 盏霓虹灯，当按下起动按钮后，系统开始工作，工作方式如下：

1）按下起动按钮后，霓虹灯 HL1～HL8 以正序（从左到右）每隔 1s 依次点亮。

2）当第 8 盏霓虹灯 HL8 点亮后，再反向逆序（从右到左）每隔 1s 依次点亮。

3）当第 8 盏霓虹灯 HL1 再次点亮后，重复循环上述过程。

4）当按下停止按钮后，霓虹灯控制系统停止工作。

任务分析

通过对上述控制要求的分析可知，8 盏霓虹灯依次点亮的控制可用基本指令编写，但是其程序步数较多，编写过于烦琐。本任务主要介绍一种通过移位及传送功能指令控制的步数简短的 8 盏霓虹灯控制系统。其程序流程图如图 4-2 所示。

相关知识

一、位元件、字元件和位组合元件

在前面任务中所介绍的输入继电器 X、输出继电器 Y、辅助继电器 M 以及状态继电器 S 等仅处理 ON/OFF 信息的软元件被称为位元件。与此相对，T、C、D、R 等处理数值的软元件被称为字元件，用位数 Kn 和起始软元件编号的组合来表示。

项目 4 功能指令的应用

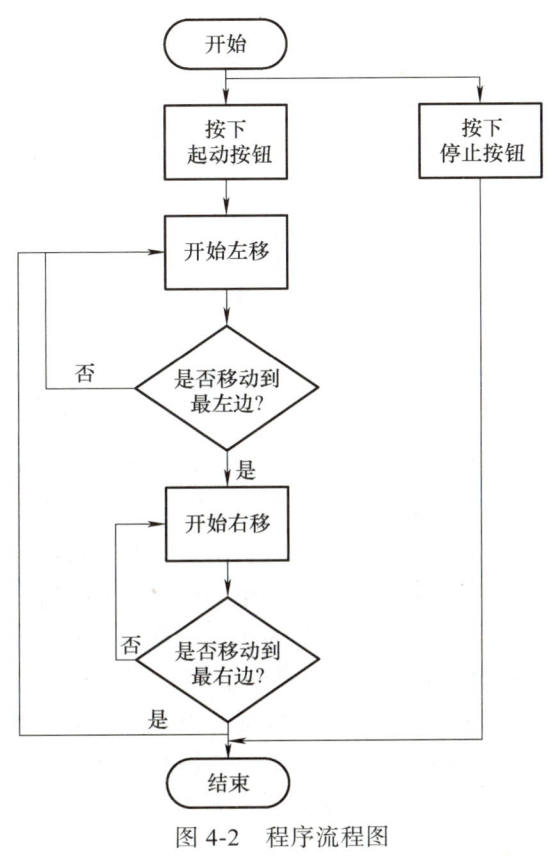

图 4-2 程序流程图

用十进制数据。为此，FX 系列 PLC 中使用 4 位 BCD 码表示一位十进制数据，由此产生了位组合元件，它将 4 位位元件成组使用。位组合元件在输入继电器、输出继电器及辅助继电器中都有使用。位组合元件的表达方式为 KnX、KnY、KnM、KnS 等形式，其中，Kn 指有 n 组这样的数据。如 KnX000 表示位组合元件是由从 X000 开始的 n 组位元件组合。若 n 为 1，则 K1X000 是指 X003、X002、X001、X000 四位输入继电器组合；若 n 为 2，则 K2X000 是指 X007～X000 八位输入继电器组合；若 n 为 4，则 K4X000 是指 X017～X010、X007～X000 十六位输入继电器组合。只要没有特别的限制，被指定的位软元件的编号可以是任意的，但是建议在 X、Y 场合，尽量将最低位的编号设置为 0（指定 X000、X010、X020、…、Y000、Y010、Y020 等）。在 M、S 场合，最理想的是 8 的倍数，但是为了避免混乱，建议设定为 M0、M10、M20 等。另外要注意使用位组合元件进行数据传送时，如果数据长度不足，那么高位部分将不被传送。图 4-3 所示为位组合元件数据传送图。

即使是位元件，通过组合使用后也可以处理数值。在 PLC 中，人们常希望能直接使

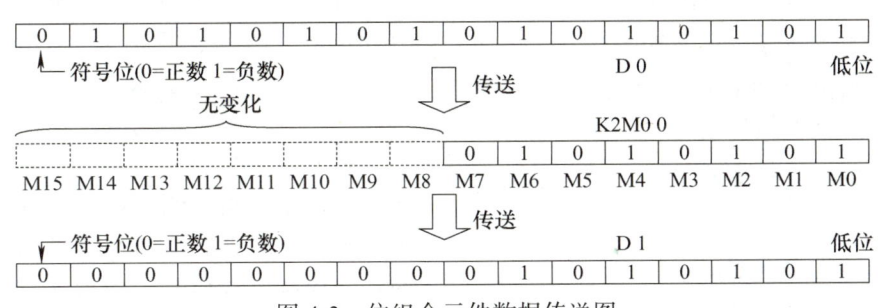

图 4-3 位组合元件数据传送图

二、数据寄存器（D）

数据寄存器（D）是用来存储数值数据的字元件，全都是 16 位数据（最高位为正、负符号位），也可以把两个寄存器合并起来存放一个 4 字节（32 位）的数据，最高位仍为正、负符号位，其数值可以通过功能指令、数据存取单元（显示器）及编程装置读出与写入。最高位为 0 时表示正数；最高位为 1 时表示负数。FX3U 系列 PLC 的数据寄存器类型见表 4-1。

表 4-1　FX3U 系列 PLC 的数据寄存器类型

数据寄存器				文件寄存器（保持）
通用型	失电保持型	失电保持专用（电池保持）	特殊型	
D0～D199，200 点	D200～D511，312 点	D512～D7999，7488 点	D8000～D8511，512 点	D1000～D7999，7000 点

1. 通用型数据寄存器（D0～D199，共 200 点）

该数据寄存器中的数据一旦被写入，在其他数据未被写入之前都不变化。在 RUN→STOP 时以及停电时，通用型数据寄存器的所有数据都被清除为 0。但是，如果驱动特殊辅助继电器 M8033，则在 RUN→STOP 时也能保持数据。

2. 失电保持型数据寄存器（D200～D511，共 312 点）

失电保持型数据寄存器与通用型数据寄存器一样，除非改写，否则原有数据不会变化。它与通用型数据寄存器不同的是，无论电源是否掉电，PLC 运行与否，其内容不会变化，除非向其中写入新的数据。将失电保持专用的数据寄存器作为通用型使用时，应使用 RST 或是 ZRST 指令在程序的开头步中进行复位。如果电池电压比保持电压低，将不能正确保持软元件的状态。需要注意的是，当两台 PLC 进行点对点通信时，D490～D509 用作通信。

3. 特殊型数据寄存器（D8000～D8511，共 512 点）

特殊型数据寄存器用于写入具有特定目的的数据，其内部预先写入了特定的内容。该内容在每次上电时会被设置为初始值（一般被清零，带初始值的通过系统 ROM 被写入）。例如，系统 ROM 对 D8000 中的 WDT（看门狗定时器）时间进行初始设定，但如果要更改，则可使用传送指令 MOV（FNC 12）向 D8000 中写入目的时间。该值在 PLC 由运行（RUN）状态转为停止（STOP）状态时保持不变。不要使用没有定义的数据寄存器。

4. 文件寄存器（D1000～D7999，共 7000 点）

文件寄存器，是对相同软元件编号的数据寄存器设定初始值的软元件。这个软元件也和数据寄存器相同，是 16 位数据（最高位为正、负符号位），但是组合两个软元件后可以保存 32 位（最高位为正、负符号位）的数值数据。根据设定的参数，可以将数据寄存器 D1000 以后的失电保持专用的数据寄存器设定为文件寄存器，最多可设定 7000 点。另外，文件寄存器点数根据机型不同而不同。文件寄存器实际上是一类专用数据寄存器，用于存储大量的数据，例如采集数据、统计计算数据、多组控制参数等。其数值由 CPU 的监视软件决定，但可通过扩充存储器的文件寄存器占用用户程序存储器（EPROM、EEPROM）的一个存储区。

三、功能指令简介

PLC 的功能指令又称为应用指令，是指在完成基本逻辑控制、定时控制、顺序控制的基础上，PLC 制造商为满足用户不断提出的特殊控制要求而开发的指令，如程序控制类指令、数据处理类指令、特种功能类指令和外部设备类指令等。应用指令主要在执行四则运算、旋转位移、便捷指令等数据操作时使用。

1. 功能指令与基本指令的比较

基本指令是用于表达软元件的触点与母线之间、触点与触点之间以及线圈连接关系

项目 4 功能指令的应用

的指令。利用基本指令可以进行一般的逻辑、定时、计数等操作。

与基本指令不同，功能指令用于实现某种功能，例如时钟、通信、转换、位移循环和定时等。FX 系列 PLC 在梯形图中使用功能框（中括号）表示功能指令。图 4-4a 所示为功能指令梯形图示例。图中 M8002 的常开触点是功能指令的执行条件（工作条件），其后的方框（中括号）即为功能框。功能框中分栏表示指令的名称、相关数据或数据的存储地址。这种表达方式的优点是直观、易懂。图 4-4a 中指令的功能是：当 M8002 接通时，十进制常数 10 被送到输出继电器 Y000～Y003 中去（传送时 K10 自动进行二进制变换），相当于图 4-4b 所示的用基本指令实现的程序。可见，完成同一任务，用功能指令编写的程序要简练得多。

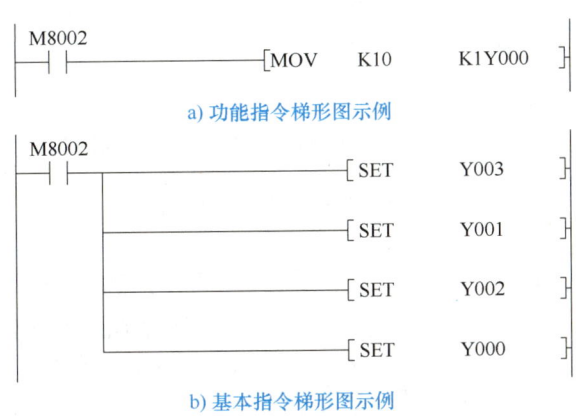

图 4-4 用功能指令与基本指令实现同一任务的比较

2. 功能指令的组成要素和格式

（1）编号 功能指令用编号 FNC00～FNC305 表示，并给出对应的助记符。例如 FNC10 的助记符是 CMP（比较），FNC140 的助记符是 WSUM（计算数据合计值）。使用简易编程器时应键入编号，如 FNC10、FNC140 等；使用编程软件时应键入助记符，如 CMP、WSUM 等。

（2）助记符 指令名称用助记符表示，功能指令的助记符为该指令的英文缩写词。如传送指令"COMPARE"简写为 CMP，加法指令"WORD SUM"简写为 WSUM，采用这种方式便于用户了解指令功能。如在助记符前加"D"表示数据长度为 32 位，加"P"表示执行形式为脉冲执行。

（3）数据长度 功能指令按处理数据的长度分为 16 位指令和 32 位指令。其中，32 位指令需在助记符前加"D"，若助记符前无"D"，则为 16 位指令。例如，MOV 是 16 位指令，DMOV 是 32 位指令。

（4）执行形式 功能指令有脉冲执行型和连续执行型两种形式。在指令助记符后标有"P"的为脉冲执行型，无"P"的为连续执行型。例如：SUB 为连续执行型 16 位指令，SUBP 为脉冲执行型 16 位指令，而 DSUBP 为脉冲执行型 32 位指令。脉冲执行型指令在执行条件满足时仅执行一个扫描周期，这点对于数据处理而言有很重要的意义。例如：一条脉冲执行型减法指令，仅会对减数和被减数做一次减法运算；而连续执行型减法指令在执行条件满足时，每一个扫描周期都要进行一次减法运算。

（5）操作数 操作数是指功能指令涉及或产生的数据。有的功能指令没有操作数，大多数功能指令有 1～4 个操作数。操作数分为源操作数、目标操作数及其他操作数。

1）源操作数。源操作数是指令执行后不改变其内容的操作数，一般作为指令的输入信息，用 [S] 表示。若可使用变址功能，则表示为 [S•]。

2）目标操作数。目标操作数是指令执行后改变其内容的操作数，一般作为指令的输出信息，用 [D] 表示。若可使用变址功能，则表示为 [D•]。

3）其他操作数。m 与 n 表示其他操作数。其他操作数常用来表示常数，或者对源操作数和目标操作数进行补充说明。当用于表示常数时，K 表示十进制常数，H 表示十六进制常数。当某种操作数为多个时，可用数码加以区分，如 [S1]、[S2]。

由于不同指令对参与操作的元件类型有一定限制，因此，操作数的取值就有一定的范围。从根本上来说，操作数是参与运算数据的存储地址。存储地址是依元件的类型分布在存储区中的。正确地选取操作数类型，对于正确使用指令有很重要的意义。

功能指令的格式如图 4-5 所示。

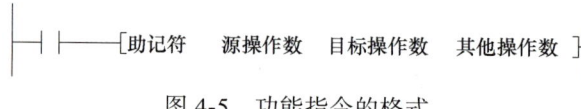

图 4-5　功能指令的格式

四、传送（MOV）指令

1. 传送指令的助记符及功能

数据传送指令的助记符及功能见表 4-2。

2. 传送指令的使用方法

MOV 指令的用法如图 4-6 所示，其时序图如图 4-7 所示。

表 4-2　数据传送指令的助记符及功能

助记符	功能	操作数		程序步数
		[S•]	[D•]	
MOV（FNC12）	将一个存储单元的数据存放到另一个存储单元	K、H、KnX、KnY、KnM、KnS、T、C、D、V、Z	KnY、KnM、KnS、T、C、D、V、Z	MOV（P），5 步 DMOV（P），9 步

MOV 指令的使用说明如下：

1）MOV 指令输入为 OFF 时，传送目标 [D•] 不变化。在图 4-6 中，当 X000 闭合时，将源 K150 传送到目标 D0；当 X001 闭合时，将 T0 的当前值传送至 D1。传送时，K150 自动进行二进制变换。

2）当 32 位传送时，将传送源 [S•]+1、[S•] 的内容传送到传送目标 [D•]+1、[D•] 中。例如用 DMOV 指令，源为（D5）D4，目标为（D9）D8，D5、D9 自动被占用。

3. 编程实例

实例 1：如图 4-8 所示，当 X000 为 OFF 时，MOV 指令不执行，D1 中的内容保持不变；当 X000 为 ON 时，MOV 指令将 K50 传送到 D1 中去。

实例 2：定时器、计数器设定值也可以由 MOV 指令间接指定，如图 4-9 所示，当 X002 为 ON 时，T20 的设定值为 100；当 X002 为 OFF 时，T20 的设定值为 50。

实例 3：如图 4-10 所示，梯形图为读出定时器、计数器的当前值。当 X000 为 ON 时，T0 的当前值被读出到 D0 中。

项目 4 功能指令的应用

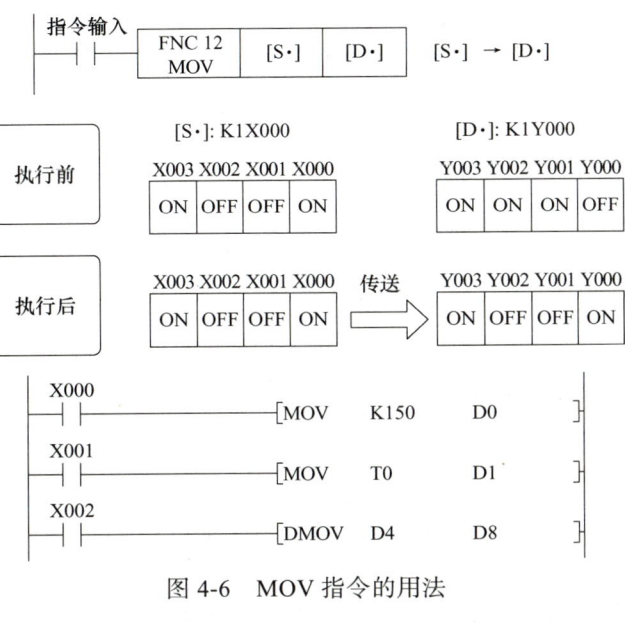

图 4-6 MOV 指令的用法

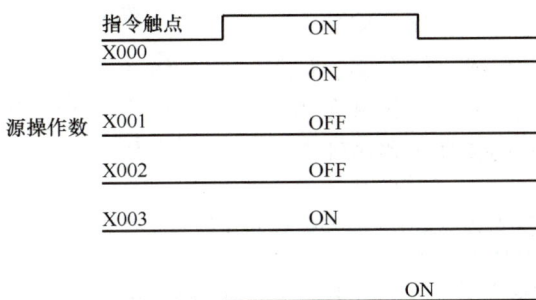

图 4-7 MOV 指令的时序图

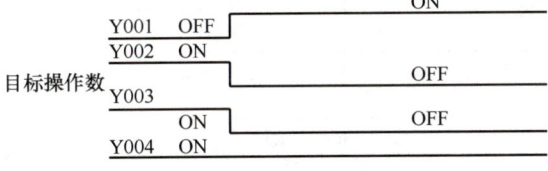

图 4-8 MOV 指令编程实例（1）

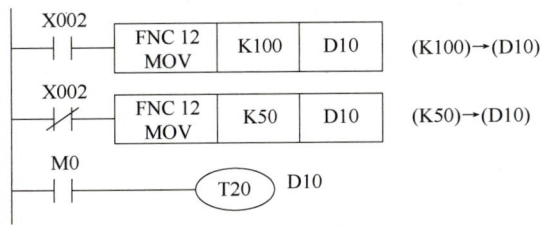

图 4-9 MOV 指令编程实例（2）

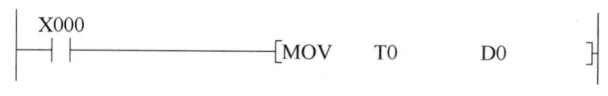

图 4-10 MOV 指令编程实例（3）

实例 4：如图 4-11 所示，可通过 MOV 指令编程来实现位元件的传送。

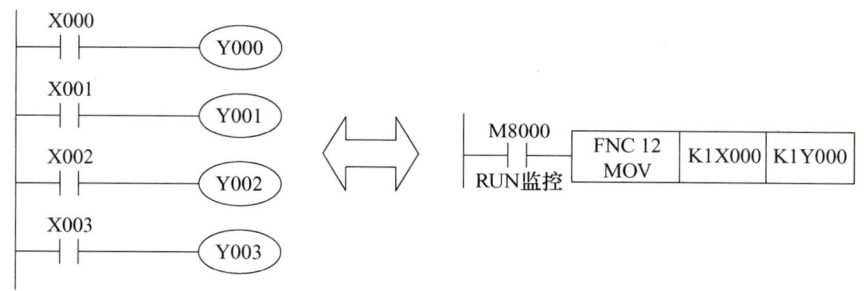

图 4-11 MOV 指令编程实例（4）

五、循环及移位指令

循环及移位指令包括循环右移、循环左移、带进位右移、带进位左移、位右移、位左移、字右移、字左移等指令。在此只介绍与本任务有关的循环右移（ROR）和循环左移（ROL）两种指令。

1. 循环右移和循环左移指令的助记符及功能

循环右移和循环左移指令的助记符及功能见表 4-3。

表 4-3 循环右移和循环左移指令的助记符及功能

助记符	功能	操作数		程序步数
		[D·]	n	
ROR（FNC30）	将目标元件的位循环右移 n 次	KnX、KnY、KnM、KnS、T、C、D、V、Z	K、H16 位 $n \leq 16$ 32 位 $n \leq 32$	ROR（P），5 步 DROR（P），9 步
ROL（FNC31）	将目标元件的位循环左移 n 次	KnX、KnY、KnM、KnS、T、C、D、V、Z		ROL（P），5 步 DROL（P），9 步

2. 循环右移指令的使用格式

循环右移指令的使用格式如图 4-12 所示，其梯形图如图 4-13 所示。

图 4-12 ROR 指令的使用格式

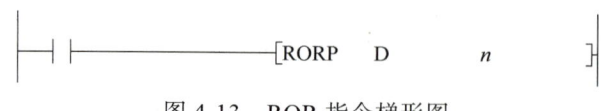

图 4-13 ROR 指令梯形图

项目 4　功能指令的应用

3. 循环右移和循环左移指令的使用方法

循环右移和循环左移指令的使用方法如图 4-14 所示。

循环右移和循环左移指令的使用说明如下：

1）每次执行 ROR、ROL 指令，目标元件中的位循环右移、左移 n 位，最终从低位被移出的位同时存入进位标志 M8022 中。

2）在连续执行型（ROR、DROR、ROL、DROL）指令的场合，应注意每个扫描周期（运算周期）都会执行循环移位。

3）执行图 4-14 时，若 X000 闭合，则 D10 的值为 0xFF00。图 4-15 所示为梯形图的执行情况，在图 4-15a 中，当 X002 闭合 1 次时，执行 ROR 指令 1 次，D10 右移 4 位，此时 D10=4080，同时进位标志 M8022 为 "0"。在图 4-15b 中，当 X003 闭合 1 次时，执行 ROL 指令一次，D12 的各位左移 4 位，此时 D12=61455，同时进位标志 M8022 为 "1"。

4）在指定位软元件的场合，只有 K4（16 位）或 K8（32 位）才有效，例如 K4Y10、K8M0 有效，而 K1Y0、K2M0 无效。

5）将 D、R 指定为 32 位指令的 n 时，[n+1, n] 的 32 位值便生效。例如，当指令为 [DROR D100 R0] 时，n=[R1, R0]。

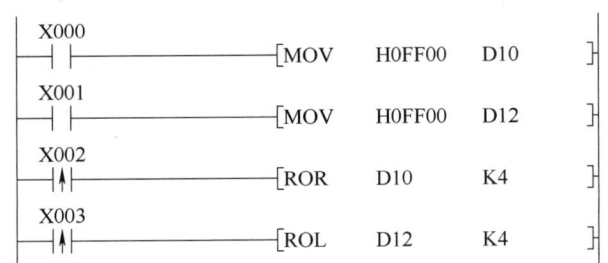

图 4-14　循环右移和循环左移指令的使用方法

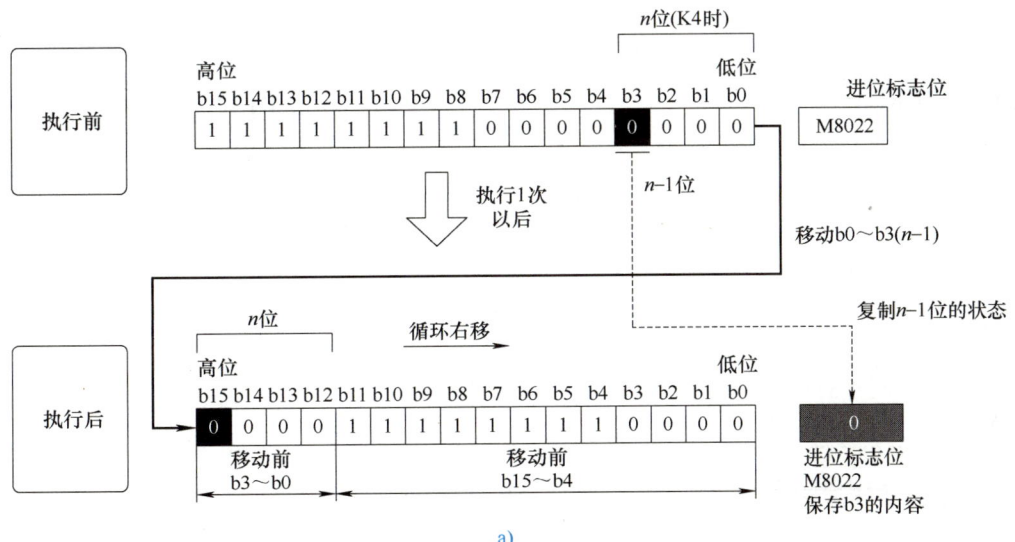

a)

图 4-15　梯形图的执行情况

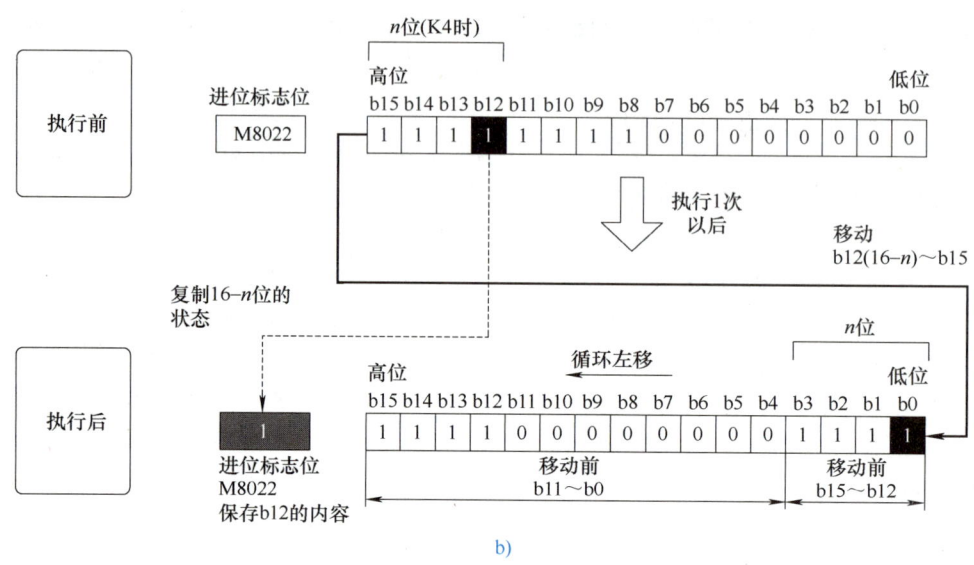

图 4-15 梯形图的执行情况(续)

4. 编程实例

在图 4-16 所示的梯形图中,当 X002 的状态由 OFF 向 ON 变化一次时,D1 中的 16 数据往右移 4 位,并将最后一位从最右位移出的状态送入进位标志位(M8022)中。若 D1=1010 0000 1010 1111,则执行上述移位后,D1=1111 1010 0000 1010,M8022=1。

循环左移的功能与循环右移类似,只是移位方向是向左移而已。

图 4-16 ROR 指令编程实例

任务实施

一、绘制 I/O 分配表

根据任务控制要求,可确定 PLC 需要 2 个输入点和 8 个输出点,I/O 通道地址分配见表 4-4。

二、画出 PLC 控制 I/O 接线图

流水灯控制系统的 PLC 控制 I/O 接线图如图 4-17 所示。

表 4-4 I/O 通道地址分配

输入			输出		
元件代号	作用	输入继电器	元件代号	作用	输出继电器
SB1	起动按钮	X000	HL1	第 1 盏霓虹灯	Y000
SB2	停止按钮	X001	HL2	第 2 盏霓虹灯	Y001
			HL3	第 3 盏霓虹灯	Y002

项目 4　功能指令的应用

(续)

输入			输出		
元件代号	作用	输入继电器	元件代号	作用	输出继电器
			HL4	第 4 盏霓虹灯	Y003
			HL5	第 5 盏霓虹灯	Y004
			HL6	第 6 盏霓虹灯	Y005
			HL7	第 7 盏霓虹灯	Y006
			HL8	第 8 盏霓虹灯	Y007

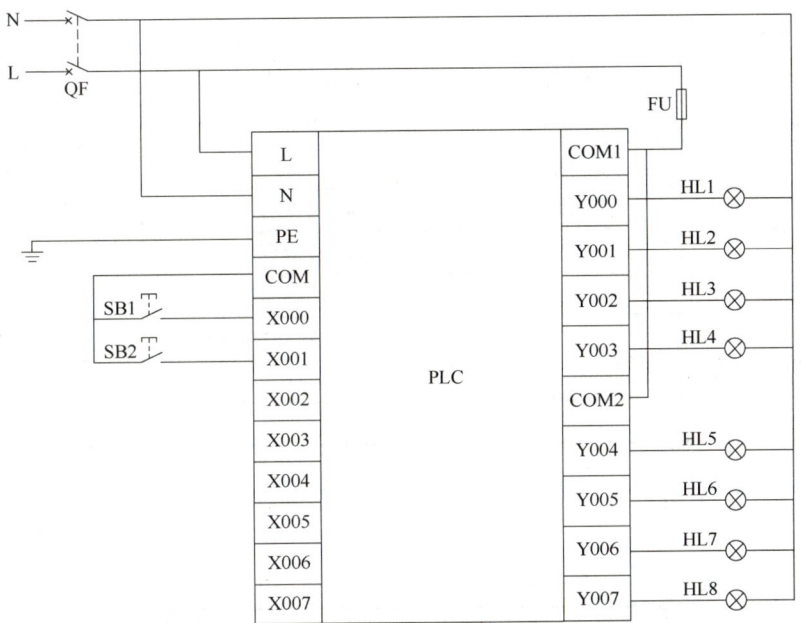

图 4-17　流水灯控制系统的 PLC 控制 I/O 接线图

三、电气元件选型及工具材料准备

实施本任务所需的实训设备及工具材料见表 4-5。

四、绘制电气元件布置图

流水灯控制系统电气元件布置图如图 4-18 所示。

表 4-5　实训设备及工具材料

序号	分类	名称	型号规格	数量	单位	备注
1	电气元件	导轨	C45	0.3	m	
2		空气断路器	Multi9 C65N D20	1	只	
3		熔断器	RT28-32	6	只	
4		按钮	LA10-2H	1	只	
5		指示灯		8	只	

（续）

序号	分类	名称	型号规格	数量	单位	备注
6	工具仪表设备	电工常用工具		1		
7		万用表	MF47	1		
8		编程计算机		1		
9		接口单元		1		
10		通信电缆		1		
11		PLC	FX3U-48MR	1		
12		安装配电盘	600mm×900mm	1		
13	耗材	端子	D-20	20	只	
14		铜塑线	BV1.5mm^2	10	m	主电路
15		铜塑线	BV1.0mm^2	15	m	控制电路
16		软线	BVR7×0.75mm^2	10	m	
17		紧固件	M4×20 螺杆	若干	只	
18			M4×12 螺杆	若干	只	
19			ϕ4mm 平垫圈	若干	只	
20			ϕ4mm 弹簧垫圈及 M4 螺母	若干	只	
21		号码管		若干	m	
22		号码笔		1	支	

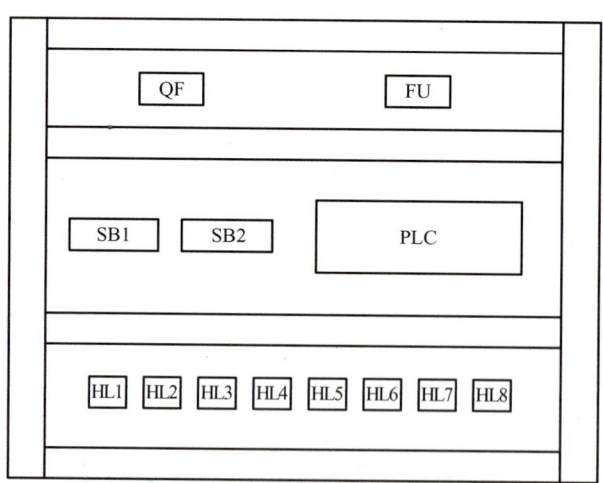

图 4-18 流水灯控制系统电气元件布置图

五、电路安装与接线

根据 PLC 控制 I/O 接线图，按照以下安装电路的要求在实物控制配线板上进行元件及电路安装。

1. 检查元器件

根据表 4-5 配齐元器件，检查元器件的规格是否符合要求，并用万用表检测元器件是否完好。

项目 4 功能指令的应用

2. 固定元器件

根据图 4-18 安装并固定好本任务所需元器件。

3. 布线安装

根据 PLC 控制 I/O 接线图及布线原则和工艺要求，进行布线安装。

4. 自检

对照 I/O 接线图检查接线是否无误，再使用万用表检测电路的阻值是否与设计相符。

六、程序设计

根据 I/O 通道地址分配表及任务控制要求分析可知，可采用数据传送指令和移位及循环指令进行梯形图的设计，编程思路如下：

1. 霓虹灯 HL1～HL8 以正序点亮控制的程序设计

当按下起动按钮 SB1 时，输入继电器 X000 接通，霓虹灯 HL1～HL8 以正序（从左到右）点亮，此时 Y007～Y000 的状态依次应该是 0000 0001，0000 0010，…，1000 0000，0000 0001，此操作可以使用循环左移指令实现。其程序梯形图如图 4-19 所示。其控制原理是：当 X000=1 时，上升沿置初值，Y000=1；Y000 常开触点接通控制正序起动程序的辅助继电器 M0，M0 的常开触点与 1s 连续脉冲 M8013 串联，并通过左循环移位指令控制霓虹灯按正序每秒亮灯左移 1 位。当需要停止时，只要按下停止按钮 SB2，使 X001=1，上升沿置初值，通过传送指令可使 K=Y000 置 0 关灯。

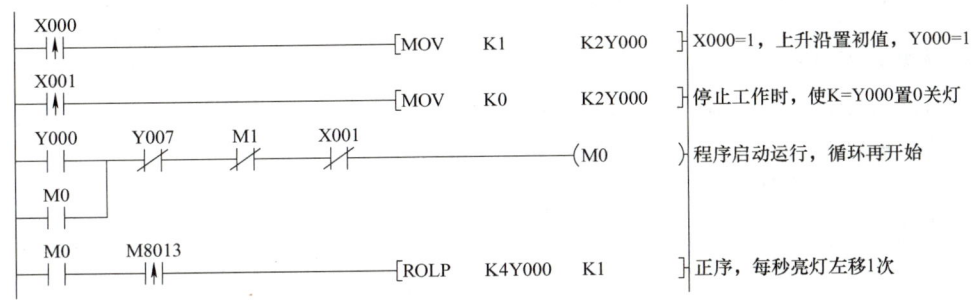

图 4-19 霓虹灯 HL1～HL8 以正序点亮控制的程序梯形图

2. 霓虹灯 HL1～HL8 以反序点亮控制的程序设计

同样，反序点亮也可以使用循环右移指令来实现，其程序梯形图如图 4-20 所示。其控制原理是：当霓虹灯 HL1～HL8 以正序点亮至第 8 盏灯时，Y007 置 1，其常闭触点断开，正序停止循环；M1 置 1，其常开触点接通反序控制回路，霓虹灯 HL1～HL8 以反序每秒亮灯右移 1 位。当霓虹灯 HL1～HL8 以反序点亮至第 1 盏灯时，Y000 置 1，其常闭触点断开，反序右移停止循环；M0 置 1，其常开触点接通正序控制回路，霓虹灯开始下一次点亮循环控制。

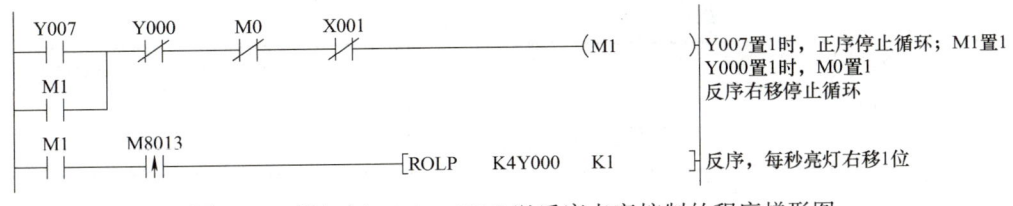

图 4-20 霓虹灯 HL1～HL8 以反序点亮控制的程序梯形图

3. 本任务控制完整的梯形图程序设计

综上所述，最后设计出来的本任务控制完整的程序梯形图如图 4-21 所示。

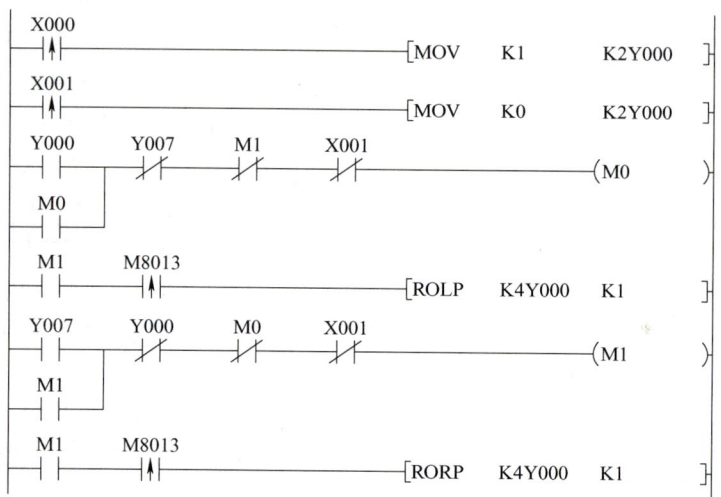

图 4-21　流水灯控制完整的程序梯形图

七、程序输入及调试

1. 程序输入

启动 GX Works2 编程软件，先选择 PLC 的系列为"FXCPU"，再选择机型为"FX3U/FX3UC"，创建新文件，输入图 4-21 所示的梯形图。

2. 仿真运行

应用前面任务所述的位元件逻辑测试方式进行仿真运行比较直观，仿真过程在此不再赘述。

3. 程序下载

（1）PLC 与计算机连接　使用专用通信电缆 RS-232/RS-422 转换器将 PLC 的编程接口与计算机的 COM 串口连接。

（2）程序写入　先接通系统电源，将 PLC 的 RUN/STOP 开关拨到"STOP"的位置，然后通过 GX Works2 软件中"在线"菜单的"PLC 写入"命令，就可以把仿真成功的程序写入 PLC 中。

4. 通电调试

1）经自检无误后，在指导教师的指导下，可通电调试。

2）先接通系统电源，将 PLC 的 RUN/STOP 开关拨到"RUN"的位置，然后通过计算机 GX Works2 软件中的"监控/测试"命令监视程序的运行情况，再按照表 4-6 进行操作，观察系统运行情况并做好记录。如果出现故障，应立即切断电源，分析原因、检查电路或梯形图，排除故障后，方可进行重新调试，直到系统功能调试成功为止。

表 4-6　程序调试步骤及运行情况记录

调试步骤	调试内容	观察内容	调试结果
第 1 步	按下 SB1	霓虹灯 HL1～HL8	
第 2 步	按下 SB2		

项目 4 功能指令的应用

任务测评

对任务实施的完成情况进行检查,并将结果填入表 4-7 中。

表 4-7 任务测评

评价内容	分值	评价标准	小组评价	教师评价
PLC 控制 I/O 接线图绘制	20	PLC 控制 I/O 接线图绘制规范,无错误		
硬件电路连接	20	电路连接正确,且工艺良好,布局合理		
程序编写及调试	15	能使灯依次左移点亮		
	15	能使灯依次右移点亮		
	10	能正确实现程序模拟		
	10	可以正常下载运行程序		
安全文明生产	10	遵守规章制度,满足 7S 管理要求		

任务 2 密码锁 PLC 控制

学习目标

知识目标:

掌握数据比较(CMP)指令和加 1(INC)指令及区间复位(ZRST)指令等功能指令的功能及使用原则。

能力目标:

1. 能根据控制要求,灵活地应用数据比较、区间复位等功能指令,完成密码锁控制系统的程序设计,并通过仿真软件采用软元件测试的方法进行仿真。

2. 能够完成密码锁 PLC 控制系统的线路安装与调试。

素质目标:

1. 善于学习与发展,适应不断变化的需求。

2. 善于沟通和协调,共同解决实际问题。

工作任务

近年来,随着人们生活水平的不断提高,防盗问题也变得尤为突出。在日常生活和工作中,住宅与办公室的安全防范、单位的文件档案、财务报表以及一些个人资料多采用加锁的办法进行保存。若使用传统的机械式钥匙开锁,人们常需携带多把钥匙,使用极不方便,且钥匙丢失后安全性将大打折扣。为满足人们对锁的使用要求,增加其安全性,用密码代替钥匙的密码锁应运而生。密码锁具有安全性高、成本低、功耗低、易操作等优点。如果能设计出一种性能灵敏可靠的密码锁作为住宅和办公室用锁,那么保护自己的物品将会变得简单。图 4-22 所示为门禁密码锁示意图。

图 4-22　门禁密码锁示意图

本次任务的主要内容就是设计一个简易 6 位密码锁控制程序。其具体控制要求如下：

1）6 位密码预设为"754891"（可设定 10 个按钮分别为 0～9）。

2）用户按正确顺序输入 6 位密码，按"确认"键后，门开。

3）用户未按正确顺序输入 6 位密码或输入错误密码，按"确认"键后，门不开同时报警。

4）按"复位"键可以重新输入密码。

密码锁控制程序流程图如图 4-23 所示。

任务分析

通过对上述控制要求的分析可知，本次任务的密码确认将用到数据比较指令和二进制加 1 指令，而密码锁的复位将用到区间复位指令。因此，在进行本次任务的编程设计前，必须先学会数据比较（CMP）指令、加 1（INC）指令及区间复位（ZRST）指令等功能指令的功能及使用原则，然后才能实现对 6 位密码锁控制程序的设计。

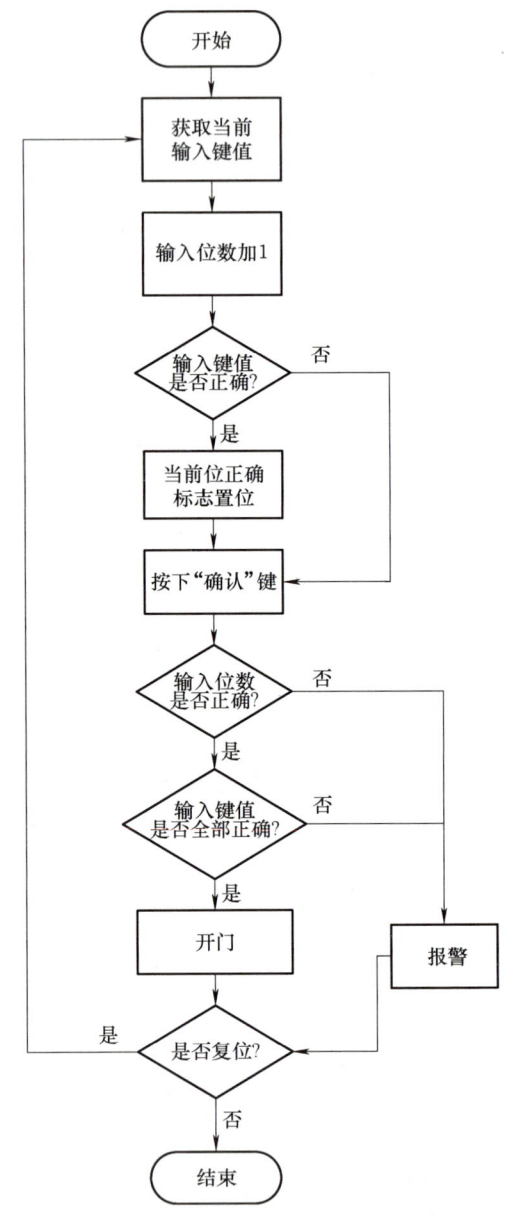

图 4-23　密码锁控制程序流程图

相关知识

一、数据比较指令

1. 数据比较指令的助记符及功能

数据比较指令的助记符及功能见表 4-8。

项目 4　功能指令的应用

表 4-8　数据比较指令的助记符及功能

助记符	功能	操作数			程序步数
		源 [S1•]	源 [S2•]	[D•]	
CMP (FNC10)	比较两个数的大小	K、H、KnX、KnY、KnM、KnS、T、C、D、V、Z		Y、M、S 三个连续目标位元件	CMP（P），7 步 DCMP（P），13 步

2. 数据比较指令的使用格式

CMP 指令的使用格式如图 4-24 所示，其时序图如图 4-25 所示。

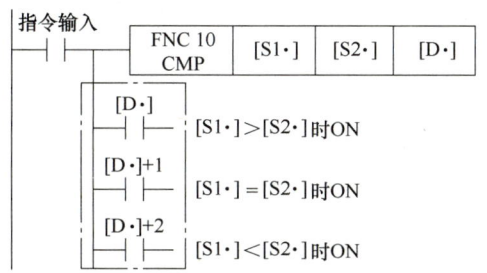

图 4-24　CMP 指令的使用格式

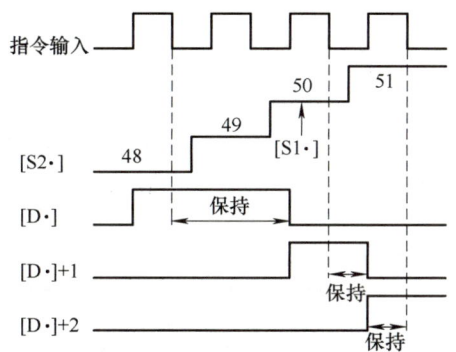

图 4-25　CMP 指令程序对应时序图

数据比较指令使用说明如下：

1) 对比较值 [S1•] 和比较源 [S2•] 的内容进行比较，根据其结果（小、一致或大），使 [D•]、[D•]+1、[D•]+2 其中一个为 ON。

2) 源数据 [S1•]、[S2•]，作为 BIN（二进制）的值进行处理。两个源操作数 [S1•] 和 [S2•] 的形式可以为 K、H、KnX、KnY、KnM、KnS、T、C、D、V、Z，而目标操作数的形式可以为 Y、M、S。

3) 按代数形式进行大小的比较。例如：-10<2。两个源操作数 [S1•] 和 [S2•] 都被看成二进制数，其最高位为符号位。如果该位为"0"，则该数为正；如果该位为"1"，则该数为负。

4) 以 [D•] 中指定的软元件为起始占用 3 点。注意不要与其他控制中使用的软元件重复。

5) 当执行条件满足时，比较指令执行，每扫描一次该梯形图，就对两个源操作数 [S1•] 和 [S2•] 进行比较，结果如下：当[S1•]>[S2•]时，[D•]=ON；当[S1•]=[S2•]时，[D•]+1=ON；当 [S1•]<[S2•] 时，[D•]+2=ON。

6) 在指令前加"D"表示操作数为 32 位，在指令后加"P"表示指令为脉冲执行型。

3. 编程实例

实例 1：如图 4-26 所示当指令 M0 为目标元件时，M0、M1、M2 被占用。当 X000 接通时，执行 CMP 指令。若源 K120 大于源 D10 当前值，则 M0 为 ON，驱动 Y000；若源 K120 等于源 D10 当前值，则 M1 为 ON，驱动 Y001；若源 K120 小于源 D10 当前值，则 M2 为 ON，驱动 Y002。当 X000 断开时，不执行 CMP 指令，M0 开始的 3 位连续位元件（M0～M2）保持其断电前的状态。

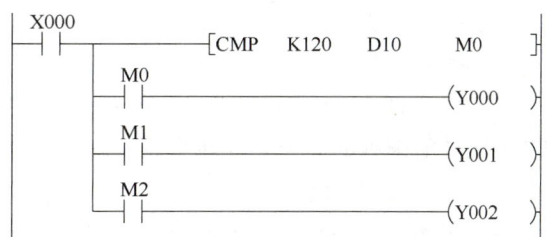

图 4-26　CMP 指令应用实例（1）

实例2：如图4-27所示，有3盏指示灯Y000、Y001和Y002，按下X000及X002后，当分别按X001为3次、10次、15次时，指示灯Y000、Y001和Y002哪个亮？

当X001闭合3次时，K10大于C0当前值，Y000得电灯亮；当X001闭合10次时，K10等于C0当前值，Y001得电灯亮；当X001闭合15次时，K10小于C0当前值，Y002得电灯亮。

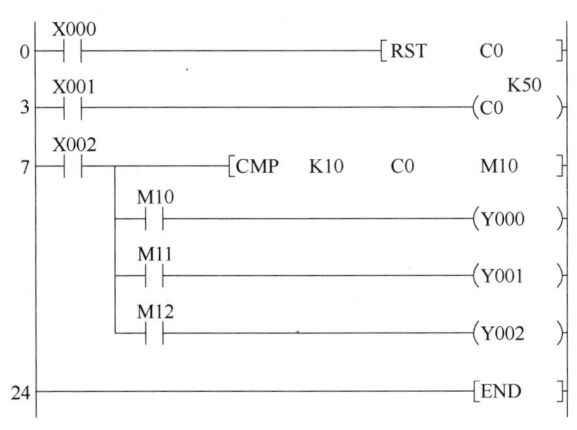

图4-27　CMP指令应用实例（2）

二、数据处理指令

数据处理指令包括区间复位、解码编码、求平均值等指令。这里仅介绍与本次任务有关的区间复位指令。

1. 区间复位指令的助记符及功能

区间复位指令的助记符及功能见表4-9。

表4-9　区间复位指令的助记符及功能

助记符	功能	操作数		程序步数
		[D1•]	[D2•]	
ZRST（FNC40）	将指定范围内同一类型的元件复位	Y、M、S、T、C、D（目标[D1•]<[D2•]）		ZRST（P）：5步

2. 区间复位指令的使用格式

ZRST指令的使用格式如图4-28所示。

ZRST指令使用说明如下：

1) ZRST指令可将[D1•]～[D2•]指定的元件号范围内的同类元件成批复位。

2) 操作数[D1•]、[D2•]必须指定同一类型的元件，[D2•]的元件编号必须大于[D1•]的元件编号。

3) ZRST指令作为16位处理指令，也可以在[D1•]、[D2•]中指定32位计数器。但是，指定时不允许出现类似在[D1•]中指定16位计数器，而在[D2•]中指定32位计数器的混合情况，如图4-29所示。

4) 若要复位单个元件，可以使用RST指令。

5) 在指令后加"P"表示指令为脉冲执行型。

项目4 功能指令的应用

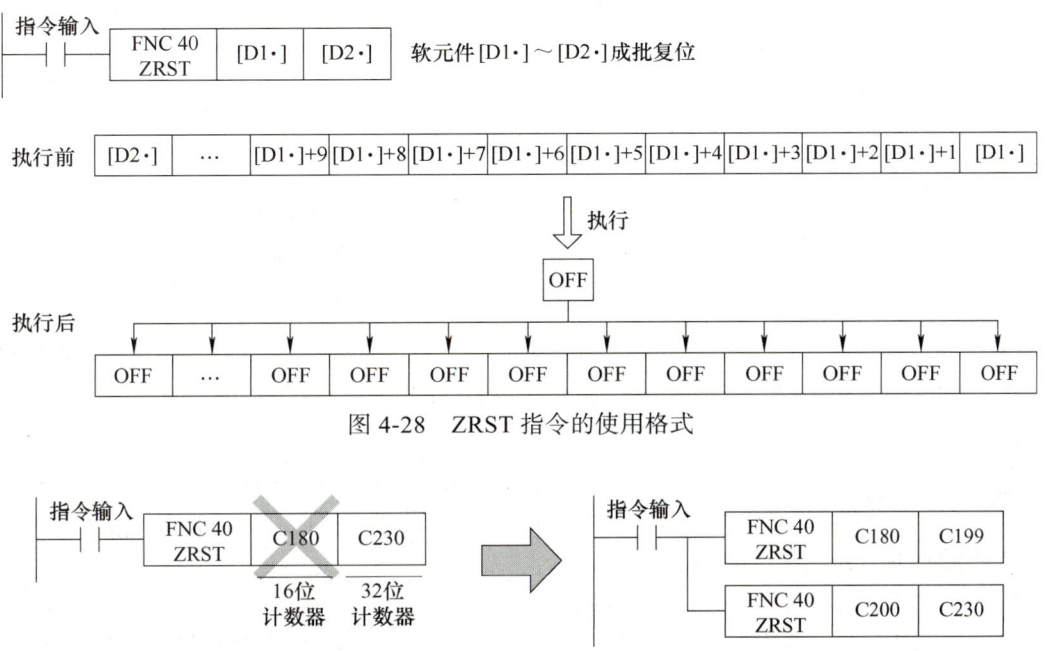

图 4-28　ZRST 指令的使用格式

图 4-29　使用 ZRST 指令时 [D1•] 和 [D2•] 数据位数应保持一致

3. 编程实例

从图 4-30 所示的编程实例中可以看出，当 X000 闭合时，从目标 1（C10）到目标 2（C30）成批复位为零；当 X001 闭合时，从目标 1（M20）到目标 2（M30）成批复位为零；当 X002 闭合时，从目标 1（S10）到目标 2（S20）成批复位为零；当 X003 闭合时，从目标 1（Y000）到目标 2（Y007）成批复位为零。

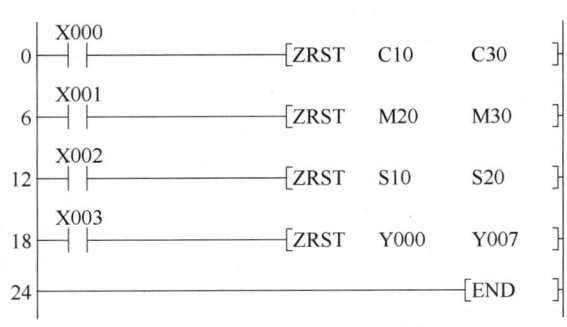

图 4-30　ZRST 编程实例

三、算术运算指令

算术运算指令包括二进制的加、减、乘、除等内容。在此仅介绍二进制加 1 指令，其他算术运算指令将在任务 4 中进行介绍。

1. 二进制加 1 指令的助记符及功能

二进制加 1 指令的助记符及功能见表 4-10。

161

表 4-10　二进制加 1 指令的助记符及功能

助记符	功能	操作数 [D]	程序步数
INC（FNC24）	目标元件加 1	K*n*Y、K*n*M、K*n*S、T、C、D、V、Z（V、Z 不能进行 32 位操作）	INC（P）：3 步 DINC（P）：5 步

2. 二进制加 1 指令的使用格式

二进制加 1 指令的使用格式如图 4-31 所示。

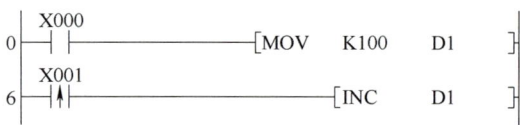

图 4-31　二进制加 1 指令的使用格式

二进制加 1 指令使用说明如下：

1）INC 指令的意义在于为目标元件的当前值加一。在 16 位运算中，+32767 加 1 则成为 –32768；在 32 位运算中，+2147483647 加 1 则成为 –2147483648，但是标志位（零、借位、进位）不动作。

2）若用连续指令，则 INC 指令在各扫描周期都做加 1 运算。

3. 编程实例

运行如图 4-32 所示程序，讨论 Y000～Y003 的得电情况。

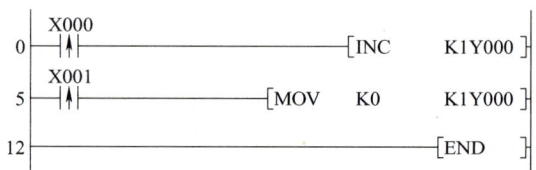

图 4-32　二进制加 1 指令编程实例

当 X000 连续闭合 15 次后，K1Y000 所表示的 Y000～Y003 值的变化见表 4-11。

表 4-11　Y000～Y003 的变化过程

按下次数	十进制	二进制	得电端口
1 次	1	0001	Y000
2 次	2	0010	Y001
3 次	3	0011	Y000、Y001
4 次	4	0100	Y002
5 次	5	0101	Y002、Y000
6 次	6	0110	Y002、Y001
7 次	7	0111	Y002、Y001、Y000
8 次	8	1000	Y003
9 次	9	1001	Y003、Y000
10 次	10	1010	Y003、Y001
11 次	11	1011	Y003、Y001、Y000
12 次	12	1100	Y003、Y002
13 次	13	1101	Y003、Y002、Y000
14 次	14	1110	Y003、Y002、Y001
15 次	15	1111	Y003、Y002、Y001、Y000

项目 4　功能指令的应用

🔧 任务实施

一、绘制 I/O 分配表

通过对本任务控制要求的分析，可确定 PLC 需要 12 个输入点和 2 个输出点，其 I/O 通道地址分配见表 4-12。

二、画出 PLC 控制 I/O 接线图

PLC 控制 I/O 接线图如图 4-33 所示。

表 4-12　I/O 通道地址分配

输入			输出		
元件代号	作用	输入继电器	元件代号	作用	输出继电器
SB1	"0" 键	X000	KM	开门控制	Y000
SB2	"1" 键	X001	HL	报警指示灯	Y001
SB3	"2" 键	X002			
SB4	"3" 键	X003			
SB5	"4" 键	X004			
SB6	"5" 键	X005			
SB7	"6" 键	X006			
SB8	"7" 键	X007			
SB9	"8" 键	X010			
SB10	"9" 键	X011			
SB11	"确认" 键	X020			
SB12	"复位" 键	X021			

三、电气元件选型及工具材料准备

实施本任务所需的实训设备及工具材料，见表 4-13。

四、绘制电气元件布置图

密码锁控制电气元件布置图如图 4-34 所示。

五、电路安装与接线

根据 PLC 控制 I/O 接线图，按照以下安装电路的要求在模拟实物控制配电板上进行元件及电路安装。

1. 检查元器件

根据表 4-13 配齐元器件，检查元器件的规格是否符合要求，并用万用表检测元器件是否完好。

2. 固定元器件

根据图 4-34 安装并固定好本任务所需元器件。

3. 布线安装

根据 PLC 控制 I/O 接线图及布线原则和工艺要求，进行布线安装。

4. 自检

对照接线图检查接线是否有误，再使用万用表检测电路的阻值是否与设计相符。

六、程序设计

1. 密码锁开启程序的设计

根据控制要求，若要解锁，则从 X000～X011（0～9）送入的数据应和程序设定的密码相等，可以使用数据比较指令和二进制加 1 指令实现判断，密码锁的开启由 Y000 的输出控制，梯形图如图 4-35 所示。

2. 密码锁报警程序的设计

当输入密码与事先设定的 6 位密码 "754891" 不相符时，按下 11 号 "确认" 键（X020）后，Y000 不通电，此时应接通报警输出继电器 Y001，使报警指示灯 HL 发光报警，根据控制要求可设计出报警控制程序，如图 4-35e 所示。

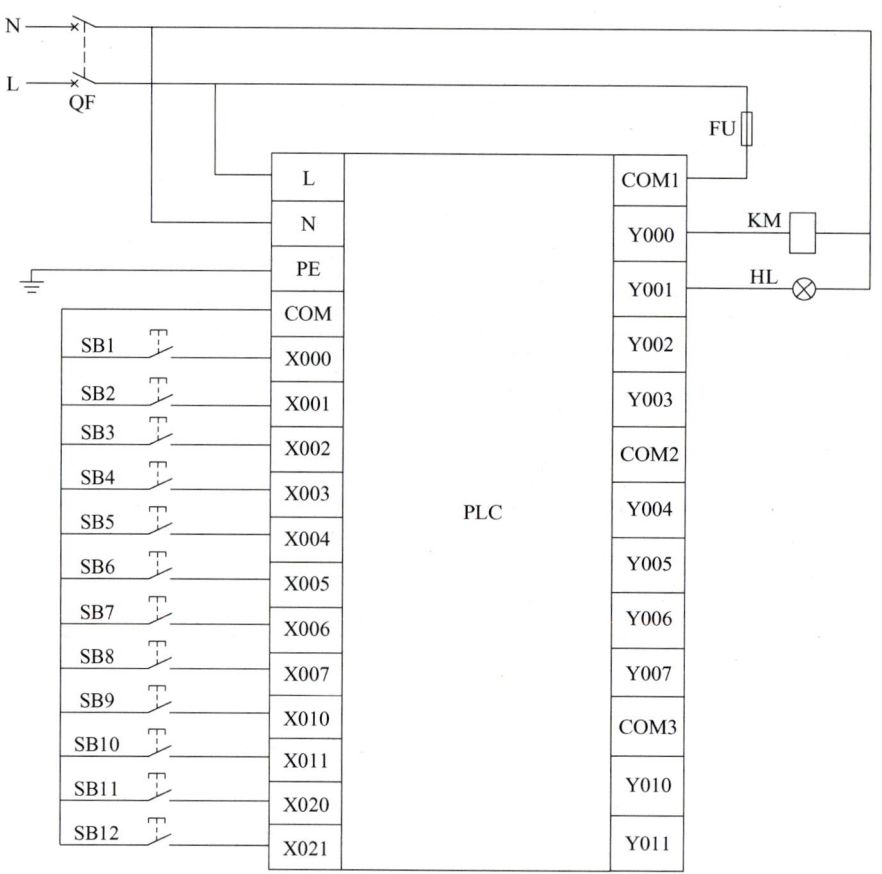

图 4-33 PLC 控制 I/O 接线图

表 4-13 实训设备及工具材料

序号	分类	名称	型号规格	数量	单位	备注
1	电气元件	导轨	C45	0.3	m	
2		空气断路器	Multi9 C65N D20	1	只	
3		熔断器	RT28-32	6	只	
4		按钮	LA19	12	只	
5		指示灯	220V	1	只	
6		接触器	CJ12-10	1	只	

项目 4 功能指令的应用

（续）

序号	分类	名称	型号规格	数量	单位	备注
7	工具仪表设备	电工常用工具		1	套	
8		万用表	MF47	1	块	
9		编程计算机		1	台	
10		接口单元		1	套	
11		通信电缆		1	条	
12		PLC	FX3U-48MR	1	台	
13		安装配电盘	600mm×900mm	1	块	
14	耗材	端子	D-20	20	只	
15		铜塑线	BV1.5mm^2	10	m	主电路
16		铜塑线	BV1.0mm^2	15	m	控制电路
17		软线	BVR7×0.75mm^2	10	m	
18		紧固件	M4×20 螺杆	若干	只	
19			M4×12 螺杆	若干	只	
20			ϕ4mm 平垫圈	若干	只	
21			ϕ4mm 弹簧垫圈及 M4 螺母	若干	只	
22		号码管		若干	m	
23		号码笔		1	支	

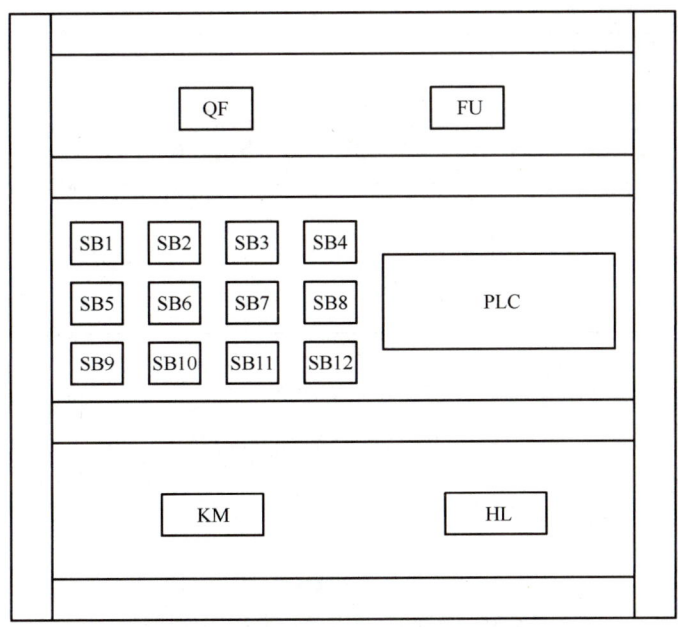

图 4-34 密码锁控制电气元件布置图

a) 读取键值

图 4-35 密码锁开启及报警程序梯形图

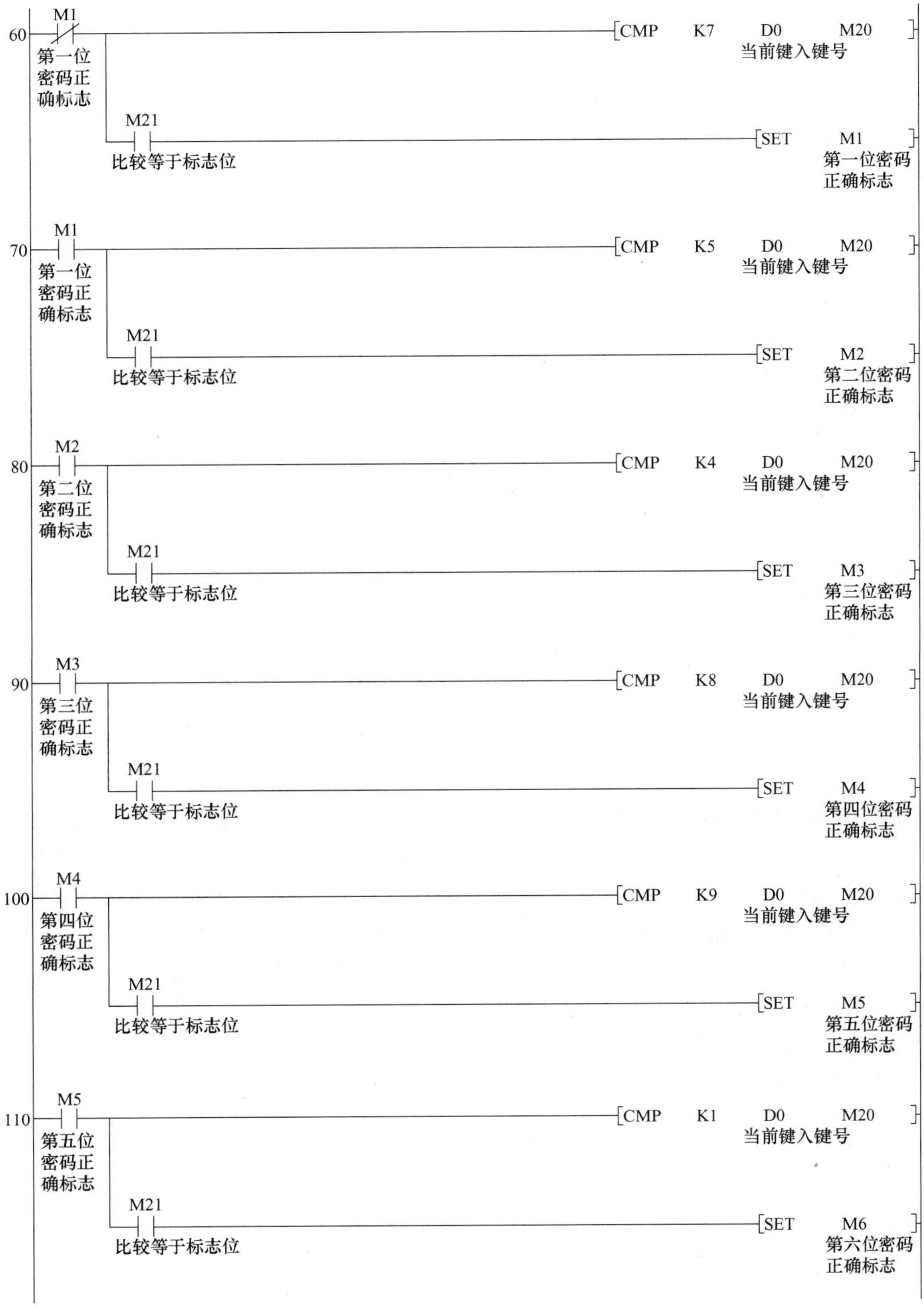

项目 4 功能指令的应用

```
        M1
60     ─│/├───────────────────────────────[CMP   K7    D0    M20 ]
       第一位                                          当前键入键号
       密码正
       确标志
        M21
       ─┤├──────────────────────────────────────[SET  M1 ]
       比较等于标志位                                   第一位密码
                                                     正确标志

        M1
70     ─┤├───────────────────────────────[CMP   K5    D0    M20 ]
       第一位                                          当前键入键号
       密码正
       确标志
        M21
       ─┤├──────────────────────────────────────[SET  M2 ]
       比较等于标志位                                   第二位密码
                                                     正确标志

        M2
80     ─┤├───────────────────────────────[CMP   K4    D0    M20 ]
       第二位                                          当前键入键号
       密码正
       确标志
        M21
       ─┤├──────────────────────────────────────[SET  M3 ]
       比较等于标志位                                   第三位密码
                                                     正确标志

        M3
90     ─┤├───────────────────────────────[CMP   K8    D0    M20 ]
       第三位                                          当前键入键号
       密码正
       确标志
        M21
       ─┤├──────────────────────────────────────[SET  M4 ]
       比较等于标志位                                   第四位密码
                                                     正确标志

        M4
100    ─┤├───────────────────────────────[CMP   K9    D0    M20 ]
       第四位                                          当前键入键号
       密码正
       确标志
        M21
       ─┤├──────────────────────────────────────[SET  M5 ]
       比较等于标志位                                   第五位密码
                                                     正确标志

        M5
110    ─┤├───────────────────────────────[CMP   K1    D0    M20 ]
       第五位                                          当前键入键号
       密码正
       确标志
        M21
       ─┤├──────────────────────────────────────[SET  M6 ]
       比较等于标志位                                   第六位密码
                                                     正确标志
```

b) 比较输入密码

图 4-35 密码锁开启及报警程序梯形图（续）

120
M8000
CMP K6 D1 M23
密码位数计数
CMP K0 K4X000 M10
键“0”
M12
INCP D1
密码位数计数

c) 计算输入位数

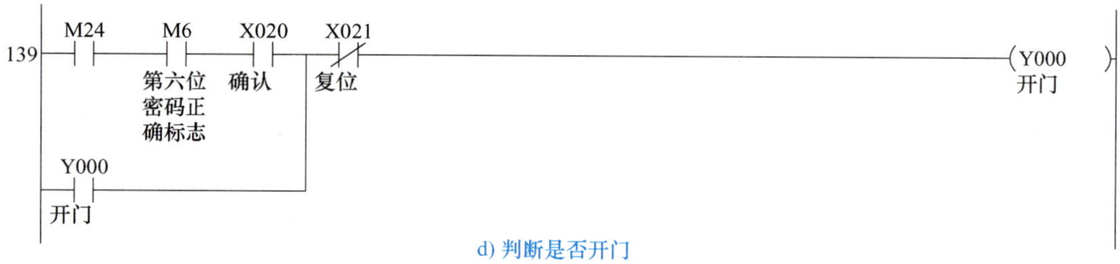

139
M24
M6
第六位密码正确标志
X020
确认
X021
复位
Y000
开门
Y000
开门

d) 判断是否开门

145
Y000
开门
X020
确认
X021
复位
Y001
报警
Y001
报警

e) 密码锁报警控制程序

图 4-35　密码锁开启及报警程序梯形图（续）

3. 密码锁复位控制程序的设计

从图 4-35e 所示的密码锁报警控制程序可以看出，当出现报警时，只要按下 12 号“复位”键（X021），报警输出继电器 Y001 线圈就会失电，报警指示灯熄灭，实现报警复位功能。但从图 4-35d 所示的程序可以看到，当输入密码与事先设定的 6 位密码“754891”相符时，按下 11 号“确认”键（X020）后，Y000 通电，门打开，即使此时按下“复位”键（X021），虽然 Y000 断电，但 M24 和 M6 的常开触点并没有复位，关门后只要再次按下“确认”键（X020），Y000 会继续得电，密码锁会自动解锁，门打开，所以应通过区间复位指令进行区间复位。由此，可设计出密码锁复位控制程序，如图 4-36 所示。

150
X021
复位
ZRST M0 M6
第六位密码正确标志
RST D1
密码位数计数

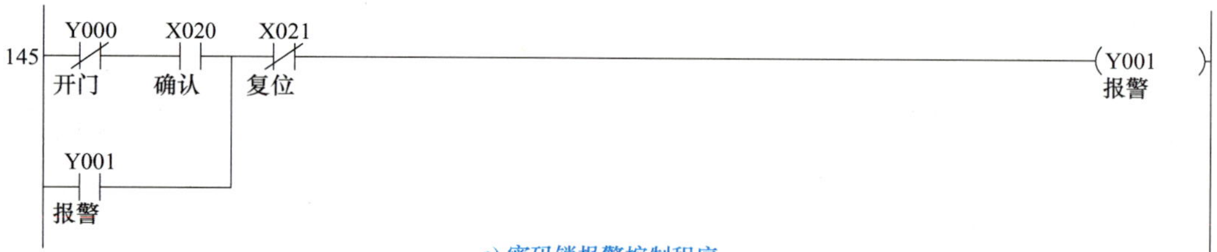

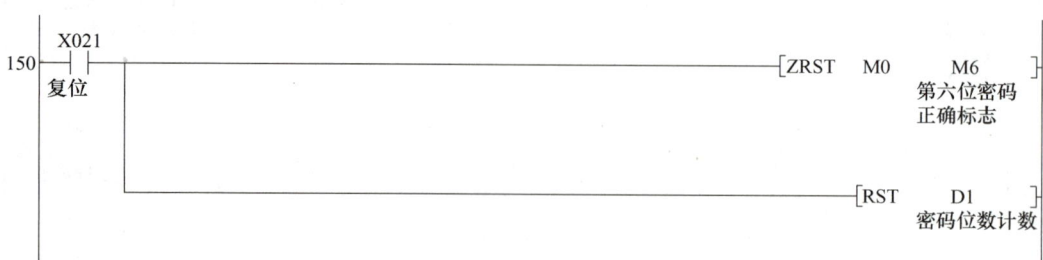

图 4-36　密码锁复位控制程序

项目 4　功能指令的应用

4. 完整的密码锁控制程序设计

将上述程序进行综合，可得出本任务控制的完整程序，如图 4-37 所示。

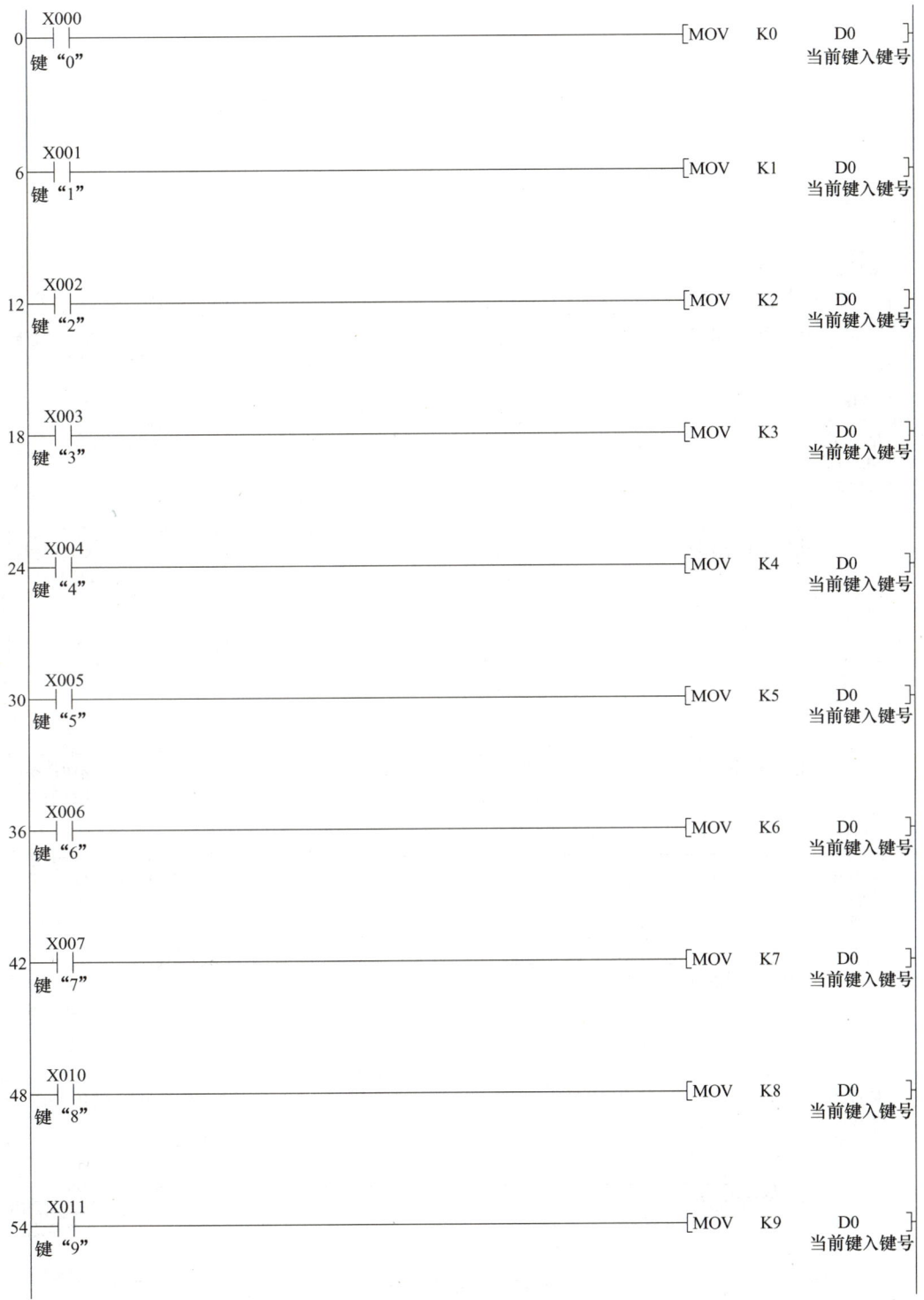

图 4-37　完整程序

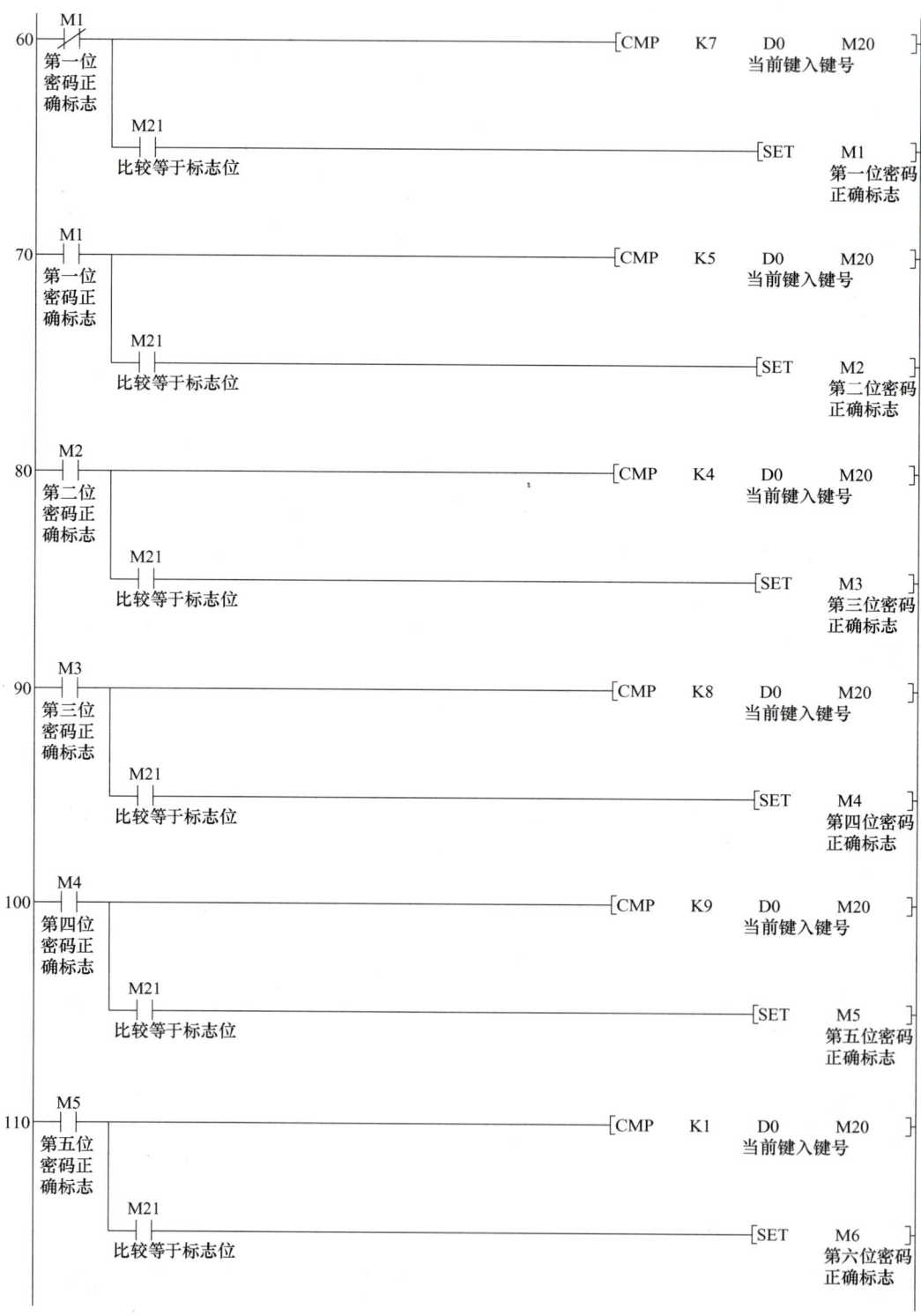

图 4-37 完整程序（续）

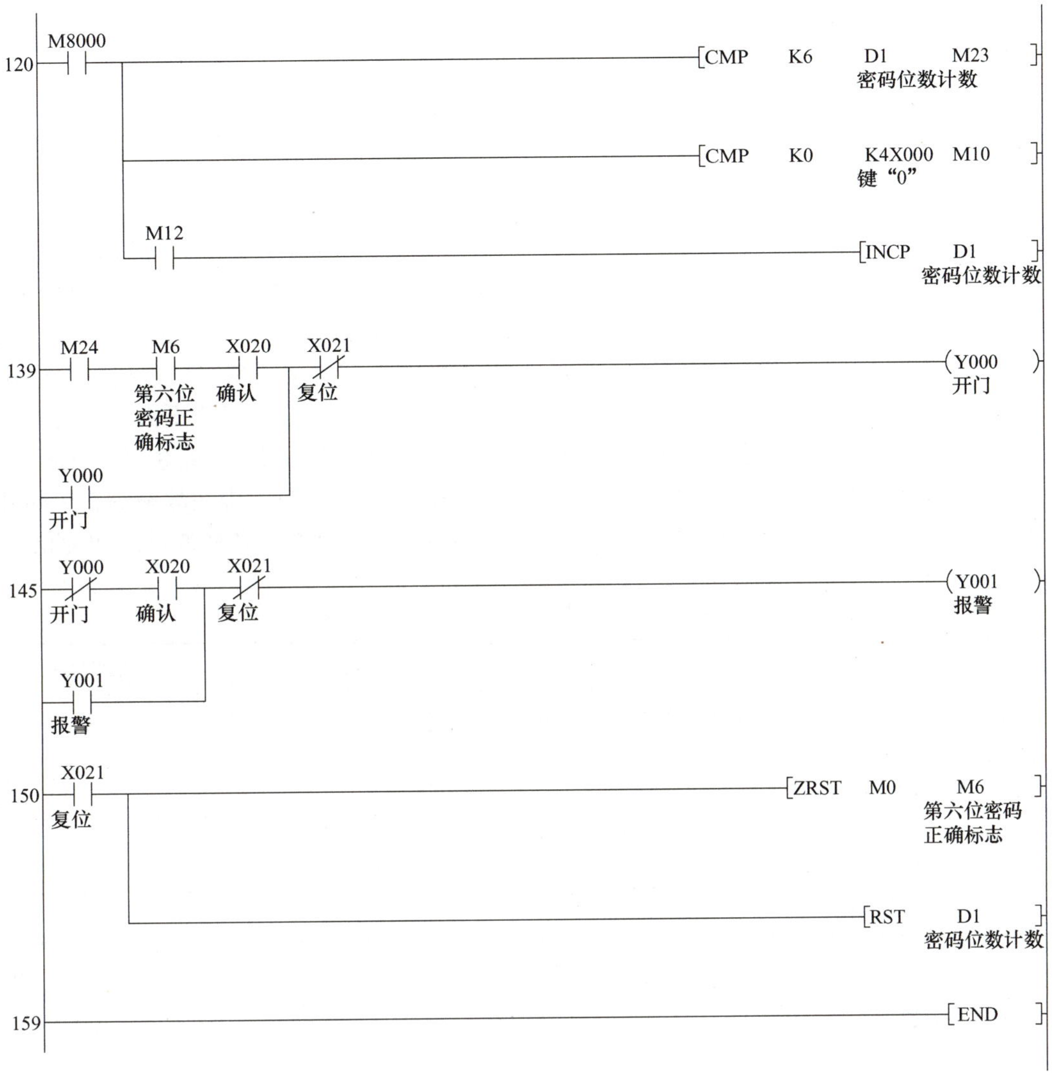

项目4 功能指令的应用

```
120  M8000
     ──┤├──────────────────────────[CMP    K6    D1    M23]
                                                   密码位数计数

                                   ─────[CMP    K0    K4X000 M10]
                                                   键"0"

         M12
     ────┤├────────────────────────────────[INCP    D1]
                                                   密码位数计数

139  M24    M6      X020   X021
     ──┤├──┤├──────┤├─────┤/├─────────────────────(Y000)
           第六位   确认   复位                      开门
           密码正
           确标志
     Y000
     ──┤├──┘
     开门

145  Y000   X020   X021
     ──┤├──┤├─────┤/├──────────────────────────────(Y001)
     开门  确认   复位                              报警
     Y001
     ──┤├──┘
     报警

150  X021
     ──┤├──────────────────────────────[ZRST   M0    M6]
     复位                                       第六位密码
                                                正确标志

                                   ────────────[RST    D1]
                                                   密码位数计数

159  ──────────────────────────────────────────────[END]
```

图4-37 完整程序（续）

七、程序输入及调试

1. 程序输入

（1）工程名的建立　启动 GX Works2 编程软件，先选择 PLC 的系列为"FXCPU"，再选择机型为"FX3U/FX3UC"，创建新文件，输入梯形图。

（2）程序输入　运用前面任务所学的梯形图输入法，输入图4-37所示的梯形图。

2. 仿真运行

仿真运行的方法可参照前面任务所述的方法，自行进行仿真，在此不再赘述。值得一提的是，仿真运行时重点从以下几方面进行：

1）当输入密码与事先设定的6位密码"754891"相符时，仿真方法是分别按顺序将 X007、X005、X004、X010、X011 和 X001 接通1次然后按"确认"键（X020），此时 Y000 会得电，密码锁解锁，门自动打开。

2）当输入密码与事先设定的6位密码"754891"不相符时，仿真方法是从

X000～X011中任选6个常开触点，通过调试功能将值修改为ON，然后按"确认"键（X020），此时Y000不会得电，密码锁不能解锁，门无法打开，并且Y001得电报警。

3）密码锁复位控制的仿真，只要按下X021即可。

3. 程序下载

（1）PLC与计算机连接　使用专用通信电缆RS-232/RS-422转换器将PLC的编程接口与计算机的COM串口连接。

（2）程序写入　先接通系统电源，将PLC的RUN/STOP开关拨到"STOP"的位置，然后通过GX Works2软件中"在线"菜单的"PLC写入"命令，就可以把仿真成功的程序写入PLC中。

4. 通电调试

1）经自检无误后，在指导教师的指导下，可通电调试。

2）先接通系统电源，将PLC的RUN/STOP开关拨到"RUN"的位置，然后通过计算机GX Works2软件中的"监控/测试"命令监视程序的运行情况，再按照表4-14进行操作，观察系统运行情况并做好记录。如果出现故障，应立即切断电源，分析原因、检查电路或梯形图，排除故障后，方可进行重新调试，直到系统功能调试成功为止。

表4-14　程序调试步骤及运行情况记录

调试步骤	调试内容	观察内容	调试结果
第1步	分别按顺序按下按钮SB8、SB6、SB5、SB9、SB10、SB2后再按下SB11	指示灯HL和接触器KM	
第2步	按下SB12		
第3步	按下6次按钮SB1到SB10中的任一按钮后，再按下SB11		
第4步	按下SB12		

任务测评

对任务实施的完成情况进行检查，并将结果填入表4-15。

表4-15　任务测评

评价内容	分值	评价标准	小组评价	教师评价
PLC控制I/O接线图绘制	20	PLC控制I/O接线图绘制规范，无错误		
硬件电路连接	20	电路连接正确，且工艺良好，布局合理		
程序编写及调试	10	输入正确密码能够解锁		
	10	输入错误密码能够报警		
	10	按下"复位"键可以重新输入密码		
	10	能正确实现程序模拟		
	10	可以正常下载运行程序		
安全文明生产	10	遵守规章制度，满足7S管理要求		

任务 3 简易定时报时器 PLC 控制

🎯 学习目标

知识目标：

掌握区间比较指令和触点比较指令等功能指令的功能及使用原则。

能力目标：

1. 能根据控制要求，灵活地应用区间比较指令、触点比较指令等功能指令，完成简易定时报时器控制系统的程序设计，并通过仿真软件采用软元件测试的方法进行仿真。

2. 能够完成简易定时报时器 PLC 控制系统的电路安装与调试。

素质目标：

1. 持续学习与发展，不断保持较强的竞争力。

2. 善于沟通和协调，共同解决实际问题。

📊 工作任务

随着人们生活需求的日益增长，很多时候需要根据时间自动控制电器，越来越多的集定时、报警及自动控制于一体的多功能定时报时器相继面世。图 4-38 所示为简易定时报时器。

本任务的主要内容就是使用 PLC 通过计数器、区间比较（ZCP）指令和触点比较指令，设计一个 24h 可设定定时时间的住宅控制器（以 10min 为一个设定单位），要求实现以下功能：

1）7:30，闹钟每 1s 响一次，10s 后自动停止。

2）9:00～17:00，启动住宅报警系统。

3）18:00，自动打开空调器。

4）19:00，自动打开热水器。

5）22:00，自动关闭空调器和热水器。

图 4-38 简易定时报时器

📋 任务分析

通过对控制要求的分析可知，本次任务的定时及报时确认将用到计数器、数据比较指令、区间比较指令和触点比较指令等功能指令。有关计数器和数据比较指令的功能及使用原则在前面任务中已做介绍，因此，在进行本次任务的编程设计前，必须首先学会区间比较指令和触点比较指令等功能指令的功能及使用原则，然后才能实现对简易定时报时器控制程序的设计，程序流程图如图 4-39 所示。

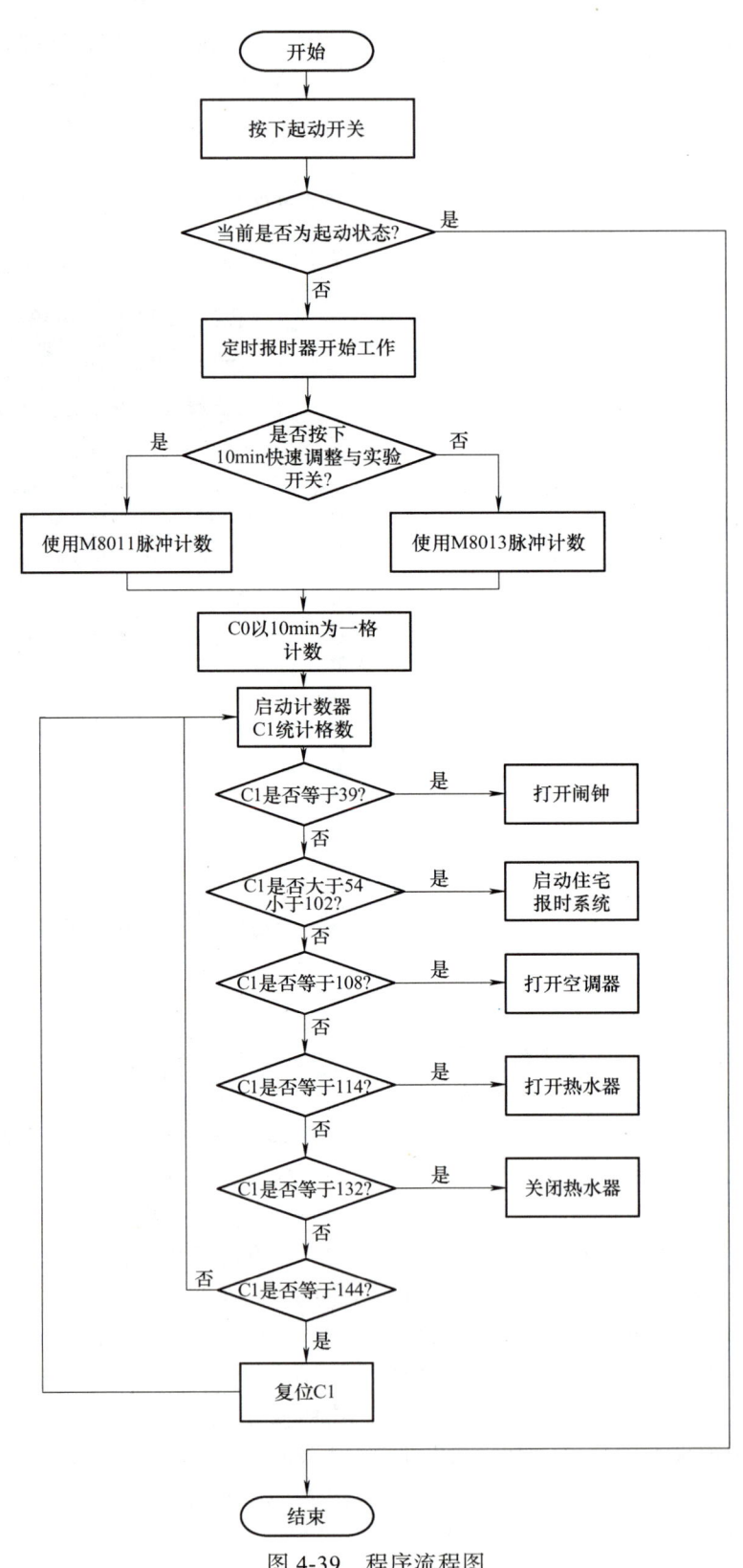

图 4-39　程序流程图

项目4 功能指令的应用

> 相关知识

一、区间比较指令

1. 区间比较指令的助记符及功能

区间比较指令的助记符及功能见表4-16。

表4-16 区间比较指令的助记符及功能

助记符	功能	操作数				程序步数
		源 [S1•] 下比较值	源 [S2•] 上比较值	源 [S•] 比较源	[D•]	
ZCP (FNC11)	将一个数与两个数比较	K、H、KnX、KnY、KnM、KnS、D、V、Z		T、C、	Y、M、S三个连续元件	ZCP(P),7步 DZCP(P),17步

2. 区间比较指令的使用格式

ZCP指令的使用格式如图4-40所示。

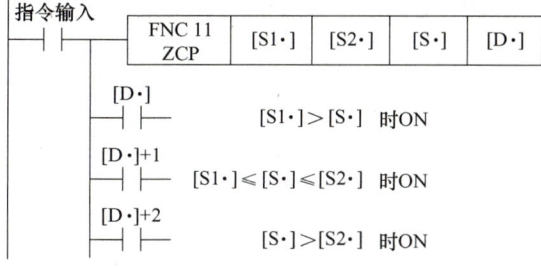

图4-40 ZCP指令的使用格式

ZCP指令使用说明如下:

1) ZCP指令将比较源 [S•] 的内容与下比较值 [S1•] 和上比较值 [S2•] 进行比较,根据其结果(小、区域内或大),使 [D•]~[D•]+2 其中一个为ON来反映比较的结果。按代数形式进行大小的比较,例如:-10<2<10。当ZCP指令执行时,每扫描一次该梯形图,就将 [S•] 内的数与源操作数 [S1•] 和 [S2•] 进行比较,结果如下:当 [S1•]>[S•] 时,[D•]=ON;当 [S1•]≤[S•]≤[S2•] 时,[D•]+1=ON;当 [S•]>[S2•] 时,[D•]+2=ON。

2) 源操作数 [S1•]、[S2•] 与 [S•] 的形式可以为 K、H、KnX、KnY、KnM、KnS、T、C、D、V、Z;目标操作数 [D•] 的形式可以为 Y、M、S。

3) 源操作数 [S1•] 和 [S2•] 确定区间比较范围。要注意 [S1•] 和 [S2•] 的大小会影响执行结果,下比较值 [S1•] 的值需要比上比较值 [S2•] 小。

① 当下比较值 [S1•]<上比较值 [S2•] 时,执行情况如图4-41所示,其时序图如图4-42所示。

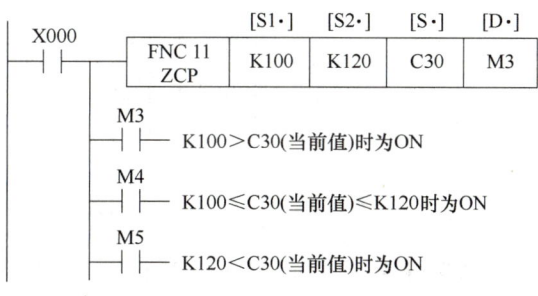

图4-41 [S1•]<[S2•] 时的程序执行情况

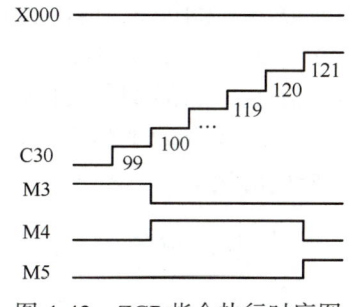

图4-42 ZCP指令执行时序图

② 当下比较值 [S1·]＞上比较值 [S2·] 时，执行情况如图 4-43 所示，其时序图如图 4-44 所示。

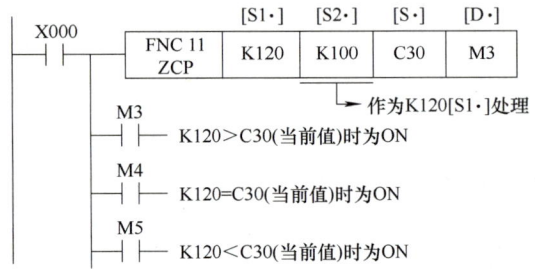

图 4-43 [S1·]＞[S2·] 时的程序执行情况

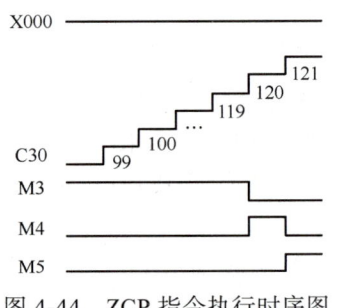

图 4-44 ZCP 指令执行时序图

4）所有源操作数都被看成二进制数，其最高位为符号位，若该位为"0"，则该数为正；若该位为"1"，则该数为负。

5）目标操作数 [D·] 由 3 个位软元件组成，梯形图中标明的是首地址，另外两个位软元件紧随其后。如果指令中指明目标数 [D·] 为 M0，则实际目标操作数还包括紧随其后的 M1、M2。注意不要与其他控制中使用的软元件重复。

6）执行比较操作后，即使其执行条件被破坏，目标操作数的状态仍保持不变，除非用 RST 指令将其复位。

7）在指令前加"D"表示其操作数为 32 位的二进制数，在指令后加"P"表示指令为脉冲执行型。

3. 编程实例

图 4-45 所示为 ZCP 指令编程实例。

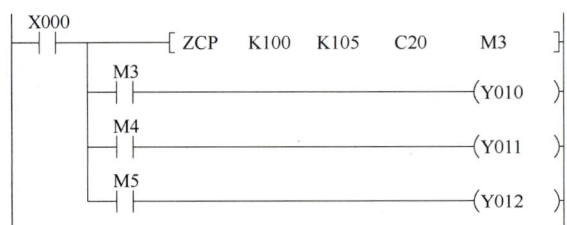

图 4-45 ZCP 指令编程实例

从图 4-45 中可以看出，当指明目标为 M3 时，则 M3、M4、M5 自动被占用。其控制原理为：当 X000 闭合时，执行 ZCP 指令。当 C20 当前值小于 K100 时，M3 为 ON；当 K100≤C20 当前值≤K105 时，M4 为 ON；当 C20 当前值大于 K105 时，M5 为 ON。当 X000 断开时，不执行 ZCP 指令，M3、M4、M5 保持其断电前状态。

二、触点比较指令

1. 触点比较指令的助记符及功能

本类指令有多条。具体指令的助记符及功能见表 4-17。触点比较指令（FNC224～FNC246）相当于一个触点，指令执行时比较两个操作数 [S1]、[S2]，满足比较条件则触点闭合。

从表 4-17 中可以看出，触点比较指令分为三类：LD 类（含 LD=、LD＞、LD＜、LD＜＞、LD≤、LD≥ 六条指令）、AND 类（含 AND=、AND＞、AND＜、AND＜＞、AND≤、AND≥ 六条指令）、OR 类（含 OR=、OR＞、OR＜、OR＜＞、OR≤、OR≥ 六条指令）。

项目 4 功能指令的应用

表 4-17 触点比较指令的助记符及功能

分类	指令助记符	指令功能
LD 类	LD=	[S1]=[S2] 时，运算开始的触点接通
	LD>	[S1]>[S2] 时，运算开始的触点接通
	LD<	[S1]<[S2] 时，运算开始的触点接通
	LD<>	[S1]≠[S2] 时，运算开始的触点接通
	LD<=	[S1]≤[S2] 时，运算开始的触点接通
	LD>=	[S1]≥[S2] 时，运算开始的触点接通
AND 类	AND=	[S1]=[S2] 时，串联触点接通
	AND>	[S1]>[S2] 时，串联触点接通
	AND<	[S1]<[S2] 时，串联触点接通
	AND<>	[S1]≠[S2] 时，串联触点接通
	AND<=	[S1]≤[S2] 时，串联触点接通
	AND>=	[S1]≥[S2] 时，串联触点接通
OR 类	OR=	[S1]=[S2] 时，并联触点接通
	OR>	[S1]>[S2] 时，并联触点接通
	OR<	[S1]<[S2] 时，并联触点接通
	OR<>	[S1]≠[S2] 时，并联触点接通
	OR<=	[S1]≤[S2] 时，并联触点接通
	OR>=	[S1]≥[S2] 时，并联触点接通

2. 触点比较指令的使用格式

触点比较指令的使用格式如图 4-46～图 4-48 所示。

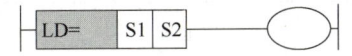

图 4-46 LD 类触点比较指令的使用格式

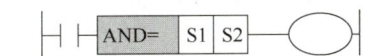

图 4-47 AND 类触点比较指令的使用格式

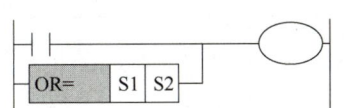

图 4-48 OR 类触点比较指令的使用格式

3. 编程实例

在图 4-49 中，当 C10=K20 时，Y000 被驱动；当 X010=ON 并且 D100>K58 时，Y010 被复位；当 X001=ON 或者 K10>C0 时，Y001 被驱动。

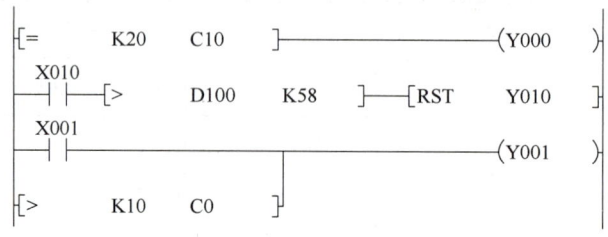

图 4-49 触点比较指令编程实例

4. 指令使用说明

1）对于触点比较指令，当 [S1]、[S2] 满足比较条件时，触点接通；[S1]、[S2] 的数据最高位为 1 时，将其值当作负数进行比较。

2）比较运算符包括 =、>、<、<>、<=、>= 六种形式。

3）两个操作数 [S1]、[S2] 的形式可以是 K、H、KnX、KnY、KnS、T、C、D、V/Z 等字元件，以及 X、Y、M、S 等位元件。

4）在指令后加"D"表示其操作数为 32 位的二进制数，如 LDD、ANDD 等，该指令组只有连续执行型，没有脉冲执行型。

任务实施

一、绘制 I/O 分配表

假设 X000 为启停开关，X001 为 10min 快速调整与实验开关；X002 为格数实验开关。时间设定值为钟点数乘以 6。使用时在 0:00 启动定时器。设闹钟接 Y000，住宅报时系统接 Y001，空调器接 Y002，热水器接 Y003。由此可确定 PLC 需要 3 个输入点、4 个输出点，其 I/O 通道地址分配见表 4-18。

表 4-18　I/O 通道地址分配

输入			输出		
元件代号	作用	输入继电器	元件代号	作用	输出继电器
SA1	启停开关	X000	KM1	闹钟	Y000
SA2	10min 快速调整与实验开关	X001	KM2	住宅报时系统	Y001
SA3	格数实验开关	X002	KM3	空调器	Y002
			KM4	热水器	Y003

二、绘制 PLC 控制 I/O 接线图

定时报时器的 PLC 控制 I/O 接线图如图 4-50 所示。

三、电气元件选型及工具材料准备

实施本任务所需要的实训设备及工具材料，见表 4-19。

项目 4　功能指令的应用

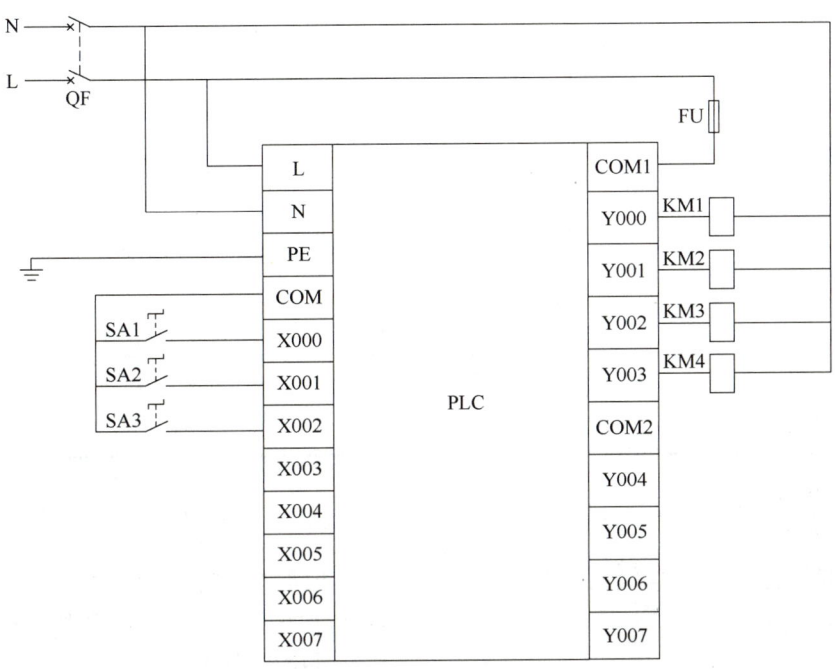

图 4-50　定时报时器的 PLC 控制 I/O 接线图

表 4-19　实训设备及工具材料

序号	分类	名称	型号规格	数量	单位	备注
1	电气元件	导轨	C45	0.3	m	
2		空气断路器	Multi9 C65N D20	1	只	
3		熔断器	RT28-32	6	只	
4		转换开关	HZ10-10 单极	3	只	
5		接触器	CJ12-10	4	只	
6	工具仪表设备	电工常用工具		1	套	
7		万用表	MF47	1	块	
8		编程计算机		1	台	
9		接口单元		1	套	
10		通信电缆		1	条	
11		PLC	FX3U-48MR	1	台	
12		安装配电盘	600mm×900mm	1	块	
13	耗材	端子	D-20	20	只	
14		铜塑线	BV1.5mm^2	10	m	主电路
15		铜塑线	BV1.0mm^2	15	m	控制电路

（续）

序号	分类	名称	型号规格	数量	单位	备注
16	耗材	软线	BVR7×0.75mm²	10	m	
17		紧固件	M4×20 螺杆	若干	只	
18			M4×12 螺杆	若干	只	
19			φ4mm 平垫圈	若干	只	
20			φ4mm 弹簧垫圈及 M4 螺母	若干	只	
21		号码管		若干	m	
22		号码笔		1	支	

四、绘制电气元件布置图

定时报时器控制系统电气元件布置图如图 4-51 所示。

五、电路安装与接线

根据 PLC 控制 I/O 接线图，按照以下安装电路的要求在模拟实物控制配电板上进行元件及电路安装。

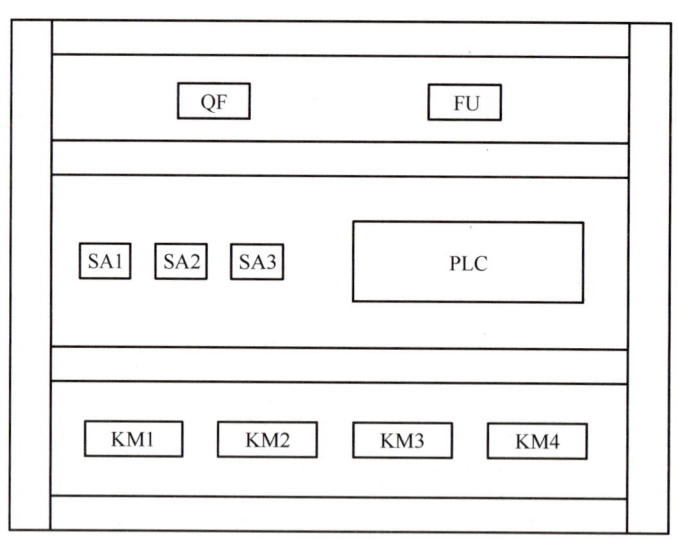

图 4-51　定时报时器控制系统电气元件布置图

1. 检查元器件

根据表 4-19 配齐元器件，检查元器件的规格是否符合要求，并用万用表检测元器件是否完好。

2. 固定元器件

根据图 4-51，安装并固定好本任务所需元器件。

3. 布线安装

根据 PLC 控制 I/O 接线图及布线原则和工艺要求，进行布线安装。

4. 自检

对照接线图检查接线是否有误，再使用万用表检测电路的阻值是否与设计相符。

项目4 功能指令的应用

六、程序设计

编程方案1：采用区间比较指令进行编程

1. 定时报时器的计时控制程序的设计

根据本次任务的控制要求，在设计计时控制程序时将用到产生1s连续脉冲的特殊继电器M8013进行走时控制。另外，由于控制程序是以10min为一个设定单位，因此可以采用1s连续脉冲的M8013常开触点与10min计数器C0配合控制，将计数器C0的当前值设为K600（因为C0当前值每过1s加1，当C0当前值等于600时，即时间为 600÷60s=10min）。接着，采用144格计数器C1对24h的时间进行计数（因为10min为1格，144格×10min=1440min，1440min÷60min=24h），其当前值每过10min加1。若定时器从0:00开始计时，则C1当前值与本任务所需控制的实际时间的对应关系见表4-20。

综上所述，可设计出定时报时器的计时控制程序如图4-52所示。

表4-20 C1当前值与实际时间的对应关系

C1当前值	对应时间	备注
K0	0:00	开启定时器
K39	7:30	开启闹钟
K54	9:00	启动住宅报时系统
K102	17:00	关闭住宅报时系统
K108	18:00	开启空调器
K114	19:00	开启热水器
K132	22:00	关闭空调器、热水器
K144	24:00	重新开启定时器

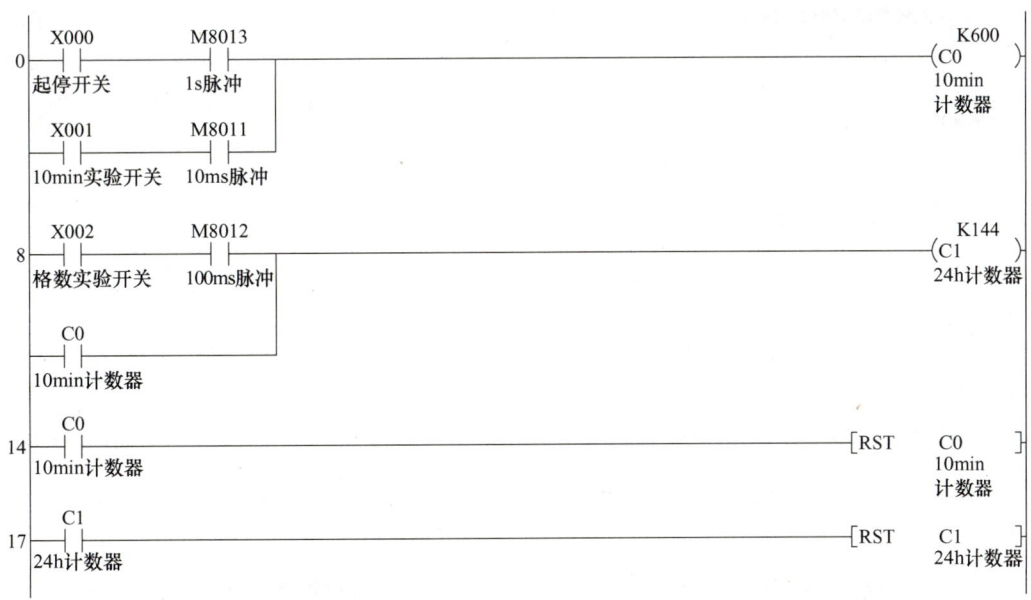

图4-52 定时报时器的计时控制程序

2. 定时报时器的定时系统控制程序设计

定时报时器的定时系统控制程序的设计采用前面任务介绍过的数据比较指令和本任务中介绍的区间比较指令进行设计，其控制程序梯形图如图4-53所示。

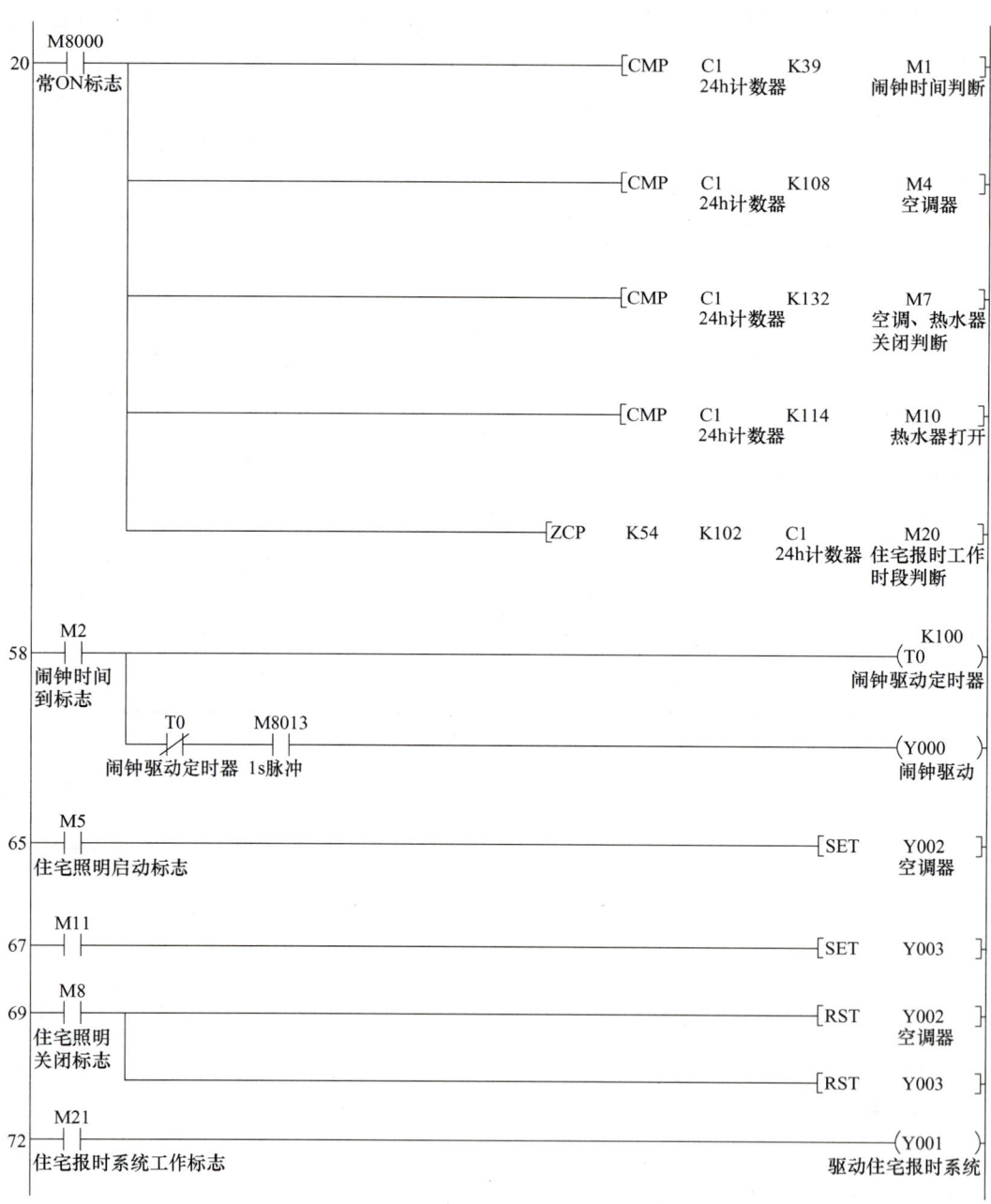

图4-53 定时报时器的定时系统控制程序梯形图

3. 定时报时器完整的控制程序设计

综合上述两个程序的设计，可设计出完整的定时报时器控制程序梯形图如图4-54所示。

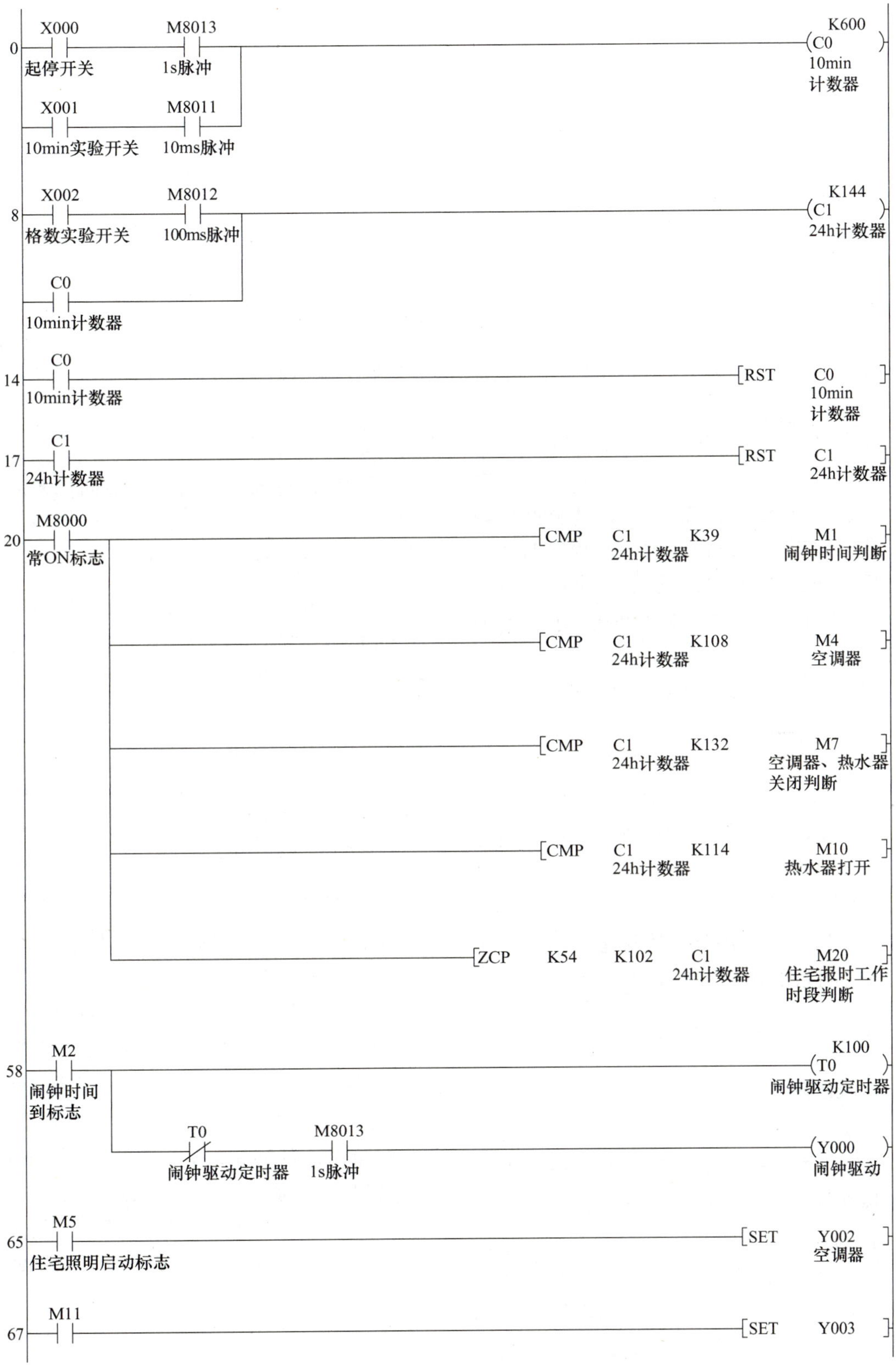

项目 4 功能指令的应用

图 4-54 采用区间比较指令实现定时报时器控制系统程序梯形图

图 4-54 采用区间比较指令实现定时报时器控制系统程序梯形图（续）

编程方案 2：采用触点比较指令进行编程

根据任务控制要求，若采用触点比较指令进行编程，在设计计时控制程序时将用到产生 10ms、100ms 和 1s 连续脉冲的特殊继电器 M8011、M8012 和 M8013 进行走时控制。

另外，由于控制程序以 10min 为一个设定单位，因此可以采用上述 1s 连续脉冲的 M8013 常开触点与 10min 计数器 C0 配合控制，将计数器 C0 的当前值设为 K600。接着，采用 144 格计数器 C1 对 24h 的时间进行计数，其当前值与本任务所需控制的实际时间的对应关系见表 4-20。

综上所述，采用触点比较指令可设计出本任务控制系统程序如图 4-55 所示。

七、程序输入及调试

1. 程序输入

（1）工程名的建立　启动 GX Works2 编程软件，先选择 PLC 的系列为"FXCPU"，再选择机型为"FX3U/FX3UC"，创建新文件，输入梯形图。

（2）程序输入　运用前面任务所学的梯形图输入法，输入图 4-54～图 4-55 所示的梯形图，梯形图程序输入过程在此不再赘述。

2. 仿真运行

仿真运行的方法可参照前面任务所述的方法。

3. 程序下载

（1）PLC 与计算机连接　使用专用通信电缆 RS-232/RS-422 转换器将 PLC 的编程接口与计算机的 COM 串口连接。

（2）程序写入　先接通系统电源，将 PLC 的 RUN/STOP 开关拨到"STOP"的位置，然后通过 GX Works2 软件中"在线"菜单的"PLC 写入"命令，就可以把仿真成功的程序写入 PLC 中。

4. 通电调试

1）经自检无误后，在指导教师的指导下，可通电调试。

2）先接通系统电源，将 PLC 的 RUN/STOP 开关拨到"RUN"的位置，然后通过计算机 GX Works2 软件中的"监控/测试"命令监视程序的运行情况，再按照表 4-21 进行操作，观察系统运行情况并做好记录。如果出现故障，应立即切断电源，分析原因、检查电路或梯形图，排除故障后，方可进行重新调试，直到系统功能调试成功为止。

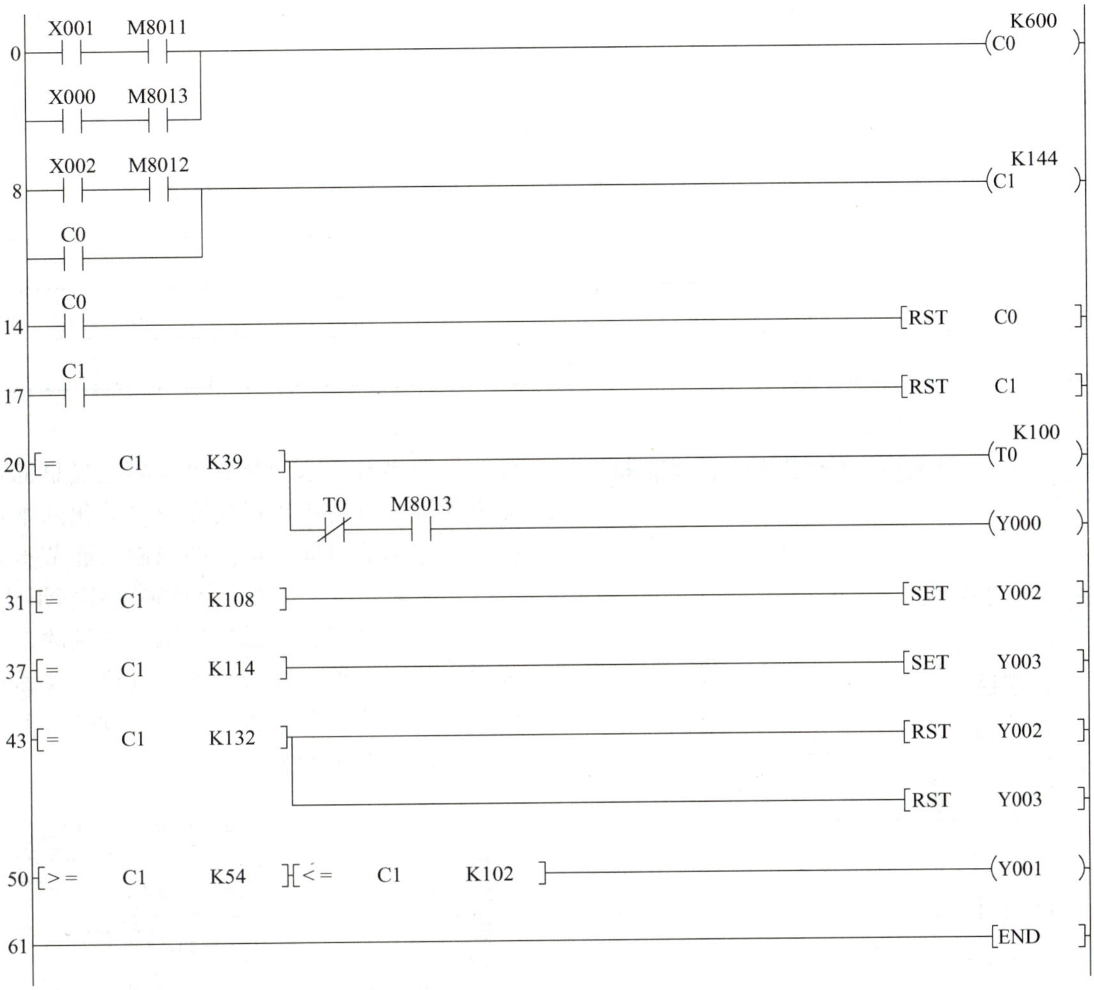

项目4 功能指令的应用

```
        X001   M8011                                              K600
  0 ─────┤├─────┤├──────┬───────────────────────────────────────(C0  )
        X000   M8013    │
        ─┤├─────┤├──────┘

        X002   M8012                                              K144
  8 ─────┤├─────┤├──────┬───────────────────────────────────────(C1  )
         C0              │
        ─┤├──────────────┘

         C0
 14 ─────┤├─────────────────────────────────────────────[RST   C0 ]

         C1
 17 ─────┤├─────────────────────────────────────────────[RST   C1 ]

                                                                  K100
 20 ──[= C1  K39 ]──┬───────────────────────────────────────────(T0  )
                    │  T0    M8013
                    └──┤/├────┤├─────────────────────────────(Y000)

 31 ──[= C1  K108 ]─────────────────────────────────────[SET   Y002]

 37 ──[= C1  K114 ]─────────────────────────────────────[SET   Y003]

 43 ──[= C1  K132 ]──┬──────────────────────────────────[RST   Y002]
                     │
                     └──────────────────────────────────[RST   Y003]

 50 ──[>= C1  K54 ]──[<= C1  K102 ]─────────────────────────(Y001)

 61 ────────────────────────────────────────────────────────────[END]
```

图 4-55 采用触点比较指令实现定时报时器控制系统程序

表 4-21 程序调试步骤及运行情况记录

调试步骤	调试内容	观察内容	调试结果
第 1 步	接通 SA1	接触器 KM1、KM2、KM3、KM4	
第 2 步	接通 SA2		
第 3 步	接通 SA3		
第 4 步	断开 SA1		

任务测评

对任务实施的完成情况进行检查,并将结果填入表 4-22 中。

表 4-22 任务测评

评价内容	分值	评价标准	小组评价	教师评价
PLC 控制 I/O 接线图绘制	20	PLC 控制 I/O 接线图绘制规范，无错误		
硬件电路连接	20	电路连接正确，且工艺良好，布局合理		
程序编写及调试	15	能正确设置计数器计时		
	15	能根据定时时间完成指定工作		
	10	能正确实现程序模拟		
	10	可以正常下载运行程序		
安全文明生产	10	遵守规章制度，满足 7S 管理要求		

任务 4　自动售货机 PLC 控制

学习目标

知识目标：

1. 了解自动售货机控制系统的工作原理。

2. 掌握四则运算指令和比较运算指令等功能指令的功能及使用原则。

能力目标：

1. 能根据控制要求，灵活地应用四则运算指令、比较运算指令、触点比较指令等功能指令，完成自动售货机控制系统的程序设计，并通过仿真软件采用软元件测试的方法，进行仿真。

2. 能够完成自动售货机 PLC 控制系统的电路安装与调试。

素质目标：

1. 严格要求，精益求精。

2. 学会思考，追求卓越。

工作任务

自动售货机是一种能根据投入的钱币自动出货的机器。公元 1 世纪，希腊人希罗制造的自动出售圣水的装置是世界上最早的自动售货机。自动售货机是商业自动化的常用设备，它不受时间、地点的限制，能节省人力、方便交易，是一种全新的商业零售形式，又被称为 24h 营业的微型超市。常见的自动售货机分为 4 种：饮料自动售货机、食品自动售货机、综合自动售货机和化妆品自动售货机，如图 4-56 所示。

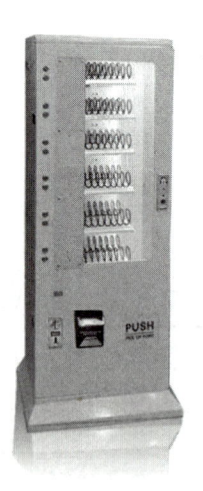

图 4-56　自动售货机

本次任务的主要内容是利用 PLC 控制系统设计一款集投币（计币）、比较、选择、供应、退币和报警等多功能于一体的自动售货机。其各系统的控制要求如下：

项目 4　功能指令的应用

（1）选择系统　当按下汽水或咖啡选项按钮时，相应的选择指示灯由长亮转为以 1s 为周期的闪烁，此时开始投币，当完成投币饮料供应完毕或者按下取消按钮后，闪烁同时停止。

（2）计币系统　当有顾客买饮料时，投入的钱币经过感应器，感应器记忆投币的个数且传送到检测系统（即电子天平）和计币系统。只有当电子天平测量的重量少于误差值时，允许计币系统进行叠加钱币，叠加的钱币数据存放在数据寄存器中。如果不正确，认为是假币，则退出投币，等待新顾客。

（3）比较系统　投入完毕后，系统会把数据寄存器内的钱币数据和价格进行比较，当投入的钱币小于价格时，此时可以再投币或选择取消交易。

（4）饮料供应系统　当投入的钱币足够时，减去相应的购买钱币数。当饮料输出达到 8s 时，电磁阀首先关断，小电动机继续工作 0.5s 后停机。此小电动机的作用是在输出饮料时，加快输出。在电磁阀关断时，给电磁阀加压，加速电磁阀关断。售货机经过长期使用后，电磁阀因使用次数过多，其返回弹力会减弱，可能出现不能完全关断而漏饮料的现象。此时电动机和电磁阀延长工作 0.5s 可起到加压作用，确保电磁阀能够完好关断。

（5）退币系统　顾客购买完饮料后，多余的钱币会自动退回，如果放弃购买也可通过退币系统控制实现退币。

（6）报警系统　如果是非故障报警，只要通知送液车或者送币车即可。但如果是故障报警，则需要通知维修人员到现场进行维修，同时停止服务，避免造成顾客的损失。

任务分析

通过对上述控制要求的分析可知，本任务将用到数据比较指令和四则运算指令。因此，在编程设计前，必须先掌握数据比较指令和二进制四则运算指令等功能指令的功能及使用原则，然后才能实现对自动售货机控制程序的设计。在前面任务中已对数据比较指令进行了介绍，在此重点介绍与本任务有关的二进制四则运算指令中的加、减、乘、除指令的功能及使用原则，以及在本任务设计中的应用，程序流程图如图 4-57 所示。

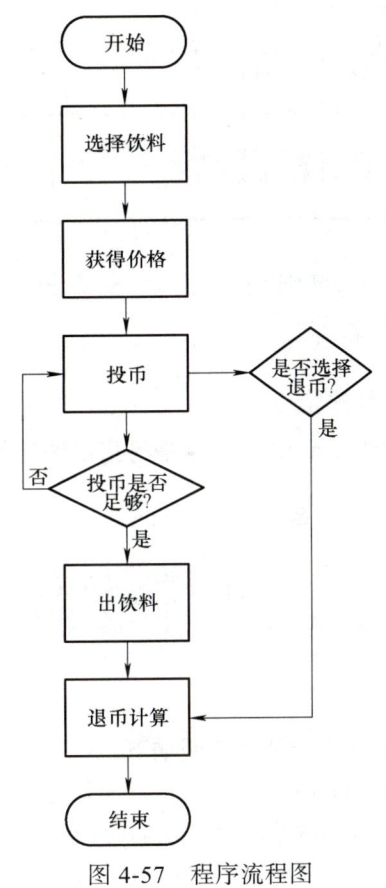

图 4-57　程序流程图

相关知识

一、四则运算指令

四则运算指令包括二进制的加、减、乘、除运算指令，其助记符及功能见表 4-23。

表 4-23　四则运算指令的助记符及功能

助记符	功能	操作数			程序步数
		源 [S1·]	源 [S2·]	目标 [D·]	
ADD（FNC20）	将两数相加，结果存放到目标元件中	K、H、KnX、KnY、KnM、KnS、T、C、D、V、Z	K、H、KnX、KnY、KnM、KnS、T、C、D、V、Z	KnY、KnM、KnS、T、C、D、V、Z	ADD（P），7 步 DADD（P），13 步
SUB（FNC21）	将两数相减，结果存放到目标元件中	K、H、KnX、KnY、KnM、KnS、T、C、D、V、Z	K、H、KnX、KnY、KnM、KnS、T、C、D、V、Z	KnY、KnM、KnS、T、C、D、V、Z	SUB（P），7 步 DSUB（P），13 步
MUL（FNC22）	将两数相乘，结果存放到目标元件中	K、H、KnX、KnY、KnM、KnS、T、C、D、V、Z	K、H、KnX、KnY、KnM、KnS、T、C、D、V、Z	KnY、KnM、KnS、T、C、D、V、Z	MUL（P），7 步 DMUL（P），13 步
DIV（FNC23）	将两数相除，结果存放到目标元件中	K、H、KnX、KnY、KnM、KnS、T、C、D、V、Z	K、H、KnX、KnY、KnM、KnS、T、C、D、V、Z	KnY、KnM、KnS、T、C、D、V、Z	DIV（P），7 步 DDIV（P），13 步

二、四则运算指令的使用格式及编程实例

1. 加法指令

加法（ADD）指令是将指定源元件中的二进制数相加，并将结果送到指定的目标元件中。

（1）指令功能　ADD 指令的使用格式如图 4-58 所示。

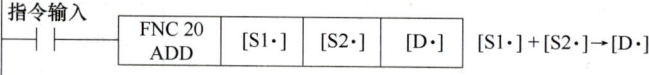

图 4-58　ADD 指令的使用格式

ADD 指令使用说明如下：

1）ADD 指令将两个源操作数 [S1·] 与 [S2·] 的数据内容相加，然后存放到目标操作数 [D·] 中，这些数据以代数方式进行加法运算。使用 32 位运算（DADD、DADDP）指令时，在字软元件的指定中，是指定低 16 位一侧的软元件，其后连续编号的软元件则成为高位侧。为了不重复编号，建议指定软元件为偶数编号。

2）源操作数 [S1·] 与 [S2·] 的形式可以为 K、H、KnX、KnY、KnM、KnS、T、C、D、V、Z；而目标操作数的形式可以为 KnY、KnM、KnS、T、C、D、V、Z，[S1·] 与 [S2·] 中指定常数（K）时，会自动进行 BIN 转换。

3）指定源中的操作数必须是二进制，其最高位为符号位。若该位为 "0"，则表示该数为正；若该位为 "1"，则表示该数为负。

4）操作数是 16 位的二进制数时，数据范围是 −32768 ~ +32767；操作数是 32 位的二进制数时，数据范围是 −2147483648 ~ +2147483647。

5）相关软元件标志位的动作及数值的正负关系见表 4-24。

项目 4　功能指令的应用

表 4-24　软元件标志位的动作及数值的正负关系

软元件	名称	内容
M8020	零位	ON：运算结果为 0 时 OFF：运算结果为 0 以外时
M8021	借位	ON：运算结果小于 -32768（16 位运算）或者 -2147483648（32 位运算）时，借位标志位动作 OFF：运算结果不小于 -32768（16 位运算）或者 -2147483648（32 位运算）时
M8022	进位	ON：运算结果大于 32767（16 位运算）或者 2147483647（32 位运算）时，进位标志位动作 OFF：运算结果不大于 32767（16 位运算）或者 2147483647（32 位运算）时

6）源操作数和目标操作数也可以指定为同一个软元件的编号。这种情况下，如果使用连续执行型的指令（ADD、DADD），要注意每个运算周期加法运算的结果都会发生变化。

7）在指令前加"D"表示其操作数为 32 位的二进制数，在指令后加"P"表示指令为脉冲执行型。

（2）编程实例　如图 4-59 所示，当 X001 闭合时，将 K1X000 与 K1X004 中的两值相加，并将结果存放在 D3 中。

图 4-59　ADD 指令编程实例（1）

如图 4-60 所示，当 X001 闭合时，将 D3 的数值加上 K10，并将结果存放在 D2 中。

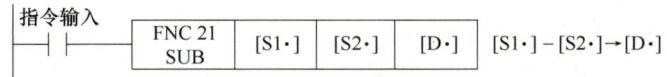

图 4-60　ADD 指令编程实例（2）

2. 减法指令

（1）指令功能　SUB 指令是减法指令，其使用格式如图 4-61 所示。

```
指令输入     FNC 21
──┤├──── [ SUB   [S1·]  [S2·]  [D·] ]   [S1·]-[S2·]→[D·]
```

图 4-61　SUB 指令的使用格式

SUB 指令使用说明如下：

1）SUB 指令将两个源操作数 [S1·] 与 [S2·] 的数据内容相减，然后存放到目标操作数 [D·] 中，这些数据以代数方式进行减法运算。使用 32 位运算（DSUB、DSUBP）指令时，在字软元件的指定中，是指定低 16 位一侧的软元件，其后连续编号的软元件则成为高位侧。为了不重复编号，建议指定软元件为偶数编号。

2）源操作数 [S1·] 与 [S2·] 的形式可以为 K、H、KnX、KnY、KnM、KnS、T、C、D、V、Z；而目标操作数的形式可以为 KnY、KnM、KnS、T、C、D、V、Z，[S1·] 与 [S2·] 中指定常数（K）时，会自动进行 BIN 转换。

3）指定源中的操作数必须是二进制，其最高位为符号位。若该位为"0"，则表示该数为正；若该位为"1"，则表示该数为负。

4）操作数是 16 位的二进制数时，数据

范围为 –32768～+32768；操作数是32位的二进制数时，数据范围为–2147483648～+2147483647。

5）相关软元件标志位的动作及数值的正负关系见表4-24。

6）源操作数和目标操作数也可以指定为同一个软元件的编号。这种情况下，如果使用连续执行型的指令（SUB、DSUB），要注意每个运算周期减法运算的结果都会发生变化。

7）在指令前加"D"表示其操作数为32位的二进制数，在指令后加"P"表示指令为脉冲执行型。

（2）编程实例　如图4-62所示，当X000为ON时，将D0的数值减去D1的数值，并将结果存放在D2中。

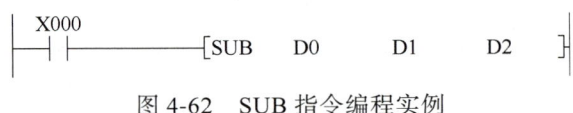

图4-62　SUB指令编程实例

3. 乘法指令

（1）指令功能　MUL指令是乘法指令，其使用格式如图4-63所示。

MUL指令使用说明如下：

1）MUL指令将两个源操作数[S1·]与[S2·]的数据内容相乘，然后存放到目标操作数[D·]+1～[D·]中，各数据的最高位为正（0）、负（1）的符号位，这些数据以代数方式进行乘法运算。

2）源操作数[S1·]与[S2·]的形式可以为K、H、KnX、KnY、KnM、KnS、T、C、D、V、Z；而目标操作数的形式可以为KnY、KnM、KnS、T、C、D、V、Z，[S1·]与[S2·]中指定常数（K）时，会自动进行BIN转换。

3）若源操作数[S1·]、[S2·]为16位二进制数，则结果为32位，存放在[D·]+1～[D·]中；若源操作数[S1·]、[S2·]为32位二进制数，则结果为64位，存放在[D·]+3～[D·]中。[D·]+1，[D·]可以指定K1～K8的位数。例如，指定K2Y000时，只能得到乘积（32位）中的低8位，可参见图4-65所示例子。

4）零位软元件标志位M8304，运算结果为0时置位。

5）在指令前加"D"表示其操作数为32位的二进制数，在指令后加"P"表示指令为脉冲执行型。

（2）编程实例　图4-64所示为16位二进制数乘法指令编程实例。当X010为ON时，[D1]×[D2]=[D3]，[D4]。

如图4-65所示，当X001为ON时，K53×K15后赋值给K2Y000，其结果不会影响到Y010之后的值。

图4-63　MUL指令的使用格式

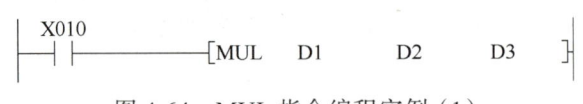

图4-64　MUL指令编程实例（1）

项目 4　功能指令的应用

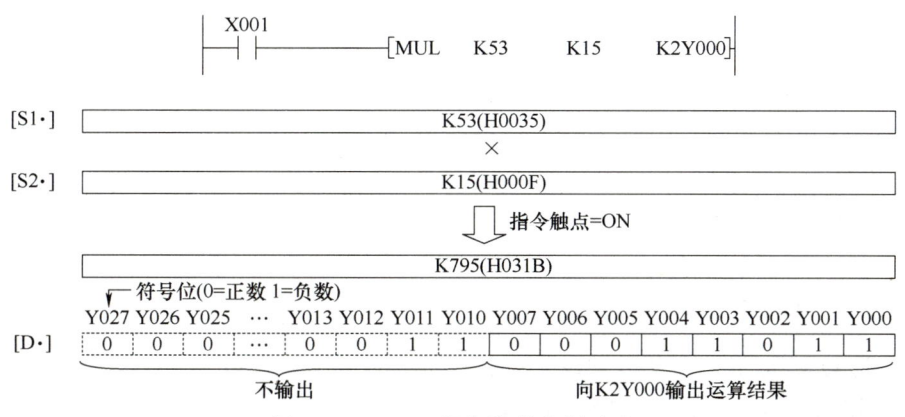

图 4-65　MUL 指令编程实例（2）

4. 除法指令

（1）指令功能　DIV 指令是二进制除法指令，其使用格式如图 4-66 所示。

DIV 指令使用说明如下：

1）DIV 指令将两个源操作数 [S1·] 与 [S2·] 的数据内容相除，然后存放于目标操作数 [D·] 中，并将余数存放于 [D·]+1 中，这些数据以代数方式进行除法运算。

2）源操作数 [S1·] 与 [S2·] 的形式可以为 K、H、KnX、KnY、KnM、KnS、T、C、D、V、Z；而目标操作数的形式可以为 KnY、KnM、KnS、T、C、D、V、Z。

3）相关软元件标志位的动作见表 4-25。

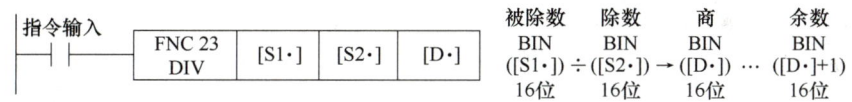

图 4-66　DIV 指令的使用格式

表 4-25　软元件标志位的动作

软元件	名称	内容
M8304	零位	ON：运算结果为 0 时 OFF：运算结果为 0 以外时
M8306	进位	ON：运算结果超过 32767（16 位运算）或者 2147483647（32 位运算）时，进位标志位动作 OFF：运算结果为 32767（16 位运算）或者 2147483647（32 位运算）以下时

4）在指令前加"D"表示其操作数为 32 位的二进制数，在指令后加"P"表示指令为脉冲执行型。

（2）编程实例　图 4-67 所示为两个 16 位二进制数相除。当 X010 为 ON 时，[D1]/[D2]=[D3] 余 [D4]。

图 4-67　DIV 指令编程实例（1）

图 4-68 所示为两个 32 位二进制数相除。当 X010 为 ON 时，（[D1]，[D0]）/（[D3]，[D2]）=[D5]，[D4] 余 [D7]，[D6]。

```
    X010
─────┤ ├──────────[DDIV    D0      D2      D4 ]─
```

图 4-68　DIV 指令编程实例（2）

🔷 任务实施

一、绘制 I/O 分配表

根据上述控制要求，可确定 PLC 需要 16 个输入点和 13 个输出点，其 I/O 通道地址分配见表 4-26。

二、画出 PLC 控制 I/O 接线图

自动售货机 PLC 控制 I/O 接线图如图 4-69 所示。

表 4-26　I/O 通道地址分配

输入			输出		
元件代号	作用	输入继电器	元件代号	作用	输出继电器
SL1	1 角钱币入口	X000	HL1	钱币不足	Y000
SL2	5 角钱币入口	X001	HL2	汽水选择灯	Y001
SL3	1 元钱币入口	X002	HL3	咖啡选择灯	Y002
SB2	汽水选择按钮	X003	KM1	汽水电动机	Y003
SB3	咖啡选择按钮	X004	YV1	汽水电磁阀	Y004
SL4	1 元退币感应器	X005	KM2	咖啡电动机	Y005
SL5	5 角退币感应器	X006	YV2	咖啡电磁阀	Y006
SL6	1 角退币感应器	X007	HL4	无币报警	Y007
SB4	退币按钮	X010	HL5	没有汽水报警	Y011
SL7	汽水液量不足	X011	HL6	没有咖啡报警	Y012
SL8	咖啡液量不足	X012	KM3	1 元传动电动机	Y013
SL9	1 元钱不足	X013	KM4	5 角传动电动机	Y014
SL10	5 角钱不足	X014	KM5	1 角传动电动机	Y015
SL11	1 角钱不足	X015			
SB0	起动按钮	X016			
SB1	停止按钮	X017			

项目 4 功能指令的应用

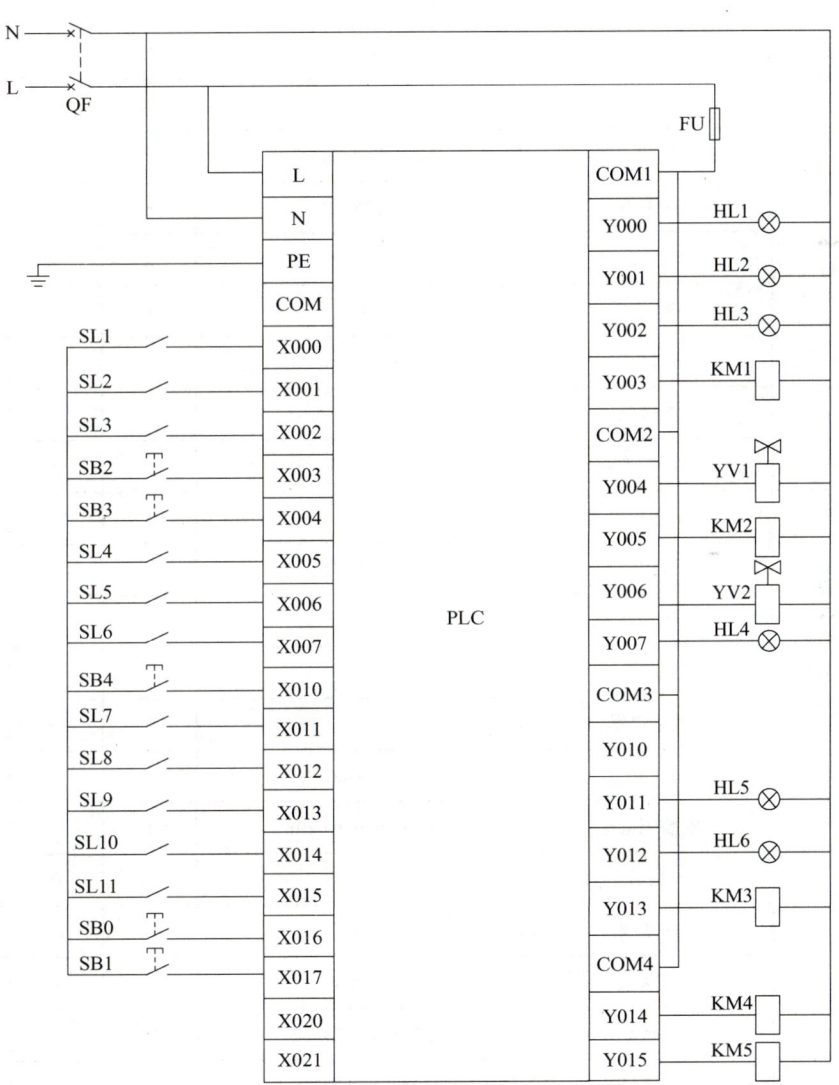

图 4-69 自动售货机 PLC 控制 I/O 接线图

三、电气元件选型及工具材料准备

实施本任务所需的实训设备及工具材料，见表4-27。

四、绘制电气元件布置图

自动售货机控制电气元件布置图如图4-70所示。

表4-27 实训设备及工具材料

序号	分类	名称	型号规格	数量	单位	备注
1	电气元件	导轨	C45	0.3	m	
2		空气断路器	Multi9 C65N D20	1	只	
3		熔断器	RT28-32	6	只	
4		按钮	LA19	2	只	
5		指示灯	220V	6	只	
6		接触器	CJ12-10	5	只	
7		电磁阀	220V	1	只	
8		电动机	型号自定	5	台	
9	工具仪表设备	电工常用工具		1	套	
10		万用表	MF47	1	块	
11		编程计算机		1	台	
12		接口单元		1	套	
13		通信电缆		1	条	
14		PLC	FX3U-48MR	1	台	
15		安装配电盘	600mm×900mm	1	块	
16	耗材	端子	D-20	20	只	
17		铜塑线	BV1.5mm^2	10	m	主电路
18		铜塑线	BV1.0mm^2	15	m	控制电路
19		软线	BVR7×0.75mm^2	10	m	
20		紧固件	M4×20 螺杆	若干	只	
21			M4×12 螺杆	若干	只	
22			ϕ4mm 平垫圈	若干	只	
23			ϕ4mm 弹簧垫圈及M4螺母	若干	只	
24		号码管		若干	m	
25		号码笔		1	支	

项目4 功能指令的应用

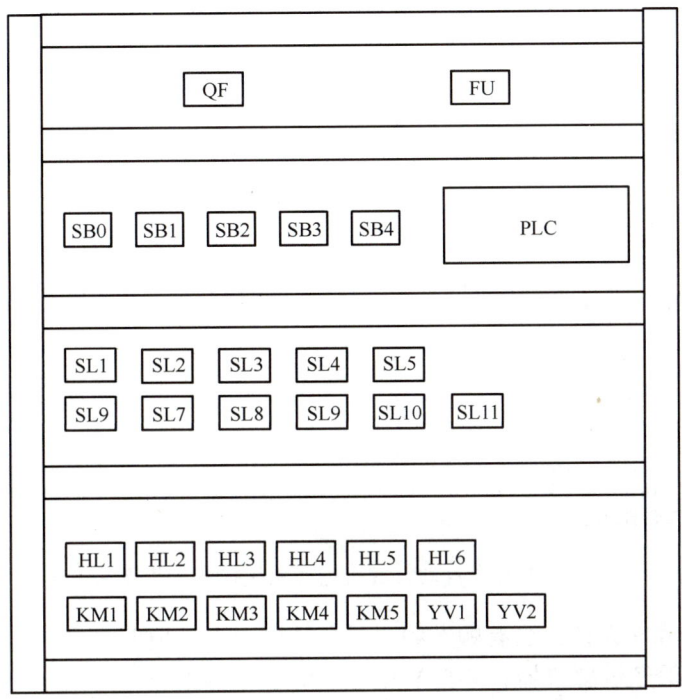

图 4-70 自动售货机控制电气元件布置图

五、电路安装与接线

根据 PLC 控制 I/O 接线图，按照以下安装电路的要求在模拟实物控制配电板上进行元件及电路安装。

1. 检查元器件

根据表 4-27 配齐元器件，检查元器件的规格是否符合要求，并用万用表检测元器件是否完好。

2. 固定元器件

根据图 4-70 安装并固定好本任务所需元器件。

3. 配线安装

根据 PLC 控制 I/O 接线图及布线原则和工艺要求，进行布线安装。

4. 自检

对照接线图检查接线是否正确无误，再使用万用表检测电路的阻值是否与设计相符。

六、程序设计

根据 I/O 通道地址分配表及任务控制要求分析，画出本任务控制的程序设计流程图，并画出梯形图和写出指令语句表。

1. 程序设计流程图

根据任务控制要求分析，可画出本任务的程序设计流程图，如图 4-57 所示。

2. 梯形图的设计

（1）自动售货机起停程序设计　自动售货机的起停控制是通过起动按钮 SB0（X016）、停止按钮 SB1（X017）和辅助继电器 M50 实现的，其控制梯形图如图 4-71 所示。

（2）选择系统程序设计　顾客先选择想要购买的饮料类型，系统会根据饮料类型获取其对应的价格并将价格存储在 D10 中，其控制梯形图如图 4-71 所示。

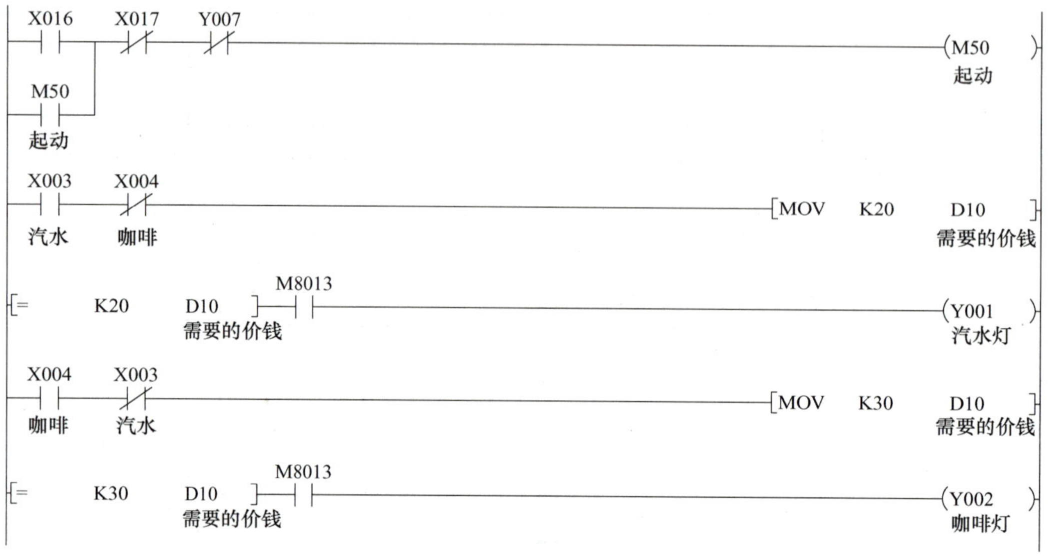

```
    X016    X017    Y007
    ├─┤ ├───┤/├─────┤/├──────────────────────────────────(M50  )
    │                                                      起动
    │ M50
    ├─┤ ├─
      起动
    
    X003    X004
    ├─┤ ├───┤/├──────────────────────────────[MOV   K20   D10 ]
      汽水    咖啡                                         需要的价钱
    
                         M8013
    ├[=  K20    D10 ]───┤ ├──────────────────────────────(Y001 )
             需要的价钱                                     汽水灯
    
    X004    X003
    ├─┤ ├───┤/├──────────────────────────────[MOV   K30   D10 ]
      咖啡    汽水                                         需要的价钱
    
                         M8013
    ├[=  K30    D10 ]───┤ ├──────────────────────────────(Y002 )
             需要的价钱                                     咖啡灯
```

图 4-71　自动售货机选择系统控制梯形图

（3）计币系统程序设计　当有顾客购买饮料时，投入的钱币经过感应器，感应器记忆投币的个数且传送到检测系统（即电子天平）和计币系统。只有当电子天平测量的重量少于误差值时，允许计币系统进行叠加钱币，叠加的钱币数据存放在数据寄存器 D2 中。此处采用 ADDP 指令进行加法运算处理，其控制梯形图如图 4-72 所示。

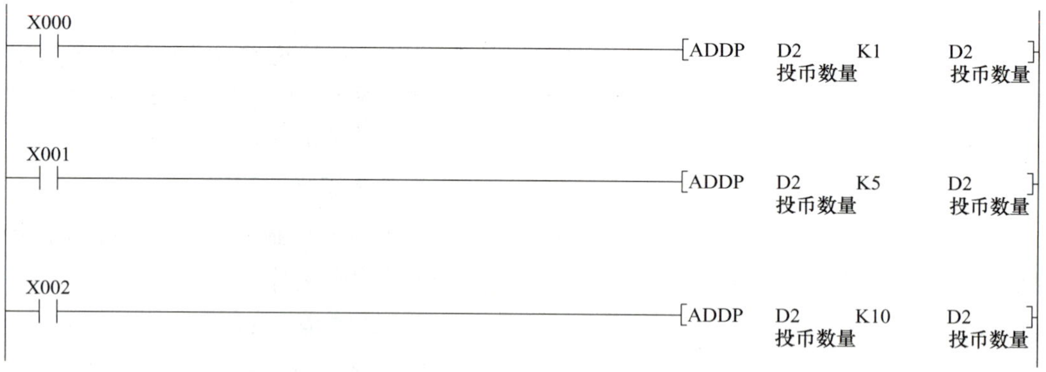

```
    X000
    ├─┤ ├──────────────────────────────[ADDP   D2     K1     D2  ]
                                               投币数量        投币数量
    
    X001
    ├─┤ ├──────────────────────────────[ADDP   D2     K5     D2  ]
                                               投币数量        投币数量
    
    X002
    ├─┤ ├──────────────────────────────[ADDP   D2     K10    D2  ]
                                               投币数量        投币数量
```

图 4-72　自动售货机计币系统控制梯形图

（4）比较系统程序设计　此处通过 CMP 指令比较 D2 和 D10 中的数值。当 D2<D10 时，M1 置位，当 D2=D10 时，M2 置位；当 D2>D10 时，M3 置位，所以此处只要 M1 未置位，则说明 D2≥D10，表示投币数量已达到价格要求，那么系统将开始饮料供给。另外，在未完成投币时可通过按下退币按钮取消交易，其控制梯形图如图 4-73 所示。

```
    M50     X010
    ├─┤ ├───┤/├──────────────────────[CMP   D10       D2       M1 ]
      起动    退币按钮                        需要的价钱 投币数量 投币是否够
```

图 4-73　自动售货机比较系统控制梯形图

(5）饮料供应系统程序设计 当钱币投入完毕后，采用触点比较指令判断购买的是哪种饮料，如果 D10 中的价格是 20，则表示选择的是汽水，如果是 30，则表示选择的是咖啡。此时如果 M1 置位，则表示 D2≥D10，供给系统将开始供给饮料。当饮料输出达到 8s 时，电磁阀首先关断，小电动机继续工作 0.5s 后停机。其控制梯形图如图 4-74 所示。

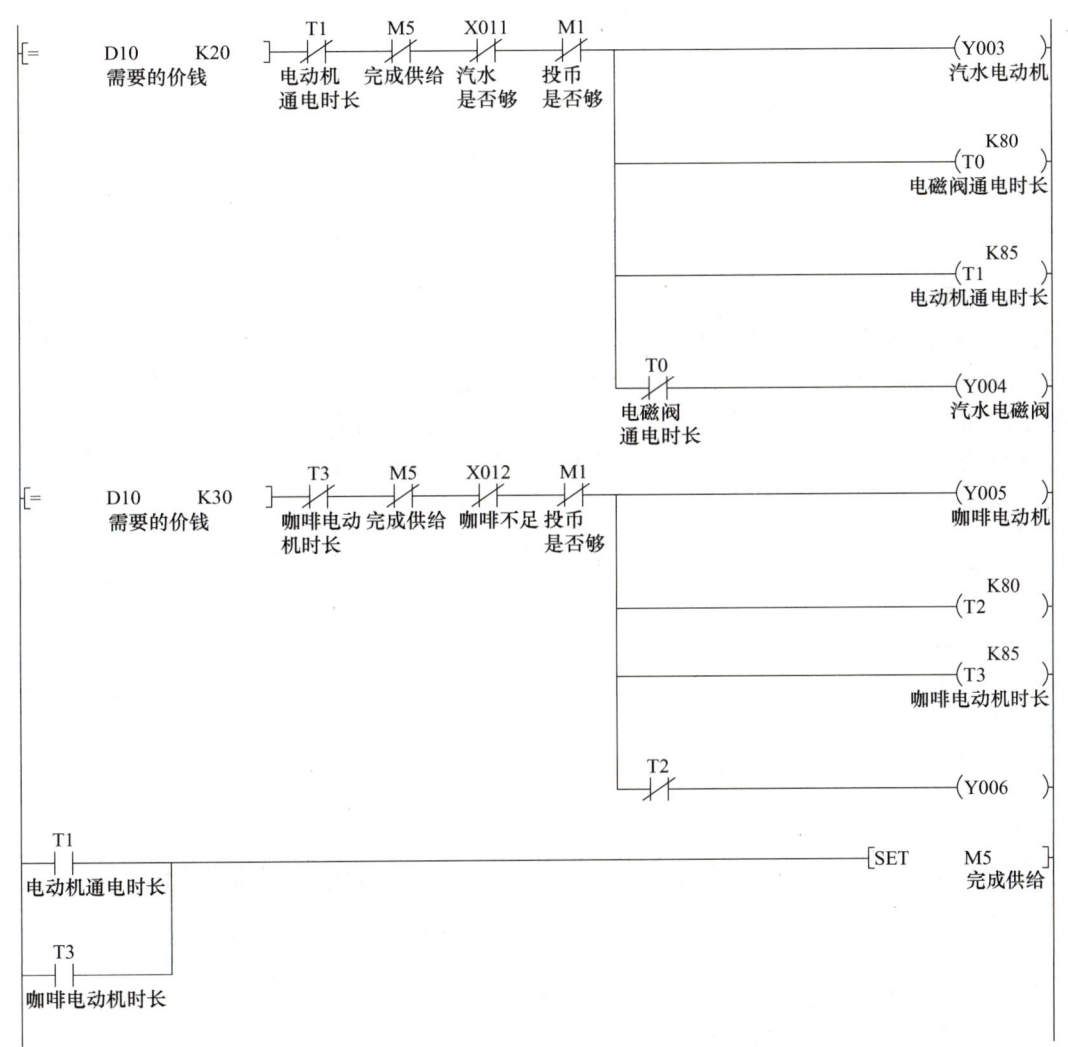

图 4-74 自动售货机饮料供应系统控制梯形图

(6）退币系统程序设计

1）退币条件的判定。当投入的钱币数额不足以购买饮料时，可通过按下退币按钮实现退币，其当前状态通过设置 M9 来标识。当投入的钱币数额足够时，在完成饮料供给后通过触点比较指令判断是否有剩余的钱。如果有则启动退币，通过设置 M10 来标识当前状态。此处使用 >= 的意义为：即便是投入的钱数正好，也将 M10 置位，这样可以运行复位程序（因为相等的情况下，通过后面的退币程序计算出的退币数量是 0，因此也不影响退币程序）。另外使用 D30 来保存需要退的钱数，其控制梯形图如图 4-75 所示。

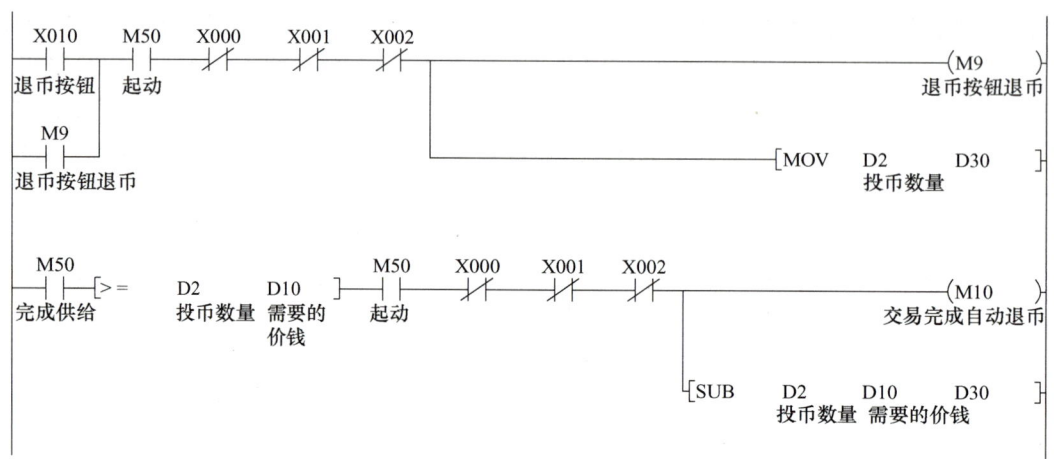

图 4-75　自动售货机退币判定控制梯形图

2）计算需要退出的不同硬币的数量。使用 DIVP 指令将 D30 除以 10，那么得到的商将存储在 D20 中，余数则存储在 D21 中，那么此处 D20 中保存的数值就是需要退的 1 元硬币数量；再使用 D21 除以 5，那么其商 D22 表示需要退回的 5 角硬币数量，余数表示需要退回的 1 角硬币数量，其控制梯形图如图 4-76 所示。

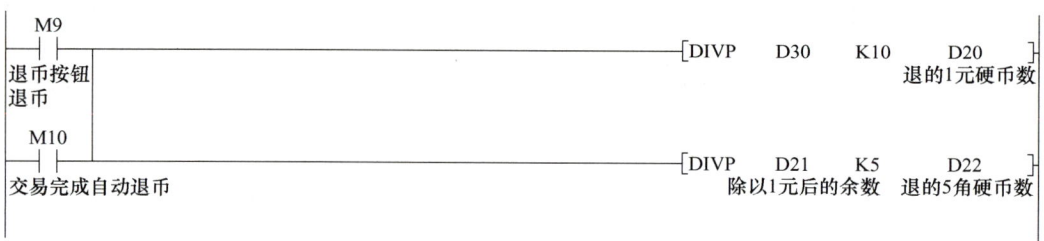

图 4-76　自动售货机退币数量计算控制梯形图

3）完成退币操作。在选择退币的同时起动 3 个退币电动机（Y013、Y014 和 Y015）。3 个感应器（X005、X006 和 X007）开始计数，当感应器记录的个数等于数据寄存器退回的钱币数时，退币电动机（Y013、Y014 和 Y015）停止运转。设计时分别采用除法指令和比较指令进行编程，其控制梯形图如图 4-77 所示。

（7）复位系统程序设计　在完成退币后将 D0～D30 和 M5～M10 区域通过 ZRST 指令复位，以便进行下次交易。其控制梯形图如图 4-78 所示。

（8）报警系统程序设计　在设计报警系统控制程序时应考虑两方面，即无币报警和无饮料报警，其控制梯形图如图 4-79 所示。

（9）自动售货机完整控制程序　自动售货机完整控制梯形图如图 4-80 所示。

七、程序输入及调试

1. 程序输入

（1）工程名的建立　启动 GX Works2 编程软件，先选择 PLC 的系列为"FXCPU"，再选择机型为"FX3U/FX3UC"，创建新文件，输入梯形图。

（2）程序输入　应用前面任务所学的梯形图输入法，输入图 4-80 所示的梯形图。

2. 仿真运行

仿真运行的方法可参照前面任务所述的方法。

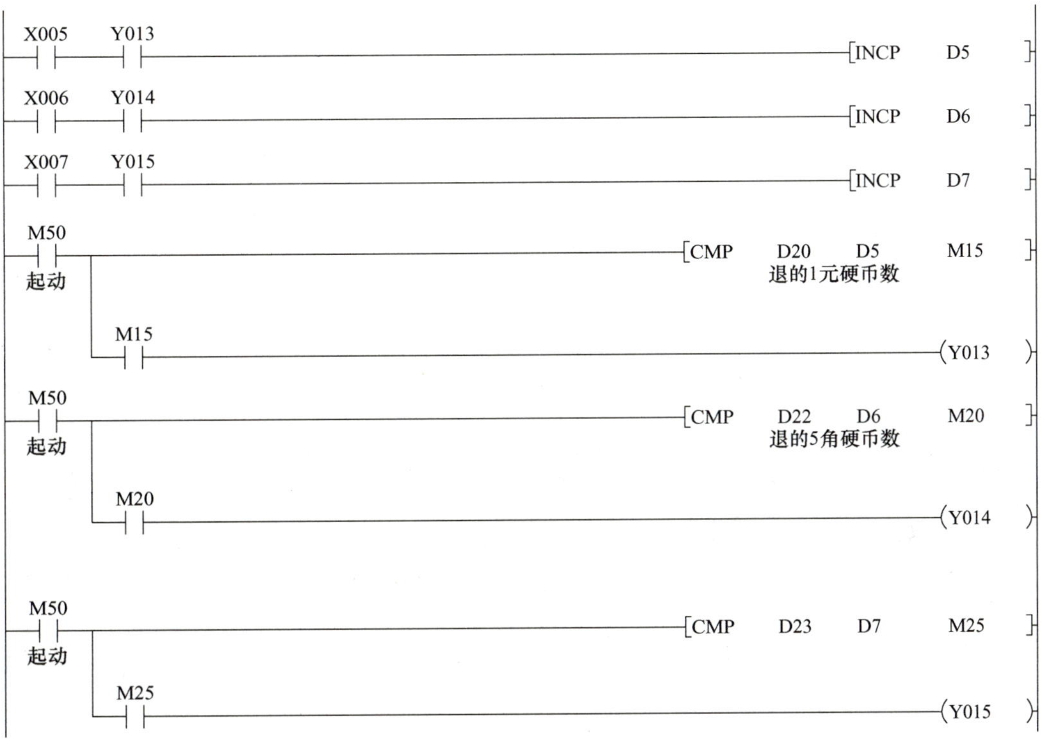

项目 4 功能指令的应用

图 4-77 自动售货机退币操作控制梯形图

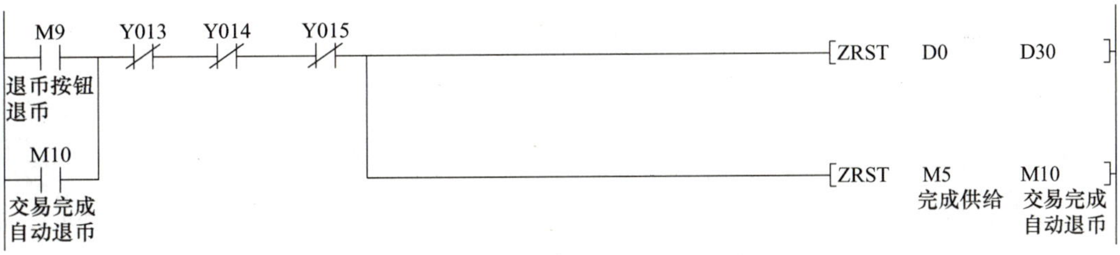

图 4-78 自动售货机复位系统控制梯形图

图 4-79 自动售货机报警系统控制梯形图

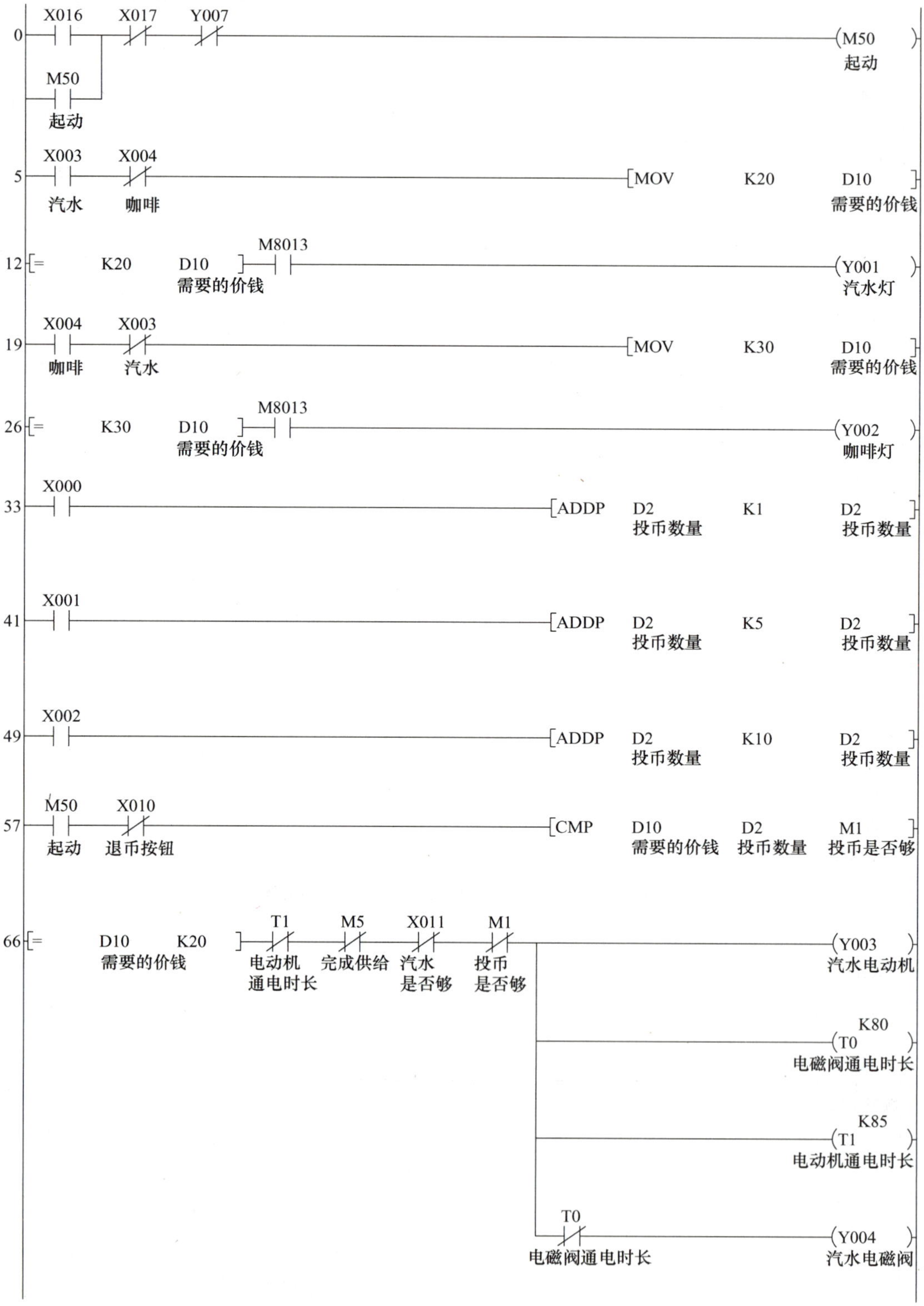

```
 0 ├─┤X016├─┤/X017├─┤/Y007├──────────────────────────(M50)
   │                                                   起动
   ├─┤M50├─┘
      起动

 5 ├─┤X003├─┤/X004├──────────────────[MOV    K20    D10]
      汽水    咖啡                                 需要的价钱

12 ├[= K20 D10]─┤M8013├──────────────────────────(Y001)
            需要的价钱                               汽水灯

19 ├─┤X004├─┤/X003├──────────────────[MOV    K30    D10]
      咖啡    汽水                                 需要的价钱

26 ├[= K30 D10]─┤M8013├──────────────────────────(Y002)
            需要的价钱                               咖啡灯

33 ├─┤X000├────────────────────────[ADDP  D2    K1    D2]
                                        投币数量       投币数量

41 ├─┤X001├────────────────────────[ADDP  D2    K5    D2]
                                        投币数量       投币数量

49 ├─┤X002├────────────────────────[ADDP  D2    K10   D2]
                                        投币数量       投币数量

57 ├─┤M50├─┤X010├──────────────────[CMP   D10   D2    M1]
      起动   退币按钮                     需要的价钱 投币数量 投币是否够

66 ├[= D10 K20]─┤/T1├─┤/M5├─┤X011├─┤/M1├──────────(Y003)
      需要的价钱  电动机 完成供给 汽水 投币                  汽水电动机
                  通电时长      是否够 是否够
                                                   K80
                                            ──(T0)
                                            电磁阀通电时长
                                                   K85
                                            ──(T1)
                                            电动机通电时长
                             ─┤T0├──────────────(Y004)
                             电磁阀通电时长           汽水电磁阀
```

图 4-80 自动售货机完整控制梯形图

项目 4　功能指令的应用

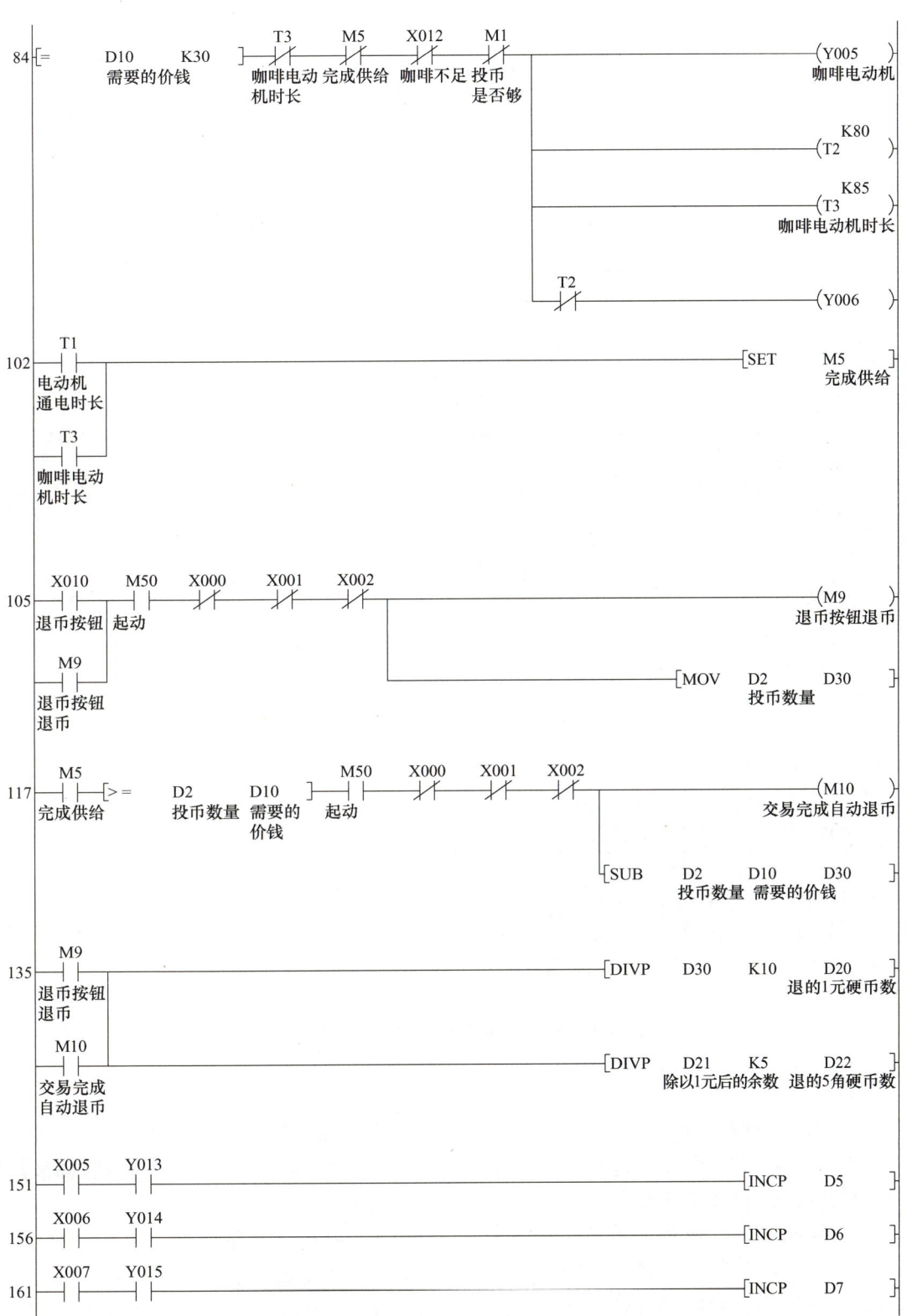

图 4-80　自动售货机完整控制梯形图（续）

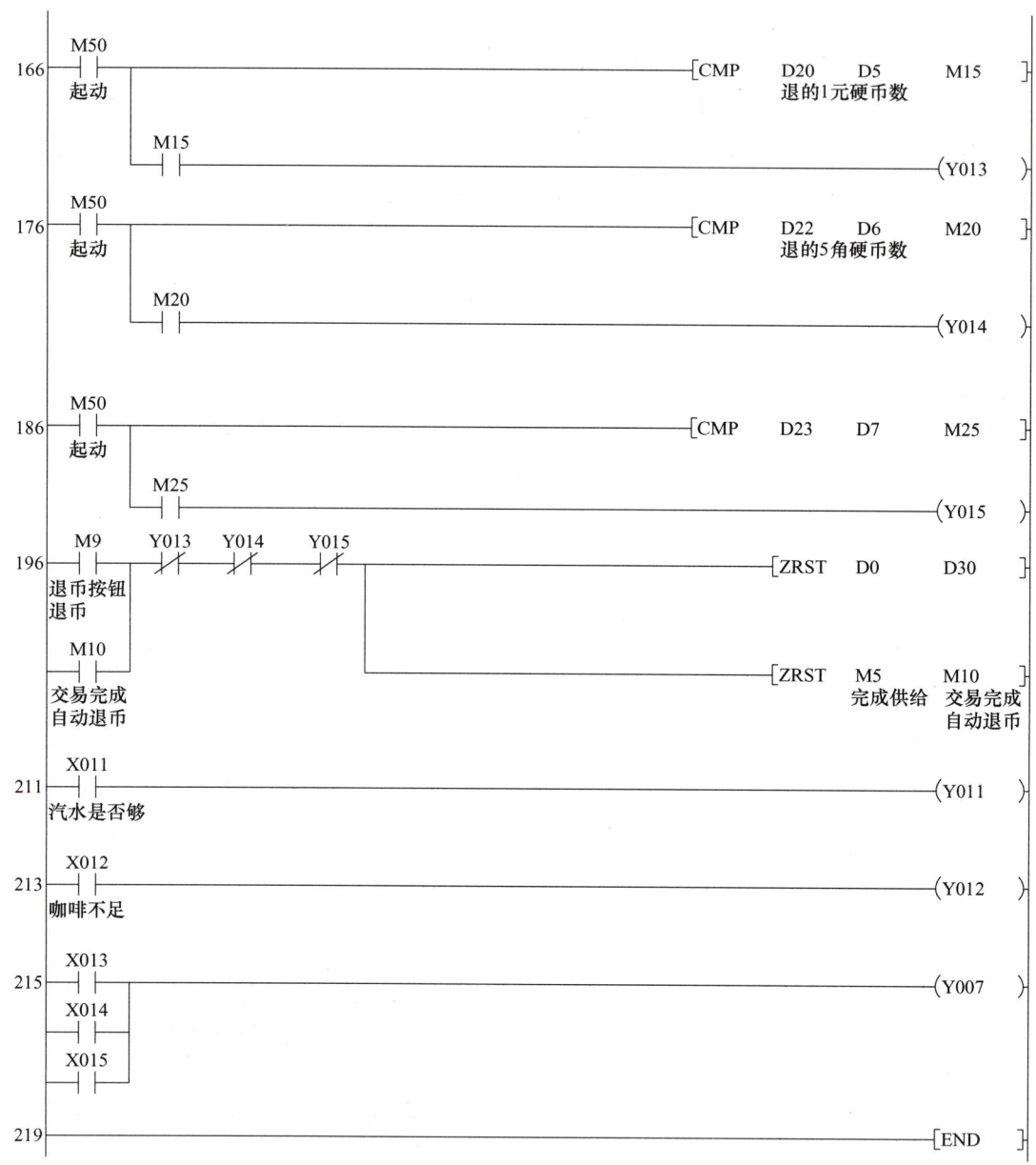

图 4-80　自动售货机完整控制梯形图（续）

3. 程序下载

（1）PLC 与计算机连接　使用专用通信电缆 RS-232/RS-422 转换器将 PLC 的编程接口与计算机的 COM 串口连接。

（2）程序写入　先接通系统电源，将 PLC 的 RUN/STOP 开关拨到"STOP"的位置，然后通过 GX Works2 软件中"在线"菜单的"PLC 写入"命令，就可以把仿真成功的程序写入 PLC 中。

4. 通电调试

1）经自检无误后，在指导教师的指导下，可通电调试。

2）先接通系统电源，将 PLC 的 RUN/STOP 开关拨到"RUN"的位置，然后通过计算机上的 GX Works2 软件中的"监控/测试"命令监视程序的运行情况，再按照

项目 4　功能指令的应用

表 4-28 进行操作，观察系统运行情况并做好记录。如果出现故障，应立即切断电源，分析原因、检查电路或梯形图，排除故障后，方可进行重新调试，直到系统功能调试成功为止。

表 4-28　程序调试步骤及运行情况记录

调试步骤	调试内容	观察内容	调试结果
第 1 步	按下起动按钮 SB0	指示灯 HL1、HL2、HL3、HL4、HL5、HL6 和 KM1、KM2、KM3、KM4、KM5 及 YV1、YV2	
第 2 步	按下汽水选择按钮 SB2		
第 3 步	分别接通 SL1 两次、SL2 两次和 SL3 一次		
第 4 步	分别接通 SL4、SL5 和 SL6		
第 5 步	分别接通 SL7、SL8		
第 6 步	分别接通 SL9、SL10 和 SL11		
第 7 步	按下停止按钮 SB1		

任务测评

对任务实施的完成情况进行检查，并将结果填入表 4-29。

表 4-29　任务测评

评价内容	分值	评价标准	小组评价	教师评价
PLC 控制 I/O 接线图绘制	20	PLC 控制 I/O 接线图绘制规范，无错误		
硬件电路连接	20	电路连接正确，且工艺良好，布局合理		
程序编写及调试	5	能够正确选择饮料		
	10	能够正确计算币值、比较币值		
	5	能够正确供应饮料		
	5	能够完成退币		
	5	能够进行报警		
	10	能正确实现程序模拟		
	10	可以正常下载运行程序		
安全文明生产	10	遵守规章制度，满足 7S 管理要求		

项目 5　世赛相关项目及模拟比赛

世界技能大赛是最高层级的世界性职业技能赛事，被誉为"世界技能奥林匹克"，其竞技水平代表了各领域职业技能发展的世界先进水平。世界技能大赛比赛项目共分为 6 个大类，分别为结构与建筑技术、创意艺术与时尚、信息与通信技术、制造与工程技术、社会与个人服务、运输与物流。本项目主要用来介绍与 PLC 应用相关的项目，并把相关项目的标准、比赛项目规程等内容，用简单案例的方式呈现出来。

任务 1　认识世界技能大赛

学习目标

知识目标：

1. 掌握查询、收集相关资料的方法。
2. 掌握阅读比赛项目技术规范等技术资料的方法。

能力目标：

1. 登录与浏览世界技能大赛官网，根据要求完成世界技能大赛相关项目的查找。
2. 能够独立使用翻译工具查找工业控制、机电一体化等职业标准。

素质目标：

1. 严格要求，精益求精。
2. 勇于创新，挑战自我。

工作任务

这里以工业控制和机电一体化两个世界技能大赛项目为例，来学习资料收集等工作。在资料收集过程中可利用搜索引擎、网页在线翻译软件实现对相关资料的查询、收集汇总和表单填写。

任务分析

在本任务中根据任务要求，对工作过程进行分析。

1）利用搜索引擎进行初步检索，检索到相关或近似网站，比如世界技能大赛中国组委会官方网站、世界技能大赛官网等。

2）浏览世界技能大赛中国组委会官方网站等中文网站，对相关项目进行中文资料收集。

3）安装相关网页翻译软件或者插件，浏览世界技能大赛官网等外文网站，对相关项目进行外文资料收集。

4）查找相关项目的职业标准，并进行阅读。

5）查找世界技能职业性格测试，并进行相关测试。

相关知识

在开始工作任务之前，首先简单了解一下在本任务中能够用到的相关知识点。

项目5 世赛相关项目及模拟比赛

搜索引擎的介绍及英文网页翻译方法如下：

1）常见的搜索引擎：百度、Microsoft Bing 等。

2）常见英语网页翻译方法：有道划词翻译、一键翻译 Chrome 插件、百度翻译插件。

任务实施

一、搜索引擎检索

利用百度搜索引擎进行初步检索，查阅相关中文资料，搜索引擎如图 5-1 所示。

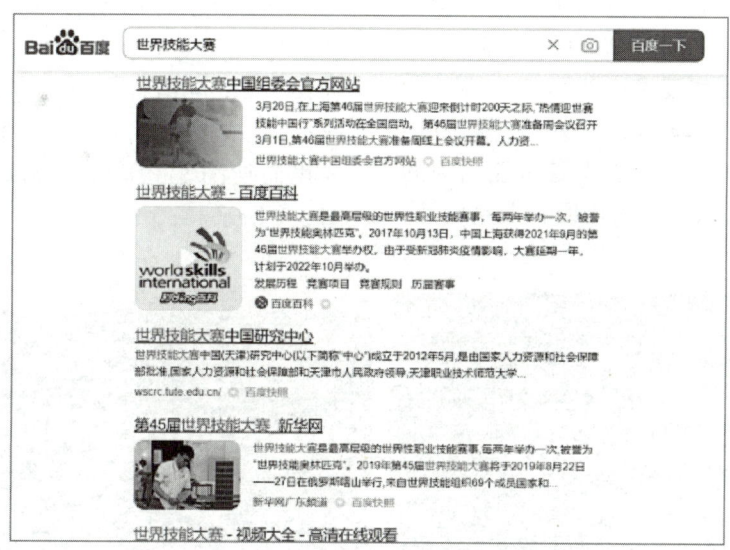

图 5-1 搜索引擎

二、资料收集

浏览世界技能大赛中国组委会官方网站等中文网站，对相关项目进行中文资料收集，如图 5-2 所示。

图 5-2 相关比赛项目

（1）机电一体化 双人赛。机电一体化项目是指利用机电一体化技术、专业技术规范和标准为行业建立自动化工程系统，并对其进行维护、修理和优化的竞赛项目。比赛中对选手的技能要求主要包括：根据行业需求设计开发机电一体化系统；正确配置和使用工业控制器；利用软件编程控制机器和系统运作；故障分析与修复等。在第44届世赛机电一体化项目中我国荣获金牌。

（2）工业控制　单人赛。工业控制项目是指根据一个（或部分）工业流程做出的模拟解决方案，进行电气设备和工业自动化元件的安装以及程序设计与调试的竞赛项目。比赛中对选手的技能要求主要包括：进行电气及自动化设备的安装与调试；搭建控制中心，并编写控制程序；诊断设备可能出现的故障，通过工具和软件隔离错误；电路设计、设置参数。在第44届世赛工业控制项目中我国荣获金牌。

三、安装相关网页翻译软件或者插件

在浏览世界技能大赛官网等外文网站过程中，读者可能会在理解英文专有名词方面感到有些吃力，而安装相关网页翻译软件或者插件，将极大地提高工作效率。下载一键翻译Chrome插件，其安装过程相对简单，此处不再赘述，浏览器安装网页翻译插件的界面如图5-3所示，翻译效果如图5-4和图5-5所示。

图5-3　翻译插件的安装界面

图5-4　机电一体化项目

项目 5 世赛相关项目及模拟比赛

图 5-5 工业控制项目

四、查找并阅读相关项目的职业标准

查找相关项目的职业标准，并进行阅读，如图 5-6 所示。

1. 机电一体化职业标准

世界技能机电一体化职业标准明确规定了知识、理解内容和特定技能，该特定技能是国际上最好的技术和职业实践操作的基础。它应该反映全球对相关工作或职业对行业和企业意义的共同理解。

（1）工作角色或职业的描述 机电一体化融合了机械、气动、液压、电气、电子、计算机技术、生产数字化技术（工业物联网领域包括射频识别、近场通信、无线通信、PLC 网页服务器、网络安全、视觉系统和增强现实等）、机器人技术和系统开发等多方面内容。计算机技术相关要素涵盖了 PLC 编程、机器人和其他处理系统、信息技术应用程序、可编程机器控制系统以及实现机器、设备之间通信的技术和人员。

机电一体化技术人员设计、建造、调试、维护、维修和调整自动化工业设备、程序设备控制系统和人机交互（HMI）界面。他们也能够处理工业应用领域的问题。优秀的机电一体化技术人员能够满足行业内的多种需求，既能够进行机械维修和设备制造，还会涉及信息收集设备、组件（传感器）和调节单元等方面。

图 5-6 机电一体化项目职业标准

机电一体化技术人员严格遵守工业环境中的安全程序和标准，尤其是在涉及机械的相关工作中。他们深知安全装置的重要性，并知道如何安装它们。

机电一体化工业应用涵盖了自动化生产和工艺生产线，包括组装、包装、灌装、贴标签和测试等环节，同时包含了自动化配送和物流系统。

（2）世界技能组织机电一体化的职业标准

1）工作组织和管理。

个人需要了解和理解：

① 一般安全工作原理和应用，以及与机电一体化相关的安全工作原理和应用。

② 所有设备和材料的用途、使用、保养和维护，以及它们的安全影响。

③ 环境和安全原则及其在工作环境良好内务管理中的应用。

④ 工作组织、控制和管理的原则和方法。

⑤ 团队合作原则及其应用。

⑥ 与角色相关的个人技能、优势和需求，个人和集体的责任和义务。

⑦ 需要安排活动的因素。

个人应能够：

① 准备和维护一个安全、整洁和高效的工作区域。

② 为手头的任务做好准备，包括充分重视健康、安全和环境。

③ 以最大限度地提高效率和最小化干扰安排工作。

④ 按照制造商的指示，安全地选择和使用所有的设备和材料。

⑤ 适用或超过适用于环境、设备和材料的健康和安全标准。

⑥ 将工作区域恢复到适当的状态和条件。

⑦ 广泛和具体地为团队表现做出贡献。

⑧ 给予和接收反馈和支持。

2）沟通能力和人际交往能力。

个人需要了解和理解：

① 纸质和电子形式文件的范围和用途。

② 与技能相关的技术语言。

③ 用于口头、书面的常规和例外报告所需的标准以及电子表格。

④ 与客户、团队成员或者其他人沟通所需的标准。

⑤ 生成、维护和呈现记录的目的和技术。

个人应能够：

① 阅读、解释从任何可用格式的文件中提取的技术数据和说明。

② 通过口头、书面和电子方式进行沟通，以确保清晰、有效和高效。

③ 使用一系列标准的通信技术。

④ 与他人讨论复杂的技术原理和应用。

⑤ 完成报告并回答出现的问题。

⑥ 面对面或者间接回应客户需求。

⑦ 根据客户要求，安排收集信息和准备文件。

3）开发机电一体化系统。

个人需要了解和理解：

① 原则和应用。

② 机电一体化系统的设计、组装和调试。

③ 液压和气动系统的部件和功能。

④ 电气和电子系统的组件和功能。

⑤ 电气驱动器的组件和应用。

⑥ 机器人和搬运系统的组件和应用。

⑦ HMI 和视觉系统设备的功能和应用。

⑧ PLC 系统的组件和功能。

⑨ 安全装置的组件和功能。

⑩ 机械系统设计和组装的原理和应用，包括气动/液压系统和安全装置，以及这些系统和装置所遵循的标准及其文件。

⑪ 流体和智能传感器的物理特性和应用。

⑫ 将机器人纳入系统的原理和应用。

项目 5　世赛相关项目及模拟比赛

个人应能够：

① 为给定的工业应用进行系统设计。

② 确定并解决简报或规范中的不确定性区域。

③ 在规范参数范围内优化设计。

④ 根据文件组装机器。

⑤ 根据行业标准连接电线和管道。

⑥ 根据需要将机器人纳入系统。

⑦ 将 HMI 设备纳入系统。

⑧ 将安全装置（紧急停止、传感器、继电器等）纳入系统。

⑨ 根据需要安装、设置和调整机电系统的机械、气动、电气和传感器系统。

⑩ 使用复杂的传感器，如视觉系统、颜色传感器、增量系统，并使用标准手册对其进行参数化。

⑪ 使用辅助设备和 PLC，使用其标准和文件对机器进行调试。

4）使用工业控制器。

个人需要了解和理解：

① PLC（工业控制器）的功能、结构和工作原理。

② 工业控制器的配置。

③ 工业网络/总线系统。

④ 快速计数器等特殊信号的不同接口，以及与外围智能系统的通信。

个人应能够：

① 将 PLC 集成并连接到机电一体化系统。

② 为工业控制器、HMI 设备或其他分布式设备之间的通信设置工业网络/总线系统。

③ 对工业控制器进行必要的配置。

④ 根据需要配置 PLC 的所有方面以及相关控制电路，以确保正确运行。

⑤ 在控制器之间建立适当的通信。

5）软件编程。

个人需要了解和理解：

① 软件程序与机械动作相关的方法。

② 使用标准工业软件编程的方法。

③ 创建 HMI 交互式图形的方法。

④ 软件程序与系统动作相关的方法。

个人应能够：

① 编写控制机电系统的程序。

② 使用软件可视化流程和操作。

③ 编程 PLC，包括数字和模拟信号处理和工业现场总线相关内容。

④ 编程 HMI 设备。

6）电路示意图。

个人需要了解和理解：

① 电路原理图的原理、应用和标准。

② 机电系统中电路的设计和组装方法。

个人应能够：

① 阅读并使用气动、液压和电路原理图。

② 使用现代软件工具设计电路。

7）分析、调试和维护。

个人需要了解和理解：

① 测试设备和系统的标准和方法。

② 解决问题的策略（故障查找、优化）。

③ 维修技术和选项。

④ 解决问题的策略。

⑤ 产生创造性和创新性解决方案的原则和技术。

⑥ 全面生产维护（TPM）的原理和应用。

个人应能够：

① 试运行单个模块和组装系统。

② 根据既定标准审查流程的每个部分。

③ 使用适当的分析技术查找机电系统中的故障。

④ 以图表的形式收集数据（数字化）。

⑤ 高效维修部件。

⑥ 通过分析和解决问题优化机电系统的运行。

⑦ 优化机电一体化系统各模块的运行。

⑧ 从整体上优化机电系统的运行。

⑨ 向客户展示组件并回答问题。

2. 工业控制职业标准

（1）工作角色或职业的描述。工业控制包含电气装置和自动化装置的元素，更强调自动化装置。工业控制从业者需要广泛的技术技能，例如安装导管、电缆、仪表、I/O设备和PLC。工业控制从业者还可设计电路、编程PLC、参数化总线系统和配置人机界面。

工业控制从业者应积极推广健康和安全方面的最佳实践，并严格遵守健康和安全规定。

故障排除也是工业控制从业者的一项重要技能，包括在新工厂安装设备或修复现有工厂内的问题。

工业控制从业者拥有广泛的工作环境。他们可能受雇于一个特定的工厂，安装和维护生产设备；他们也可能受雇于分包商，并在多个工业环境中工作。

因生产线的可靠性问题而导致的生产延迟不仅会在财务上产生影响，还会影响公司的声誉。因此，工业控制从业者需要高效地工作，以满足时间限制，同时还需要就技术生产问题以及生产问题和要求的创新和成本效益解决方案向管理层提供专家建议和指导。

（2）世界技能组织工业控制的职业标准

1）工作组织和管理。

个人需要了解和理解：

① 健康和安全法规以及最佳实践，尤其是与危险工作环境以及可能开展工作的各种地点和工业环境有关的法规和最佳实践。

② 与装置和设备有关的安全要求。

③ 安全完整性等级和相关行业的应用。

④ 现场安全引导的重要性。

⑤ 用于保护自身和他人的安全设备的范围，以及与各行业相关的应用。

⑥ 工业环境中可能遇到的危险类型。

⑦ 有效沟通和人际交往技能的重要性。

个人应能够：

① 在所有工作环境中始终如一地遵守健康和安全法规以及行业最佳实践。

② 正确使用所有安全设备和个人防护装备（PPE）、锁闭系统和警告指示灯。

③ 识别危险和潜在危险情况，并采取适当行动，将对自身和他人的风险降至最低。

④ 作为团队的一部分有效地工作。

⑤ 与其他专业人员进行有效沟通，包括车间主管和正在进行安装的其他员工。

⑥ 向可能不具备专业知识的同事解释复杂的机械和工程项目。

⑦ 就设备的持续使用、保养和维护提供专家建议和指导。

⑧ 逻辑思考，系统工作。

2）电路设计与改进。

个人需要了解和理解：

① 技术规格图样的原理。

② 特殊技术术语和符号的意义。

③ 继电器—接触器控制电路的原理和功能。

个人应能够：

① 根据功能描述，阅读、解释并添加模拟软件中的技术图表。

② 对电路设计的修改提出建议。

③ 解释将要使用的图样标准部分。

④ 设计电路。

3）自动控制面板/中心的制作。

个人需要了解和理解：

① 技术规范和图表中使用的术语和符号。

② 技术图样、电路图、布局图、功能说明和端子图的原理。

③ 操作手册的使用和布局。

④ 面板制造活动中使用的电气和机械工具，如钻孔和切割等。

⑤ 精益生产流程（废物等）。

⑥ 对客户的责任（额外孔洞、污垢、损坏）。

个人应能够：

① 阅读、理解和解释复杂的技术图样、

项目 5　世赛相关项目及模拟比赛

电路图、布局图、功能说明和端子图。

② 将技术规范中的信息应用于有效的工作规划，并解决工程和运营问题。

③ 根据图样和给定公差安装控制面板的管道、端子、组件和接线。

④ 根据规范完成适当的面板制造操作。

⑤ 解释操作手册并遵循指南和说明。

4）现场安装（电气和自动化）。

个人需要了解和理解：

① 现场组件安装的问题和挑战。

② 技术图样原理、装置和控制面板布局、电路图和流程图。

③ 现场安装中使用的所有组件的原理和功能。

④ 现场安装期间准确测量和计算的重要性。

个人应能够：

① 测量并计算待安装部件的正确位置。

② 在给定公差范围内准备和安装线槽。

③ 安装导管、电缆、装置、仪表和控制中心配件。

④ 安装综合电力和通信的综合布线系统。

⑤ 有效规划工作，以满足时间表要求。

⑥ 有效、安全地使用所有工具，不会对工作场所的自己或他人造成风险。

⑦ 测试并调试已安装的设备。

⑧ 安装后，完成所有必要的文件。

5）编程。

个人需要了解和理解：

① 技术规范和图表的原则。

② 控制工业控制中使用的电动机、阀门和其他设备的过程。

③ HMI 和基于 PC 的 HMI 可视化，与 PLC 代码通信。

④ 设置输入限制。

⑤ 使用行业认可的设备，如 PLC、HMI、VFD/VSD（变频驱动器/变速驱动器）和分布式 I/O。

⑥ 分布式 I/O 和工业总线技术。

⑦ 工业 4.0 技术。

⑧ IEC（国际电工委员会）顺序编程方法。

个人应能够：

① 根据书面规范和图表创建程序。

② 根据书面规范和图表配置 HMI 屏幕。

③ 根据功能描述中的要求配置 VSD。

④ 彻底、安全地测试功能。

⑤ 向用户演示功能，并提供专家建议和指导。

⑥ 符合 IEC 顺序编程规范。

6）故障查找。

个人需要了解和理解：

① 故障查找过程中的安全风险。

② 书面规范、技术图样和电路图的原则。

③ 基于继电器的电路图的部件和符号。

④ 使用万用表查找继电器控制故障的原理。

⑤ 通用工业继电器—接触器控制电路的原理和功能。

⑥ PLC 诊断的原理和功能。

⑦ 现场总线诊断原则。

个人应能够：

① 采取所有安全预防措施。

② 阅读、理解和解释复杂的书面规范和图表，理解所有技术符号。

③ 分析故障查找的正确原则。

④ 识别错误的故障查找原则。

⑤ 利用正确的故障查找原则。

⑥ 利用一系列工具和软件隔离故障。

任务测评

根据任务实施过程及任务完成结果进行测评，并填写表 5-1。

表 5-1 任务测评

评价内容	分值	评价标准	小组评价	教师评价
世界技能大赛相关项目查找	30	能正确查找相关项目		
工业控制、机电一体化等职业标准翻译	30	能正确找到工作角色或职业的描述		
	30	能正确找到职业标准		
	10	能保存并生成文本		

任务 2　机电一体化项目模拟比赛

学习目标

知识目标：

1. 通过世界技能大赛机电一体化项目模拟比赛，了解比赛方式和相关规则。

2. 掌握阅读比赛项目技术规范等技术资料的方法。

能力目标：

1. 能阅读世界技能大赛机电一体化项目相关资料。

2. 能按照世界技能大赛技术规范进行机电一体化设备的安装与调试。

素质目标：

1. 强化专业技能，提升自我专业素质。

2. 强化综合素质，具有探索创新实践精神。

工作任务

公司新进了一条小型生产线。作为公司的技术人员，应能够根据相关技术文档完成设备的组装、编程、调试，实现设备自动运行，如图 5-7 所示。

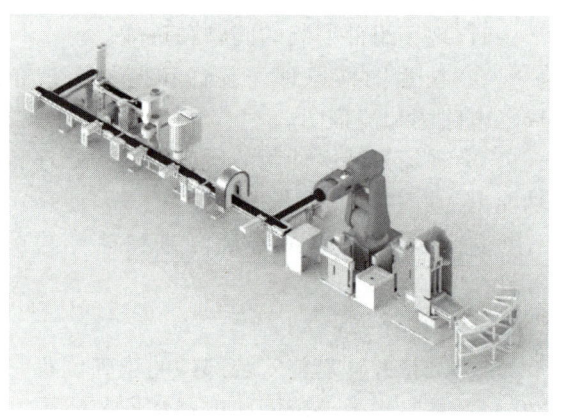

图 5-7　小型生产线

将本套生产线的组成人为定义为上料机构、加盖拧盖机构、检测机构、仓储机构。为了方便运输与组装使用，将每个单元独立设计，使其具有较高的灵活性。上料机构、加盖拧盖机构、检测机构、仓储机构分别为 D1、D2、D3、D4 的比赛任务。

本次工作任务只对 D1 的比赛任务——上料机构中的传送带运输机构进行安装、调试。传送带运输机构如图 5-8 所示。

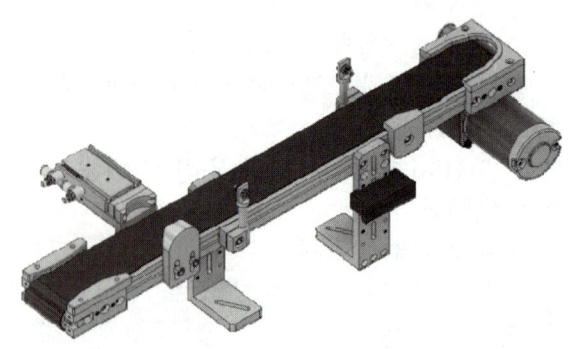

图 5-8　传送带运输机构

项目 5　世赛相关项目及模拟比赛

上料机构的工作方式如下：

1）上料机构程序开始执行，动力单元将带动输送单元，逐个将空瓶输送到主传送带的指定位置，在位于主传送带上方的传感器检测到有空瓶后，输送单元停止，当空瓶到达指定位置之后，主传送带停止。

2）定位气缸将气缸推出，瓶子被固定。同时循环选料机构将料筒内的颗粒物料推出，对颗粒物料根据颜色进行有效的分拣。将合格颗粒物料送到分拣到位后，停止该单元的动作，等颗粒物料被取走后，继续执行运转。

3）上料填装机构收到动作信号后，将吸取分拣到位的合格颗粒物料，并将其放到空瓶内。当瓶内物料到达设定的颗粒数量后，顶瓶装置松开，上料传送带和主传送带起动，将颗粒填充完成的瓶子输送到下一站，至此一个完整的过程控制结束。

任务分析

根据任务要求绘制主程序流程图和子程序流程图，为后续程序设计打好基础。

主程序流程可根据功能要求进行设计，单元复位子程序、传送带机构子程序、吸取机构子程序、上料分拣机构子程序分别设计为子程序 P0、P1、P4、P5。主程序流程图如图 5-9 所示。

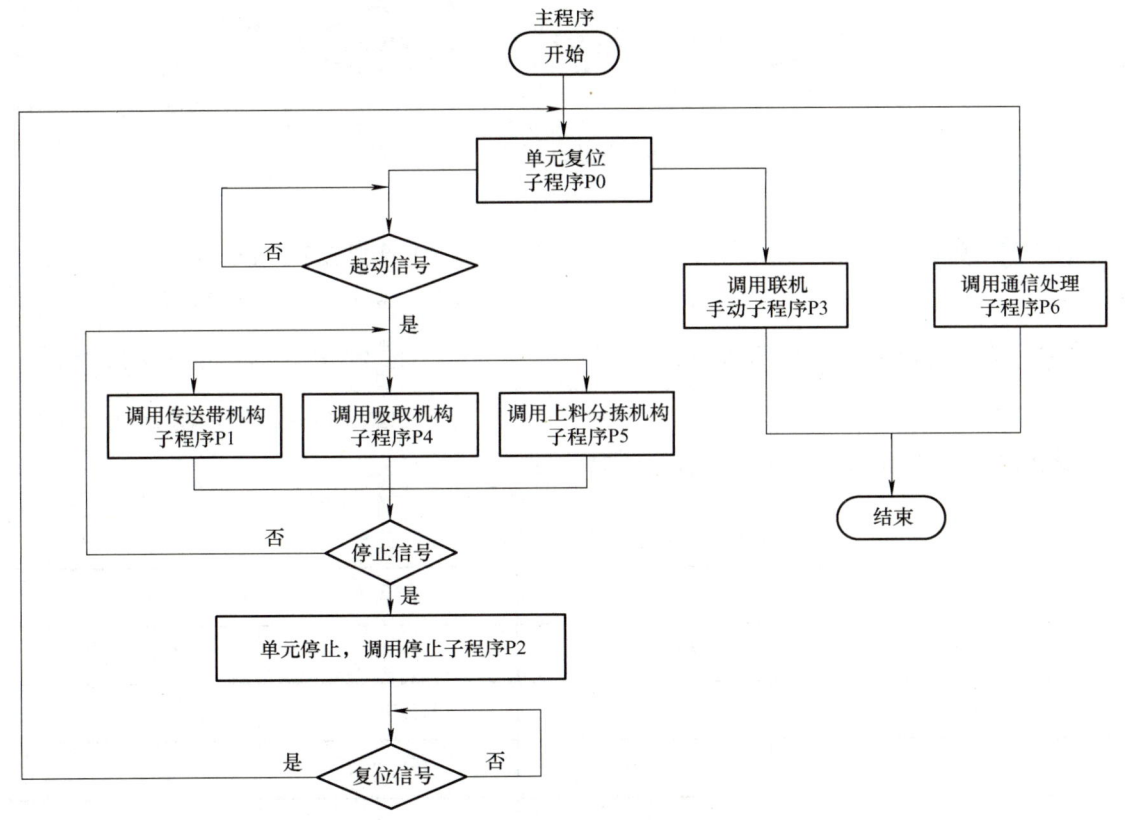

图 5-9　主程序流程图

传送带机构子程序 P1 作为整个单元相关传送机构的动力单元，对上料传送带与主传送带进行控制，并且两个传送带为并行运行。当物料检测信号动作时，上料传送带即刻停止，间隔 2.1s 后重新起动。当上料检测信号动作时，主传送带停止，等待装填信号再次动作后重新起动。具体设计如图 5-10 所示。

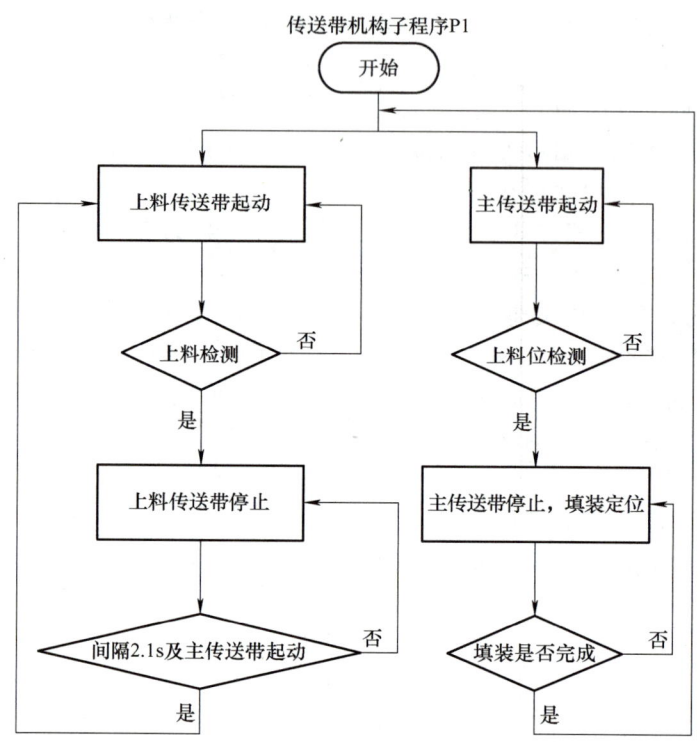

图 5-10 传送带机构子程序 P1 流程图

任务实施

一、绘制传送带机构子程序 P1 I/O 分配表

根据上述控制要求,可确定传送带机构子程序 P1 需要使用 PLC 的 6 个输入点和 4 个输出点,其 I/O 分配见表 5-2。

二、绘制 PLC 控制 I/O 接线图

PLC 控制 I/O 接线图如图 5-11 所示。

表 5-2 传送带机构子程序 P1 I/O 分配

输入		输出	
作用	输入继电器	作用	输出继电器
上料传感器	X000	上料传送带运行	Y000
颗粒填装位	X001	主传送带运行	Y001
起动按钮	X010	取料吸盘拾取	Y004
停止按钮	X011	定位气缸伸出	Y005
复位按钮	X012		
联机按钮	X013		

项目 5　世赛相关项目及模拟比赛

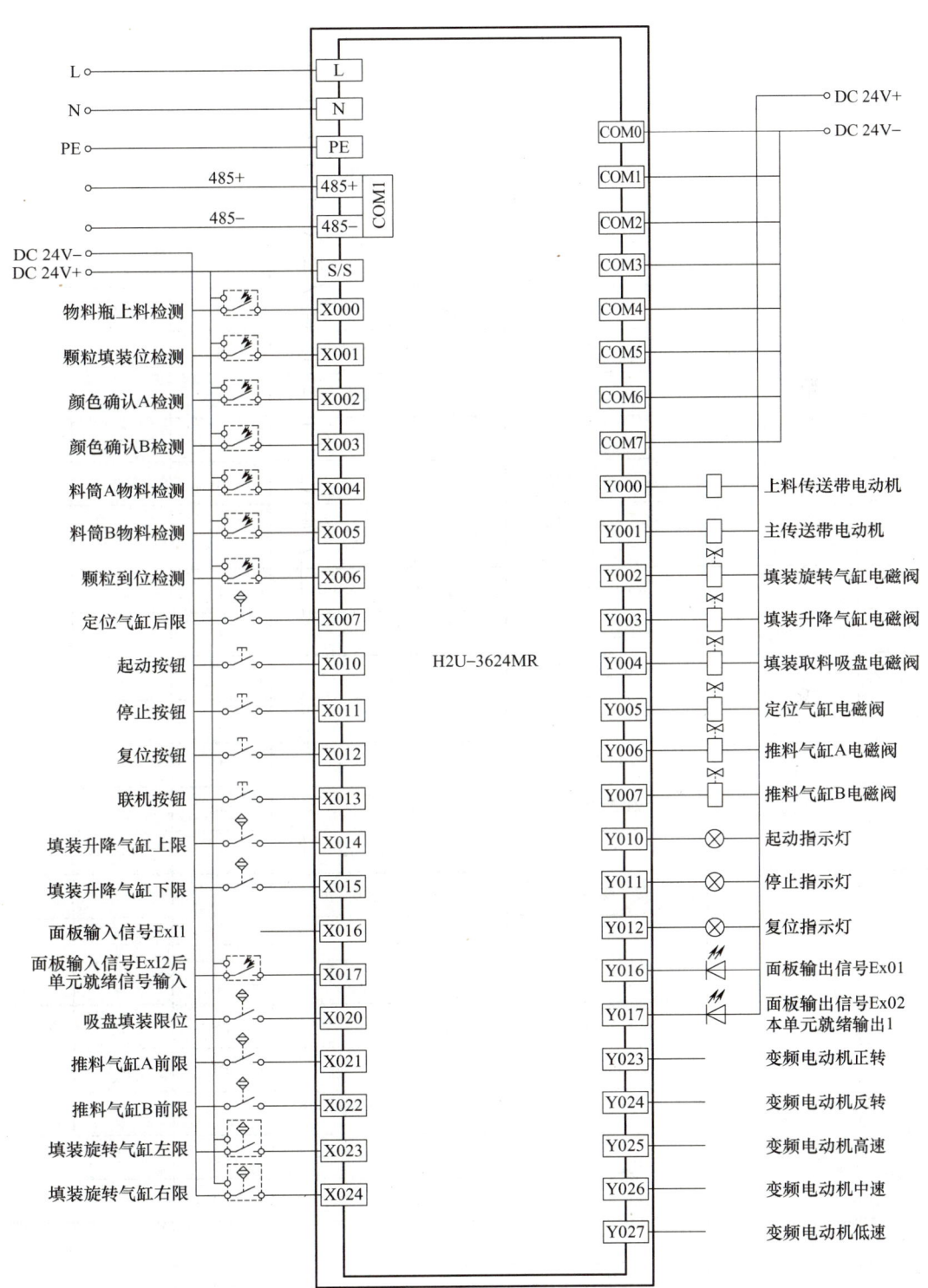

图 5-11　PLC 控制 I/O 接线图

三、电气元件选型及工具材料准备

实施本任务所需的实训设备及工具材料，见表5-3。

四、电路安装与接线

根据PLC控制I/O接线图，按照以下安装电路的要求在线体控制配电板上进行元件及电路安装。

表5-3 实训设备及工具材料

序号	分类	名称	型号规格	数量	单位	备注
1	电气元件	导轨	C45	0.3	m	
2		空气断路器	Multi9 C65N D20	1	只	
3		熔断器	RT28-32	6	只	
4		按钮	LA10-2H	1	只	
5		指示灯		4	只	
6		UK系列端子排	UKK5	20	位	
7		DB15针PLC分线器接线排	DB-15G	3	只	
8	工具设备仪表	三菱伺服电动机	HG-KN13J-S100	1	只	
9		电工常用工具		1	套	
10		万用表	MF47	1	块	
11		编程计算机		1	台	
12		接口单元		1	个	
13		通信电缆		1	—	
14		PLC	FX3U-48MR	1	个	
15		安装配电盘	600mm×900mm	1	个	
16	耗材	端子	D-20	20	只	
17		铜塑线	BV1.5mm^2	10	m	主电路
18		铜塑线	BV1.0mm^2	15	m	控制电路
19		软线	BVR7×0.75mm^2	10	m	
20		紧固件	M4×20 螺杆	若干	只	
21			M4×12 螺杆	若干	只	
22			ϕ4mm 平垫圈	若干	只	
23			ϕ4mm 弹簧垫圈及M4螺母	若干	只	
24		号码管		若干	m	
25		号码笔		1	支	

项目 5　世赛相关项目及模拟比赛

1. 检查元器件

根据表 5-3 配齐元器件，检查元器件的规格是否符合要求，并用万用表检测元器件是否完好。

2. 固定元器件

固定好本任务所需元器件。

3. 布线安装

根据布线原则和工艺要求，进行布线安装。工艺要求参照世界技能大赛机电一体化项目专业部分技术规范，见表 5-4。

表 5-4　机电一体化项目专业部分技术规范

序号	规范	正确	错误
1	型材板上的电缆和气管必须分开绑扎		
2	扎带的间距小于 50mm，这一间距要求同样适用于型材台面下方的线缆		
3	所有沿着型材往下走的线缆和气管在安装时需要使用线夹固定		
4	冷压端子处不能看到外露的裸线		
5	将冷压端子插到终端模块中		

(续)

序号	规范	正确	错误
6	需要剥掉线槽里引出线缆的外部绝缘层,并且外部绝缘层不得超出线槽		
7	线槽必须全部合实,所有槽齿必须盖严		
8	线槽和接线端子之间的导线不能交叉		

4. 自检

对照接线图检查接线是否正确无误,再使用 PLC 仿真盒验证 I/O 接线是否与任务书相符。

五、程序设计

根据 I/O 分配表及任务书要求分析,结合已知传送带机构子程序 P1 用于完成物料的输送和瓶体的输送,首先检测是否起动、是否装填、有无物料,然后确定是否起动相应传送带运输机构。其程序梯形图如图 5-12 所示。

六、程序输入及调试

1. 程序输入

启动 GX Works2 编程软件,先选择 PLC 的系列为"FXCPU",再选择机型为"FX3U/FX3UC",创建新文件,输入图 5-12 所示的梯形图。

2. 仿真运行

应用前面任务所述的逻辑测试方式进行仿真运行比较直观,仿真过程在此不再赘述。

3. 程序下载

(1) PLC 与计算机连接 使用专用通信电缆 RS-232/RS-422 转换器将 PLC 的编程接口与计算机的 USB 口连接。

(2) 程序写入 先接通系统电源,将 PLC 的 RUN/STOP 开关拨到"STOP"的位置,然后通过 GX Works2 软件中"在线"菜单的"PLC 写入"命令,就可以把仿真成功的程序写入 PLC 中。

4. 通电调试

1) 经自检无误后,在指导教师的指导下,可通电调试。

项目 5　世赛相关项目及模拟比赛

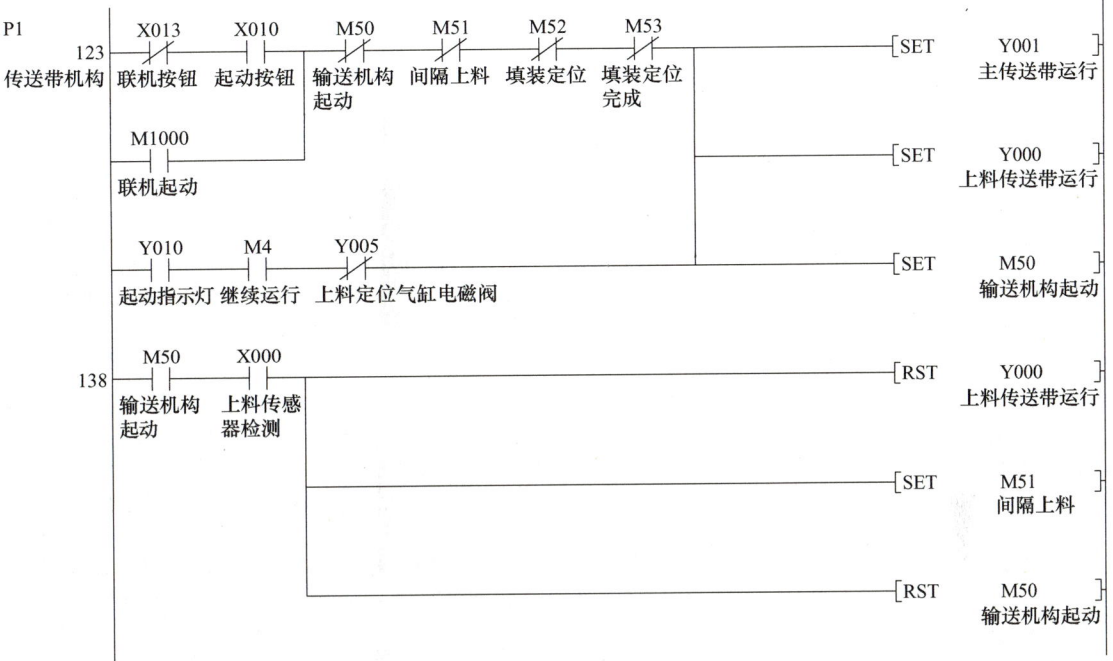

图 5-12　传送带机构程序梯形图

2）先接通系统电源，将 PLC 的 RUN/STOP 开关拨到"RUN"的位置，然后通过计算机上的 GX Works2 软件中的"监控/测试"命令监视程序的运行情况，再按照表 5-5 进行操作，观察系统运行情况并做好记录。如果出现故障，应立即切断电源，分析原因、检查电路或梯形图，排除故障后，方可进行重新调试，直到系统功能调试成功为止。

表 5-5　程序调试步骤及运行情况记录

调试步骤	调试内容	观察内容	调试结果
第 1 步	按下起动按钮	主传送带、上料传送带运转情况	
第 2 步	按下停止按钮		

任务测评

对任务实施的完成情况进行检查，并将结果填入表 5-6 中。

表 5-6　任务测评

评价内容	分值	评价标准	小组评价	教师评价
PLC 控制 I/O 接线图绘制	20	PLC I/O 接线图绘制规范，无错误		
程序编写及调试	15	能完成传送带机构子程序 I/O 的分配		
	15	能完成传送带机构程序的编写		
	10	能正确实现程序模拟		
	20	电路连接正确，且工艺良好，布局合理		
	10	可以正常下载运行程序		
安全文明生产	10	遵守规章制度，满足 7S 管理要求		

参 考 文 献

[1] 向晓汉. PLC 技术应用：S7-1200 微课版 [M]. 北京：人民邮电出版社，2022.
[2] 阳同光，李德英. PLC 技术及应用 [M]. 北京：清华大学出版社，2017.
[3] 刘光起，周亚夫. PLC 技术及应用 [M]. 北京：化学工业出版社，2009.
[4] 高安邦，褚雪莲，韩维民. PLC 技术与应用理实一体化教程 [M]. 北京：机械工业出版社，2013.
[5] 方凤玲. PLC 技术及应用一体化教程：西门子 S7-200 系列 [M]. 北京：清华大学出版社，2011.